"十四五"职业教育医学类精品教材

医学生物化学

主 编 秦 睿 杨莉萍
副主编 王 敏 景 蕊

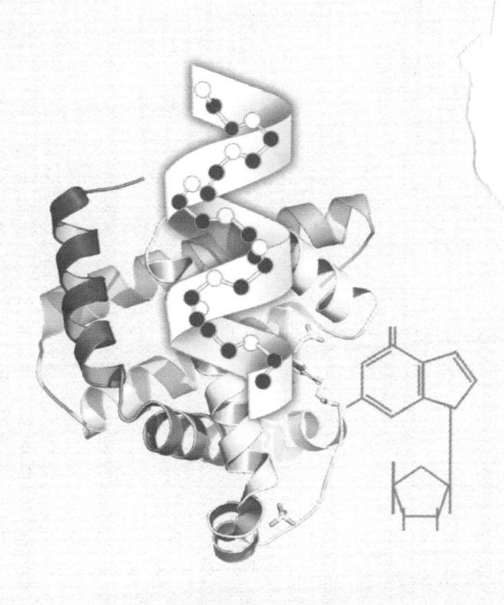

内容简介

生物化学是研究正常人体的化学组成及其在生命活动中化学变化规律的学科，是医学及相关专业的一门专业基础课。本教材内容包括理论课与实验操作两部分。教师通过课堂讲授理论，让学生熟悉并掌握生物化学相关的基础理论知识，了解本学科的一些新进展。学生通过动手实验，掌握生物化学的常用技术，如分光光度法、电泳法、层析法和离心分离法；熟悉常用实验仪器，如离心机、分光光度计、电泳仪的使用操作；熟悉酶活力测定和某些代谢物定性、定量测定的方法。

本书可作为高等职业教育临床、口腔、护理、检验、药学等相关医学专业教材，也可以作为成人教育的教材及普通高等院校生物技术类专业、药学专业及相关专业的参考用书。

图书在版编目(CIP)数据

医学生物化学 / 秦睿，杨莉萍主编.—西安：西安交通大学出版社，2023.2(2024.12 重印)

ISBN 978-7-5693-3046-5

Ⅰ.①医… Ⅱ.①秦… ②杨… Ⅲ.①医用化学—生物化学 Ⅳ.①Q5

中国国家版本馆 CIP 数据核字(2023)第 007429 号

书　　名 医学生物化学
主　　编 秦　睿　杨莉萍
责任编辑 赵文娟
责任校对 秦金霞

出版发行 西安交通大学出版社
(西安市兴庆南路 1 号　邮政编码 710048)
网　　址 http://www.xjtupress.com
电　　话 (029)82668357　82667874(市场营销中心)
(029)82668315(总编办)
传　　真 (029)82668280
印　　刷 陕西奇彩印务有限责任公司

开　　本 787mm×1092mm　1/16　**印张** 18　**字数** 316 千字
版次印次 2023 年 2 月第 1 版　2024 年 12 月第 2 次印刷
书　　号 ISBN 978-7-5693-3046-5
定　　价 72.00 元

如发现印装质量问题，请与本社市场营销中心联系。
订购热线：(029)82665248　(029)82667874
投稿热线：(029)82668803　(029)82668805

—— 编委会 ——

主　编　秦　睿　杨莉萍

副主编　王　敏　景　蕊

编　委　（按姓氏笔画排序）

王　敏　任宏凯　杨绍兴　杨莉萍

何孝元　秦　睿　袁　露　景　蕊

前　　言

生物化学是研究生命化学的科学，是在分子水平上探讨生命的本质，即研究生物体的分子(蛋白质、核酸)结构与功能、物质代谢与调节及其在生命活动中的作用。生物化学是高等医学院校医学相关专业的重要基础课程之一，它的任务主要是介绍生物化学的基本知识，以及某些与医学相关的生物化学进展，为学生学习其他基础医学和医学相关专业课程奠定扎实的基础。如今，生物化学与生命科学的"共同语言"越来越多，尤其是基因信息的传递、基因重组与基因工程、基因组学与医药学等知识点已成为生命科学领域的前沿学科内容。

生物化学，也称之为"生命的化学"，是在分子水平上研究生物体组成与结构、代谢与调控的一门学科。这门学科建立在化学基础上，力图揭示生命现象在分子水平上的物质变化规律，与生命科学其他学科广泛联系、相互渗透。由于内容多、发展速度快、新知识与新进展不断涌现，因此，该学科有大量内容需要理解、记忆以及在实践中思考。所以，掌握这门学科并非易事，需要长期的知识积累和科学实践。下面，关于如何学好这门课程，提供一些有用的建议。

根据研究内容，生物化学可以分为以下3个主要的部分。

(1)重要生物分子的结构和功能：这是传统生物化学中的"静态"部分，主要介绍蛋白质、核酸、酶、维生素、激素和抗生素等的分子组成、结构和功能，其中重点介绍蛋白质、核酸这两类生物大分子以及具有催化活性的生物大分子——酶。这里,重点掌握生物分子的基本结构、典型的理化性质以及结构与功能间的关系,同时,有意识地将它们进行比较,以便于理解和记忆。

(2)能量、物质代谢及其调节:这是传统生物化学中的“动态”部分,主要介绍生物氧化、糖代谢、脂类代谢、氨基酸代谢、核苷酸代谢以及各种物质代谢的联系与调节规律。学习这部分内容时,应重点学习各种物质代谢的基本途径,特别是糖代谢途径(包括糖酵解、三羧酸循环、糖异生等)、脂肪酸分解与合成的途径、酮体代谢途径、氨基酸脱氨基及氨的代谢、核苷酸的合成代谢途径,还要注意各种代谢途径中能量的生成方式及相关计算、关键酶及其生理意义、主要调节环节及相互联系。

(3)分子生物学基础:这是信息生物化学的内容,围绕遗传信息传递的基本过程,重点介绍DNA复制、转录及蛋白质的翻译过程,并从必要条件、所需酶及特点等方面对这3个过程进行比较。

以上为本课程的基本内容,在理顺框架的基础上进一步全面、系统、准确地把握教材的基本内容,运用梳理主线并围绕主线向外扩展和上下联系的学习方法,归纳其中的共性和规律,以加深对生物化学知识的理解。

本课程的学习,要求学生从理论上掌握生物体的分子结构与功能的关系,理解物质代谢与调节及其在生命活动中的作用。

生物化学是临床、口腔、护理、药学及医学相关专业学生普遍认为较为难学的课程,主要是由于该学科的知识相对抽象,学习中要求学生具有一定的化学、生物学等学科的基础知识。因此,在编写本教材的时候,遵循“需用、够用、实用”的原则,对基本概念、基本理论及基本方法的论述尽量做到深入浅出,为学生终身学习和发展奠定良好的基础。

本书的编写全面体现“三基”“五性”和“三贴近”,即体现基本理论、基础知识、基本技能,体现思想性、科学性、先进性、启发性和适用性,贴近学生、贴近社会、贴近岗位。

全书分为十三章,根据实际需求,还安排了部分实验内容。在每一章的开篇,设有“本章导读”和“目标透视”,提出每章内容的学习重点和具体要求,培养学生思考问题和分析问题的能力。在教材相关内容的基础上,适当插入“知识链接”,介绍了相关内容的最新进展、历史典故、重大发现、突出贡献等,以开阔学生视野,激励学生上进,拓宽知识面,提升人文素养。每章均设有“思政园地”,融合课程思政理念,提升学生综合素质。每章内容后附有“本章小结”(第一章除外),通过对本章主要内容的高度概括,帮助学生把握重点,加深理解和记忆。每章均设有“思考题”(第一章除外),以题解的方式帮助学生查漏补缺,掌握知识。此外,本书在每章后附有“在线测试题”二维码,学生通过扫描二维码可以进行自我测试。根据全书重点内容开设的实验课可以培养学生将理论知识与操作技能相结合的能力。

在本书的编写过程中,我们参考了大量有关生物化学方面的书籍,并引用其中的一些资料,在此向相关作者们深表感谢。由于学科发展很快,因此书中难免有不足之处,敬请各位专家及广大读者提出宝贵意见,以便修订时改进。

编　者

2022 年 12 月

目　录

第一章 绪 论

本章导读

生物化学(biochemistry)即生命的化学,是研究生物体的化学组成和生命过程中化学变化规律的科学。它主要是应用化学、物理学、生物学和免疫学的原理、方法和技术,从分子水平上探讨生命现象的本质。

目标透视

1. 了解生物化学的发展简史。
2. 熟悉生物化学在医学领域中的应用。
3. 掌握生物化学的研究内容及方向。
4. 能结合生物化学的知识进行临床诊断及疾病治疗。
5. 培养学生能够独立运用相应知识解决实际问题的能力。

一、生物化学的概念

生物化学是研究生物体的化学组成和生命过程中的化学变化与能量变化的科学。它主要是应用化学、物理学、生物学和免疫学的原理、方法和技术,从分子水平上探讨生命现象的本质。可以说,一切与生命有关的化学现象都是生物化学的研究对象。

二、生物化学的研究内容

生物化学主要研究生物体分子结构与功能、物质代谢与调节及遗传信息传递的分子基础与调控规律。

(一)生物体的物质组成

人体最基本的组成单位是细胞,细胞又是由一定的化学物质按照严格的规律和方式组成的。除了水和无机盐之外，活细胞的有机物主要由碳原子与氢、氧、氮、磷、硫等结合组成，分为大分子和小分子两大类。前者包括蛋白质、核酸、多糖和以结合状态存在的脂质；后者包括维生素、激素、各种代谢中间产物及合成生物大分子所需的氨基酸、核苷酸、糖、脂肪酸和甘油等。在不同的生物中，还有各种次生代谢产物，如萜类、生物碱、毒素、抗生素等。

（二）生物大分子的结构与功能

对生物分子的研究，重点是对生物大分子的研究，除了确定其一级结构外，更重要的是研究其空间结构及其与功能的关系。结构是功能的基础，而功能是结构的体现。特别是蛋白质和核酸，二者是生命的物质基础，对生命活动起着关键性作用。

（三）物质代谢、能量代谢及其调节

生命体最基本的特征是新陈代谢。新陈代谢是由酶催化的一系列化学反应所组成的代谢途径来完成的。新陈代谢包括合成代谢和分解代谢。前者简言之是生物体从环境中获取物质转化为体内新物质，并储存能量的过程，也称为同化作用；后者简言之是生物体内复杂大分子降解成简单分子，并把终产物排出体外，产生能量的过程，也称为异化作用。要维持人体内物质代谢途径有序地进行，需要有严格的调节机制，否则就会出现代谢紊乱并影响正常的生命活动，从而引发疾病。

（四）基因的复制、表达及调控

基因信息传递涉及遗传、变异、生长、分化等生命过程，也与遗传性疾病、心血管病、代谢异常性疾病、恶性肿瘤、免疫缺陷性疾病等多种疾病的发病机制有关，故基因信息传递的研究在生命科学特别是医学中的作用越来越显示出其重要的意义。生物体的遗传物质主要是 DNA，基因是 DNA 分子的功能片段，生物化学不仅研究 DNA 的结构和功能，更重要的是研究生命过程中 DNA 的复制、RNA 的转录、蛋白质的生物合成等基因信息表达调控过程。

三、生物化学的发展简史

“生物化学”这一名词出现在 19 世纪末到 20 世纪初，但它的起源可追溯得更远，其早期的历史是生理学和化学的早期历史的一部分。例如，18 世纪 80 年代，拉瓦锡（A. L. Lavoisier）证明呼吸与燃烧一样是氧化作用，几乎同时，科学家又发现光合作用本质上是植物呼吸作用的逆过程。又如 1828 年，沃勒（F. Waller）首次在实验室中合成了一种有机物——尿素，打破了有机物只能靠生物产生的观点，给“生机论”以重大打击。

1860 年，巴斯德（L. Pasteur）证明发酵是由微生物引起的，但他认为必须有活的酵母才能引起发酵。1897 年，毕希纳兄弟（Buchner brothers）发现酵母的无细胞抽提液可进行发酵，证明没有活细胞也可进行如发酵这样复杂的生命活动，终于推翻了“生机论”。

生物化学的发展可分为 3 个阶段，即静态的描述性阶段、动态生物化学阶段及现代生物化学阶段。

（一）静态的描述性阶段

从 19 世纪末到 20 世纪 30 年代，主要是静态的描述性阶段，主要研究生物体的化学组成，描述生物体的化学组成、结构与功能以及分布。在这一阶段，发现了生物体主要由糖类、脂质、蛋白质和核酸四大类有机物质组成，并对生物体各种成分进行分离、纯化、结构测定、合成及理化性质的研究。

（二）动态生物化学阶段

动态生物化学阶段为 20 世纪 30 年代到 50 年代，主要特点是研究生物体内物质的变化，即代谢途径，所以称之为动态生化阶段。在这一阶段，确定了糖酵解、三羧酸循环及脂肪分解等重要的分解代谢途径，对呼吸作用、光合作用及腺苷三磷酸（ATP）在能量转换中的关键位置有了较深入的认识。

（三）现代生物化学阶段

现代生物化学阶段从 20 世纪 50 年代开始，以提出 DNA 的双螺旋结构模型为标志，主要研究工作就是探讨各种生物大分子的结构与其功能之间的关系。生物化学在这一阶段的发展，以及物理学、微生物学、遗传学、细胞学等其他学科的渗透，产生了分子生物学，并成为生物化学的主体。

四、生物化学与医学

生物化学是重要的基础学科，它的一些理论和技术已渗透到基础医学和临床医学的各个领域。对一些常见病和严重危害人类健康的疾病的生化问题进行研究，有助于进行预防、诊断和治疗。例如，血清中肌酸激酶同工酶的电泳图谱用于冠心病诊断，转氨酶用于肝病诊断，淀粉酶用于胰腺炎诊断等。在治疗方面，磺胺类药物的发现开辟了利用抗代谢物作为化疗药物的新领域，如 5 - 氟尿嘧啶用于治疗肿瘤。青霉素的发现开创了抗生素化疗药物的新时代，再加上各种疫苗的普遍应用，使很多严重危害人类健康的传染病得到控制或基本被消灭。生物化学的理论和方法与临床实践的结合，产生了医学生化的许多新领域，如研究生理功能失调与代谢紊乱的病理生物化学，以酶的活性、激素的作用与代谢途径为中心的生化药理学，与器官移植和疫苗研制有关的免疫生物化学等。

思政园地

砥砺前行，振兴中华

吴宪是中国生物化学研究的先驱，一生发表研究论文 163 篇、出版专著 3 种。1931 年，吴宪最早在《中国生理学杂志》上提出了构形变化导致蛋白质变性的机制。吴宪研究的主要内容涉及临床生物化学、蛋白质化学、气体与电解质的平衡、免疫化学、营养学以及氨基酸代谢等领域，这些研究居当时国际前沿地位，并为中国近代生物化学事业的建立和发展做出了开拓和奠基的工作。除此之外，吴宪还进行了性激素、抗生育等方面的研究。大学生作为新时代的建设者和接班人，需要在前人研究的基础上，砥砺前行，不断突破和创新。

在线测试题

选择题

判断题

第二章　蛋白质化学

本章导读

蛋白质(protein)是生命的物质基础,是构成细胞的基本有机物,是生命活动的主要承担者。没有蛋白质就没有生命。因此,它是与生命及各种形式的生命活动紧密联系在一起的物质。机体中的每一个细胞和所有重要组成部分都有蛋白质参与。人体内蛋白质的种类很多,性质、功能各异,但都是由20多种氨基酸(amino acid)按不同形式组合而成的,并在体内不断进行代谢与更新。生物体内蛋白质的种类繁多,单细胞的大肠杆菌就含有3 000余种。人体含蛋白质种类多达10万余种,是细胞含量最丰富的高分子化合物。本章主要介绍蛋白质的分子组成、氨基酸的结构特点及其理化性质、蛋白质的结构和功能。要了解蛋白质的功能及其在生命活动中的重要性,必须从了解它的结构入手。

目标透视

1. 了解蛋白质在生命过程中的重要性及分类。

2. 熟悉肽与肽键,蛋白质结构与功能的关系。

3. 掌握蛋白质的元素组成、分子组成特点,计算样品中蛋白质含量的方法,蛋白质理化性质,引起蛋白质变性的因素,以及变性作用在医学上的应用。

4. 运用蛋白质化学知识解释相关的临床疾病。

5. 培养学生良好的职业道德素养以及救死扶伤的精神。

第一节　蛋白质的分子组成

一、蛋白质的元素组成

蛋白质是由许多α-氨基酸按照一定的序列通过肽键连接而成的,具有稳定的构象,是功能最多的生物大分子。蛋白质是构成组织和细胞的重要成分，占人体干重的45%。人体内有10万余种蛋白质。

蛋白质的种类繁多、结构各异，但元素组成却相似。根据蛋白质的元素分析结果，证明组成蛋白质的元素主要有碳、氢、氧、氮和硫，有的还含有少量磷、铁、铜、锰、碘等元素。各种蛋白质的含氮量很接近，为15%～17%，平均为16%，即100 g蛋白质约含有16 g氮，而每克氮相当于6.25 g蛋白质。由于体内含氮的主要物质是蛋白质，因此可用凯氏定氮法测得样品中的含氮量，按照下式即可计算出样品中的蛋白质含量：

$$\text{每克样品中蛋白质的含量(g)} = \text{每克样品中的含氮量} \times 6.25$$

案例分析

患儿，1岁，近日尿少，并出现血尿，入院就诊，经B超检查发现为双侧肾结石，经询问喂养史，出生后一直服用某品牌奶粉，结合其他病例报告，考虑为“三聚氰胺中毒”。试分析乳品企业为什么要加三聚氰胺？

知识链接

凯氏定氮法是测定化合物或混合物中总含氮量的一种方法。其是在有催化剂的条件下，用浓硫酸消化样品，将有机氮都转变成无机铵盐，然后在碱性条件下将铵盐转化为氨，随水蒸气蒸馏出来并为过量的硼酸液吸收，再以标准盐酸滴定，就可计算出样品中的含氮量。由于蛋白质含氮量比较恒定，可由其含氮量计算蛋白质含量。此法是日常经典的蛋白质定量方法。

二、蛋白质的基本组成单位——氨基酸

蛋白质经酸、碱或蛋白酶完全水解后可得到各种氨基酸，说明蛋白质是由氨基酸组成的。氨基酸是蛋白质的基本单位。

（一）氨基酸的结构

自然界中存在的氨基酸有300余种，但组成人体蛋白质的氨基酸仅有20种，新近发现的硒代半胱氨酸，被称为第21种氨基酸。不过，目前仅在几种蛋白质中发现含有这种氨基酸。组成蛋白质的20种氨基酸可用下列结构通式表示（见图2－1）。

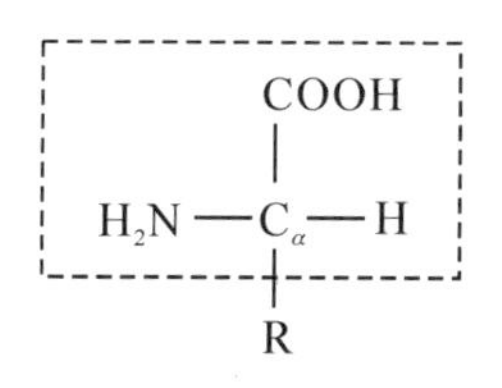

图 2－1　氨基酸结构通式

结构通式中，R 为氨基酸的侧链基团，方框内的基团为各种氨基酸的共同结构。

各种氨基酸的结构各不相同，但都具有以下特点：

（1）除脯氨酸为 α－亚氨基酸外，组成蛋白质的氨基酸都是 α－氨基酸。

（2）除 R 基团为 H 的甘氨酸外，其他氨基酸的 α－碳原子都是手性碳原子（α－碳原子相连的四个原子或基团各不相同），故具有旋光性，因而氨基酸有两种不同的构型，即 *L* 型和 *D* 型。那么从蛋白质水解得到的 α－氨基酸（除甘氨酸外）都属于 *L* 型，即 *L*－α－氨基酸。

（3）不同氨基酸的 R 侧链各异，导致它们性质各不相同。

（二）氨基酸的分类

根据氨基酸侧链基团结构和性质不同，将组成人体的 20 种氨基酸分为 4 类（见表 2－1）。

表 2－1　20 种常见氨基酸的名称和结构式

名称	中文缩写	三字母符号	单字母符号	结构式
非极性氨基酸				
丙氨酸	丙	Ala	A	$CH_3—CH—COO^-$ $^+NH_3$
亮氨酸*	亮	Leu	L	$(CH_3)_2CHCH_2—CHCOO^-$ $^+NH_3$
异亮氨酸*	异亮	Ile	I	$CH_3CH_2CH—CHCOO^-$ $CH_3\ ^+NH_3$
缬氨酸*	缬	Val	V	$(CH_3)_2CH—CHCOO^-$ $^+NH_3$
脯氨酸	脯	Pro	P	COO^- N^+ H　H

续 表

名称	中文缩写	三字母符号	单字母符号	结构式
苯丙氨酸*	苯丙	Phe	F	$C_6H_5-CH_2-\underset{{}^{+}NH_3}{C}HCOO^-$
蛋氨酸（甲硫氨酸）*	蛋	Met	M	$CH_3SCH_2CH_2-\underset{{}^{+}NH_3}{C}HCOO^-$
色氨酸*	色	Trp	W	$C_8H_5NH-CH_2\underset{{}^{+}NH_3}{CH}-COO^-$
极性中性氨基酸				
甘氨酸	甘	Gly	G	$\underset{{}^{+}NH_3}{CH_2}-COO^-$
丝氨酸	丝	Ser	S	$HOCH_2-\underset{{}^{+}NH_3}{C}HCOO^-$
谷氨酰胺	谷胺	Gln	Q	$H_2N-\overset{O}{\overset{\parallel}{C}}-CH_2CH_2-\underset{{}^{+}NH_3}{C}HCOO^-$
苏氨酸*	苏	Thr	T	$CH_3\underset{OH}{C}H-\underset{{}^{+}NH_3}{C}OO^-$
半胱氨酸	半胱	Cys	C	$HSCH_2-\underset{{}^{+}NH_3}{C}HCOO^-$
天冬酰胺	天胺	Asn	N	$H_2N-\overset{O}{\overset{\parallel}{C}}-CH_2-\underset{{}^{+}NH_3}{C}HCOO^-$
酪氨酸	酪	Tyr	Y	$HO-C_6H_4-CH_2-\underset{{}^{+}NH_3}{C}HCOO^-$
酸性氨基酸				
天冬氨酸	天	Asp	D	$HOOCCH_2-\underset{{}^{+}NH_3}{C}HCOO^-$

续 表

名称	中文缩写	三字母符号	单字母符号	结构式
谷氨酸	谷	Glu	E	$HOOCCH_2CH_2—CH(^+NH_3)COO^-$
碱性氨基酸				
赖氨酸*	赖	Lys	K	$^+NH_3CH_2CH_2CH_2CH_2CH(NH_2)COO^-$
精氨酸	精	Arg	R	$H_2N—C(=^+NH_2)—NHCH_2CH_2CH_2—CH(NH_2)COO^-$
组氨酸	组	His	H	咪唑环(N—H)—$CH_2CH(^+NH_3)—COO^-$

注：* 为必需氨基酸。

（1）非极性氨基酸：R 侧链为非极性基团，包括丙氨酸、亮氨酸、异亮氨酸、缬氨酸、脯氨酸、苯丙氨酸、蛋氨酸（甲硫氨酸）及色氨酸 8 种氨基酸。非极性氨基酸在水中的溶解度比极性氨基酸小。

（2）极性中性氨基酸：R 侧链为极性基团，但在中性溶液中不解离，包括甘氨酸、丝氨酸、谷氨酰胺、苏氨酸、半胱氨酸、天冬酰胺及酪氨酸 7 种氨基酸。其中，甘氨酸的 R 侧链为氢，对强极性的氨基、羧基影响很小，其极性最弱，有时将它归于非极性氨基酸。

（3）酸性氨基酸：有 2 种酸性氨基酸——天冬氨酸和谷氨酸，在 pH 为 6 ~ 7 时带负电荷。R 侧链含有羧基，在水溶液中可释放出氢离子，而分子带负电荷。

（4）碱性氨基酸：有 3 种碱性氨基酸——赖氨酸、精氨酸和组氨酸，在 pH 为 7 时带正电荷。R 侧链上有氨基，在水溶液中可结合氢离子。

人体所需的某些氨基酸可由体内代谢转变而来，称为非必需氨基酸。有些氨基酸在人体内不能合成或合成的数量极少，必须从食物中供给，才能维持机体的正常生长发育，这类氨基酸称为必需氨基酸。成年人的必需氨基酸有甲硫氨酸、色氨酸、赖氨酸、缬氨酸、异亮氨酸、亮氨酸、苯丙氨酸、苏氨酸 8 种，婴幼儿时期能合成组氨酸和精氨酸，但合成数量不能满足需求，仍需由食物供给。蛋白质含有的必需氨基酸数量越多，其营养价值就越高。

三、氨基酸的理化性质

（一）一般物理性质

α－氨基酸均为无色晶体，晶体形状因氨基酸的构型而异；氨基酸的熔点极高，在200 ℃以上。各种氨基酸在水中的溶解度差别很大，大多数氨基酸不易溶于有机溶剂，而溶于稀酸或稀碱中，通常酒精能将氨基酸从其溶液中沉淀析出。不同氨基酸所带的味感不同，谷氨酸的单钠盐具有强烈的鲜味，是味精的主要成分，其他氨基酸（如甘氨酸、组氨酸、天冬氨酸、赖氨酸）也都有鲜味，用于食品以增添美味。除甘氨酸外，其他的氨基酸都含有不对称碳原子，即具有旋光性。

（二）两性解离与等电点

所有氨基酸既含有碱性的氨基（或亚氨基），又含有酸性的羧基，这些基团使氨基酸在酸性环境下与 H^+ 结合而带正电荷，在碱性条件下失去质子而带负电荷。所以，氨基酸是两性电解质，具有酸、碱两性解离的性质。在一定的pH溶液中，氨基酸解离成阴离子、阳离子的程度相同，所带的正、负电荷相等，呈电中性。此时溶液的pH称为该氨基酸的等电点，用pI表示（见图2－2）。

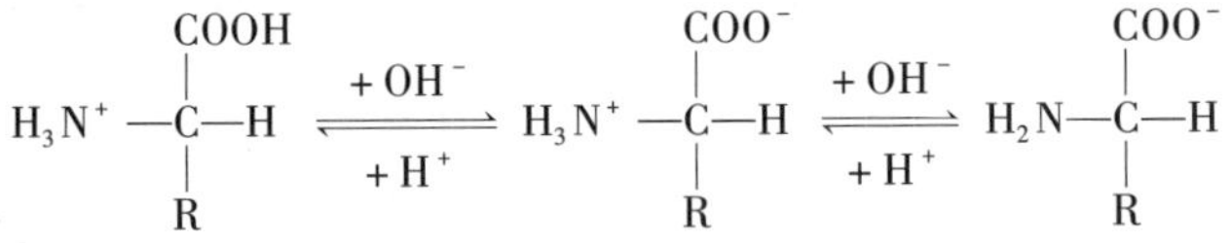

$$H_3N^+-\underset{\displaystyle R}{\overset{\displaystyle COOH}{C}}-H \underset{+H^+}{\overset{+OH^-}{\rightleftharpoons}} H_3N^+-\underset{\displaystyle R}{\overset{\displaystyle COO^-}{C}}-H \underset{+H^+}{\overset{+OH^-}{\rightleftharpoons}} H_2N-\underset{\displaystyle R}{\overset{\displaystyle COO^-}{C}}-H$$

正离子（$pH < pI$）　　兼性离子（$pH = pI$）　　负离子（$pH > pI$）

图2－2　氨基酸三种存在形式

每种氨基酸都有特定的等电点，当溶液的pH小于氨基酸等电点时，氨基酸带正电荷；若溶液的pH大于氨基酸等电点时，氨基酸带负电荷。氨基酸的pI是由α－羧基和α－氨基的解离常数的负对数 pK_1 和 pK_2 决定的。计算公式为：$pI = \frac{1}{2}(pK_1 + pK_2)$。

若1个氨基酸有3个可解离基团，写出它们的电离式后，取兼性离子两边的 pK 值的平均值，即为此氨基酸的等电点（酸性氨基酸的等电点取两羧基的 pK 值的平均值，碱性氨基酸的等电点取两氨基的 pK 值的平均值）。

（三）氨基酸的紫外吸收性质

芳香族氨基酸的色氨酸、酪氨酸和苯丙氨酸在紫外光280 nm波长处有最大吸收峰（见图2－3）。此特性可用于蛋白质的定量分析。

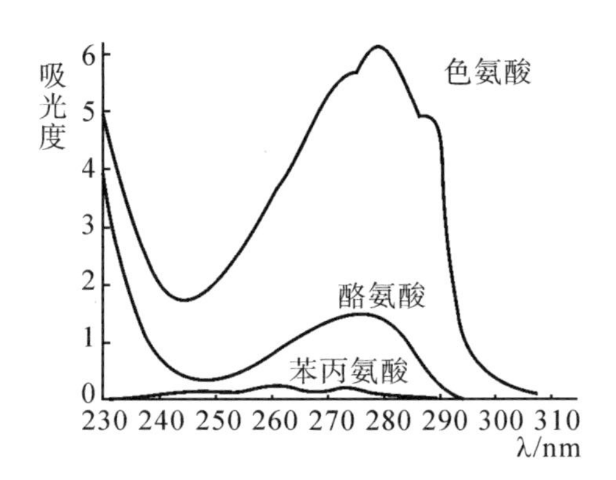

图 2－3　芳香族氨基酸紫外吸收光谱

（四）茚三酮反应

氨基酸与茚三酮的水合物在溶液中共热，经过一系列反应，最终生成蓝紫色化合物（见图 2－4）。而亚氨基酸（脯氨酸和羟脯氨酸）与茚三酮反应呈黄色。

$$\text{茚三酮} + R\text{—}CH(NH_2)\text{—}COOH \longrightarrow \text{茚三酮(还原型)} + RCHO + NH_3 + CO_2$$

（茚三酮　氨基酸　茚三酮(还原型)　醛）

$$2\ \text{茚三酮} + NH_3 \longrightarrow \text{蓝色或紫色化合物}$$

图 2－4　茚三酮反应

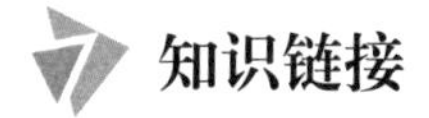

知识链接

稀有氨基酸

稀有氨基酸（rare amino acid）是存在于蛋白质中的 20 种常见氨基酸以外的其他罕见氨基酸，它们没有对应的遗传密码，都是在肽链合成后由相应的常见氨基酸经过化学修饰衍生而来的。

蛋白质的稀有氨基酸中，4－羟基脯氨酸和 5－羟基赖氨酸是 2 个重要的氨基酸，它们是胶原蛋白的重要成分，而胶原蛋白是哺乳动物体内最丰富的蛋白质。此外，与核酸形成复合物的蛋白质中往往含有经过修饰的氨基酸。

第二节 蛋白质的分子结构

一、肽键和肽

一个氨基酸的羧基与另一个氨基酸的氨基脱水缩合形成的共价键,称为肽键(—CO—NH—)。在蛋白质分子中,氨基酸通过肽键连接而形成肽链。最简单的肽由2个氨基酸组成,称为二肽。含有三个、四个、五个氨基酸的肽分别称为三肽、四肽、五肽。

生物体内存在着一类具有活性的肽类,称为活性肽,它们在体内通常含量比较少,结构多样,却起着重要的生理作用(见表2-2)。

表2-2 常见活性肽的生理作用

名称	生理作用
谷胱甘肽	细胞内还原剂
催产素	刺激子宫收缩
抗利尿激素	促进肾远曲小管和集合管对水的重吸收,维持血浆正常胶体渗透压
促肾上腺皮质激素	垂体分泌的一种促激素
神经肽	在神经组织中进行信息传递

蛋白质的基本结构是由氨基酸通过肽键相连形成的多肽链,并在此基础上形成特定的三维空间结构,才能执行其特定的功能。蛋白质的结构由简单到复杂可分为一级、二级、三级以及四级结构。

二、蛋白质分子的一级结构

每种蛋白质的多肽链都有其各自特定的氨基酸组成和排列顺序。蛋白质的一级结构是指蛋白质分子中多肽链的氨基酸残基排列顺序,是蛋白质分子的基本结构,是其空间结构和特异生物功能的物质基础。维持蛋白质分子一级结构稳定的主要化学键是肽键。

胰岛素是世界上第一个被确定一级结构的蛋白质。人胰岛素是由A和B 2条多肽链组成,其中A链和B链分别含21和30个氨基酸残基。胰岛素分子中含有3个二硫键,即A链第6位和第11位的半胱氨酸残基之间形成1个链内二硫键,A链第7位和第20位半胱氨酸分别与B链第7位和第19位半胱氨酸形成2个链间二硫键,其一级结构如图 2－5 所示。

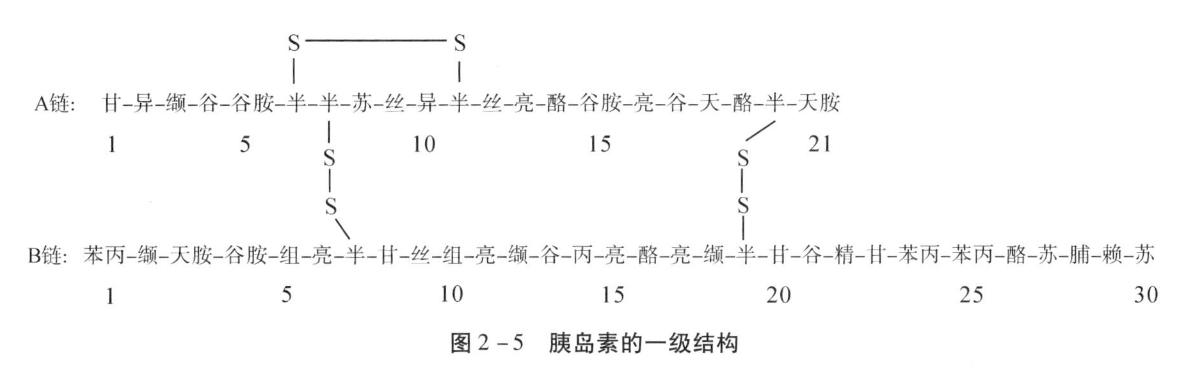

图 2－5　胰岛素的一级结构

三、蛋白质分子的空间结构

天然蛋白质的多肽链经过分子内部众多单键的旋转形成复杂的盘旋卷曲与折叠，构成各自特定的三维空间结构。这种由于单键的旋转所形成的空间结构称为构象。蛋白质的理化性质与生物学功能主要取决于其特定的空间构象。

（一）蛋白质分子的二级结构

蛋白质分子的二级结构是指蛋白质分子中各段多肽链主链原子的空间分布状态，不涉及其侧链的空间排布。常见的二级结构有 α－螺旋、β－折叠、β－转角和无规卷曲。维系蛋白质分子二级结构的主要化学键是氢键。

1. α－螺旋

α－螺旋是指多肽链的主链与 α－碳原子连接的 2 个平面的旋转，按照顺时针方向围绕中心轴做有规律的螺旋式上升，形成右手螺旋（见图 2－6）；α－螺旋中氨基酸残基侧链伸向外侧；螺旋上升一圈包含 3.6 个氨基酸残基，每个残基沿轴旋转 100°，每 2 个残基之间的距离为 0.15 nm；螺距 0.54 nm；相邻螺旋之间，每个肽键的—NH—与其后第 4 个肽键的—CO—形成氢键，以保持 α－螺旋的最大稳定性。

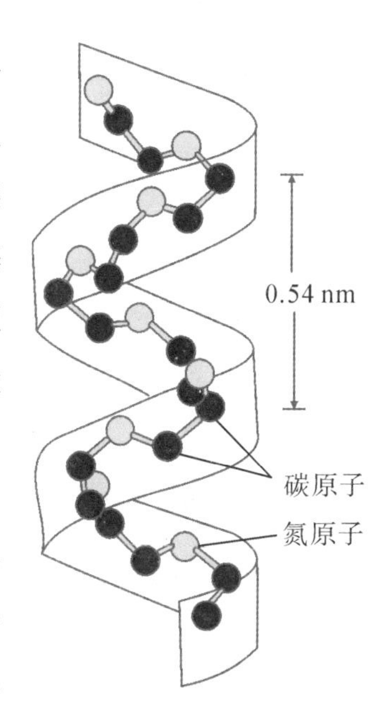

图 2－6　α－螺旋

2. β－折叠

β－折叠又称为 β－片层，如图 2－7 所示。在此结构中，多肽链呈锯齿状（或扇面状）排列成比较伸展的结构，相邻 2 个氨基酸残基的轴心距离为 0.35 nm。β－折叠中并行的 2 条肽段的走向可相同（称为顺向平行）或相反（称为反向平行)，侧链 R 基团交替地分布在片层平面的上、下方，片层间有氢键相连。

3. β－转角

多肽链中肽段出现 180°回折时的结构称为 β－转角或 β－回折。β－转角多由 4 个氨基酸残基组成，其中第 1 个氨基酸的羧基氧与第 4 个氨基酸的氨基氢形成氢键，以维系 β－转角的稳定性(见图 2－8)。

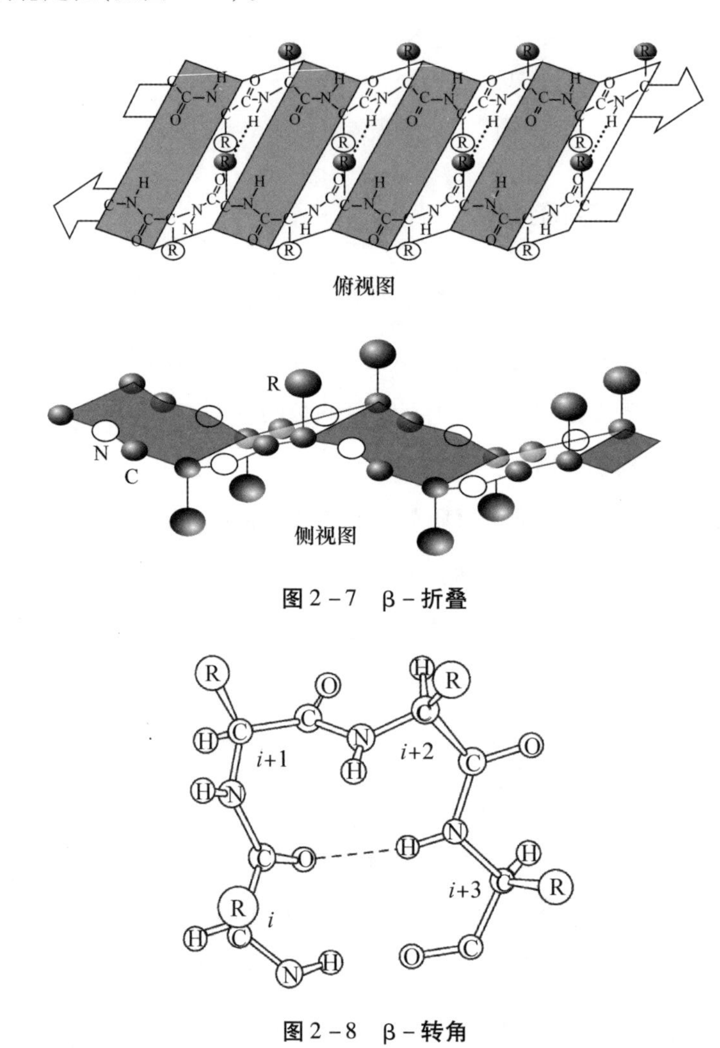

图 2－7　β－折叠

图 2－8　β－转角

4. 无规卷曲

无规卷曲指没有一定规律的肽链结构。此结构虽然松散，但对一种特定蛋白又是确定的，而不是随意的。球状蛋白中含有大量无规卷曲，倾向于产生球状构象。

(二)蛋白质分子的三级结构

一条多肽链在二级结构的基础上进一步盘绕卷曲形成三级结构，包括主、侧链在内的所有原子在三维空间的整体排布。大多数蛋白质的三级结构为球状或近似球状。稳定蛋白质三级结构的化学键主要是侧链间的非共价键，如氢键、离子键（又称盐键）、疏水作用力、范德华力等。这些非共价键统称为次级键，其中以疏水作用力最为重要。由一条多肽链组成的蛋白质，只有具有完整的三级结构才能发挥其生物学活性。图 2 -9 所示为肌红蛋白的三级结构。

图 2 -9　肌红蛋白的三级结构

（三）蛋白质分子的四级结构

由 2 条或 2 条以上肽链通过非共价键构成的蛋白质称为寡聚蛋白。其中每一条多肽链称为亚基，每个亚基都有各自的一、二、三级结构。亚基单独存在时无生物活性，只有相互聚合成特定构象时才具有完整的生物活性。四级结构是各个亚基在寡聚蛋白的天然构象中空间上的排列方式。稳定蛋白质四级结构的化学键是氢键、离子键、疏水作用力和范德华力等非共价键，其中以疏水作用力最为重要。血红蛋白由 4 个亚基组成，4 个亚基通过侧链间次级键两两交叉、紧密镶嵌，形成一个具有四级结构的球状蛋白质分子（见图 2 -10）。

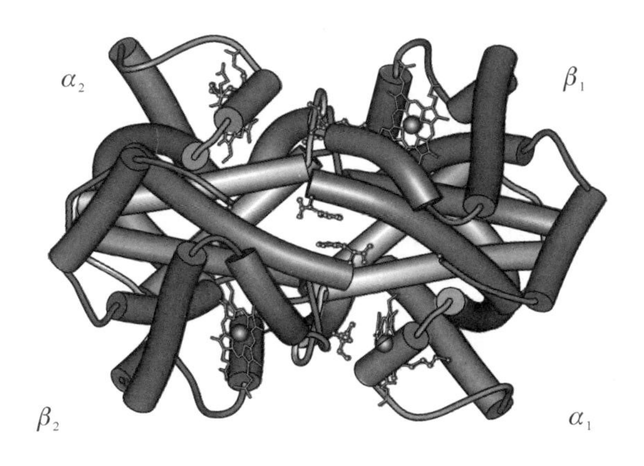

图 2 -10　血红蛋白四级结构示意图

知识链接

血红蛋白是由2个α-亚基和2个β-亚基组成的四聚体,2种亚基的结构颇为相似,且每个亚基均结合1个血红素辅基。4个亚基通过8个离子键相连,形成血红蛋白的四聚体,具有运输O_2和CO_2的功能。

由于全身循环血液中红细胞总量的测定技术比较复杂,所以,临床上一般用外周血红蛋白的浓度确定血液中红细胞总量,进而判断有无贫血症状。

四、蛋白质结构和功能的关系

不同蛋白质分子中氨基酸的种类和数量不同,排列的顺序和空间结构不同,使得蛋白质的种类繁多,并且具有了多种多样的生物学功能。通常,蛋白质分子的一级结构决定其空间结构,并且进一步决定蛋白质的功能。

(一)蛋白质分子一级结构和功能的关系

1. 结构相似,功能相似

例如,神经垂体释放的催产素和抗利尿激素都是九肽(见图2-11),其中只有2个氨基酸残基不同,其余的7个氨基酸残基是相同的,催产素兼有抗利尿激素的作用,抗利尿激素也兼有催产素的作用。

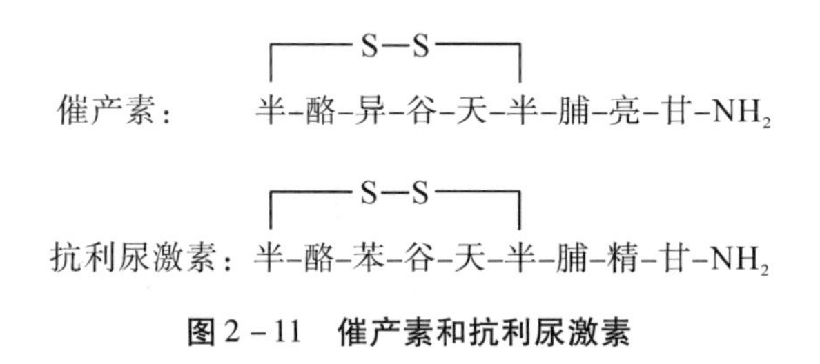

图2-11 催产素和抗利尿激素

2. 结构不同,功能不同

将不同功能的蛋白质进行比较,发现它们彼此之间的分子结构是完全不同或者不完全相同,因此蛋白质的功能是由其本身的结构所决定的。上述催产素和抗利尿激素,虽然因有相似的结构而有相似的功能,但是它们的结构不完全相同,生理功能也有很大的差别。催产素能刺激平滑肌引起子宫收缩,表现为催产功能;抗利尿激素促进血管收缩,升高血压,促进肾小管对水分的吸收,表现为抗利尿功能。

3. 一级结构改变,功能也随之改变

血红蛋白β链(见图2-12)上含有146个氨基酸残基,如果其中第6位上的谷氨酸被缬氨酸所代替，机体即可患镰刀状贫血病。血红蛋白的一级结构正是由于这一细微的改变而导致其功能发生改变。其结构仅此一个氨基酸改变，使血红蛋白相互聚集和黏着，导致红细胞变成镰刀状而极易破碎，产生贫血。

β-链	1　2　3　4　5　6　7
Hb-A	N-Val-His-Leu-Thr-Pro-Glu-Lys···
Hb-S	N-Val-His-Leu-Thr-Pro-Val-Lys···

图 2-12　血红蛋白 β 链结构简图

（二）蛋白质分子空间结构与功能的关系

蛋白质分子的一级结构决定其空间构象，而蛋白质分子的特定空间构象与其发挥的生理功能又有着直接的关系。因此，蛋白质的一级结构变化，则其空间构象与功能也随之变化；如果蛋白质分子的一级结构保持不变而空间构象发生改变，也可以导致其功能的变化。

第三节　蛋白质的性质

一、蛋白质的高分子性质

蛋白质的分子量一般在 1 万～100 万。不同种类的蛋白质，其分子的大小有一定的差别。测定蛋白质分子量的方法有很多种，除了根据蛋白质的化学成分来进行测定以外，主要是根据蛋白质的理化性质来进行测定。常用的方法有超离心法、凝胶过滤法、渗透压法等。

二、蛋白质的两性解离和等电点

蛋白质是两性电解质。在一定的 pH 条件下，蛋白质分子含有可以解离成阳离子的氨基，还含有可以解离成阴离子的羧基（见图 2-13）。在某一 pH 的溶液中，蛋白质所带的正、负电荷相等，净电荷为零，此时蛋白质表现为兼性离子，该溶液的 pH 称为蛋白质的等电点（pI）。当溶液的 pH 高于蛋白质的等电点时，蛋白质带负电荷，在电场中向正极移动；当溶液的 pH 低于蛋白质的等电点时，蛋白质带正电荷，在电场中向负极移动，这种现象称为电泳。

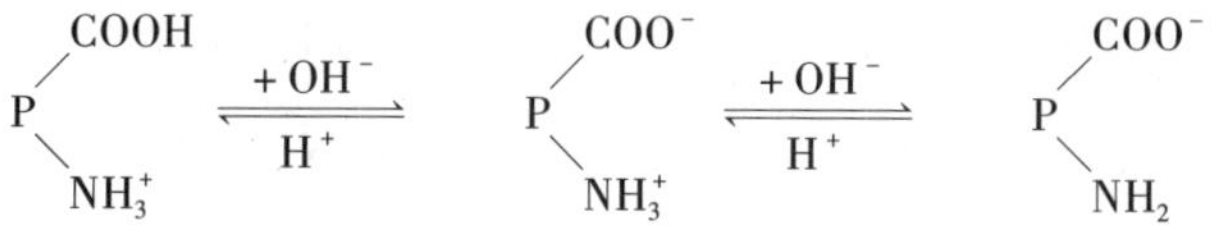

$$\mathrm{P}\begin{matrix}\diagup \mathrm{COOH}\\ \diagdown \mathrm{NH_3^+}\end{matrix} \underset{\mathrm{H^+}}{\overset{+\mathrm{OH^-}}{\rightleftharpoons}} \mathrm{P}\begin{matrix}\diagup \mathrm{COO^-}\\ \diagdown \mathrm{NH_3^+}\end{matrix} \underset{\mathrm{H^+}}{\overset{+\mathrm{OH^-}}{\rightleftharpoons}} \mathrm{P}\begin{matrix}\diagup \mathrm{COO^-}\\ \diagdown \mathrm{NH_2}\end{matrix}$$

正离子(pH < pI)　兼性离子(pH = pI)　负离子(pH > pI)

图 2－13　蛋白质存在形式

人体各种蛋白质的等电点不同,大多数均偏弱酸性,pI 为 5 左右,所以,在人体体液 pH 为 7.4 的环境中,体内蛋白质解离成带负电荷的阴离子。

三、蛋白质的胶体性质

蛋白质是大分子,在水溶液中的颗粒直径为 1 ~ 100 nm,是胶体分散系,具有胶体溶液的性质,如布朗运动、丁达尔现象、电泳、不能透过半透膜及吸附能力等。利用半透膜(如玻璃纸、火胶棉、羊皮纸等)可分离纯化蛋白质,此过程称为透析。蛋白质分子有较大的表面积,对许多物质有吸附能力。多数球状蛋白质分子表面分布有很多极性基团,亲水性强,易吸附水分子,形成水化层,使蛋白质分子溶于水,还可隔离蛋白质分子,使其不易沉淀,并且蛋白质分子表面的可解离基团带同性电荷,同性电荷相斥而阻止蛋白质分子凝聚,增加了蛋白质溶液的稳定性。

四、蛋白质的变性

蛋白质在某些理化因素的作用下,维系其空间结构的次级键(甚至二硫键)断裂,使其空间结构遭受破坏,造成其理化性质的改变和生物活性的丧失,这种现象称为蛋白质的变性。引起蛋白质变性的物理因素有加热、紫外线照射、超声波及剧烈振荡等,化学因素有强酸、强碱、有机溶剂和重金属盐等。变性蛋白质仅天然空间构象改变,一级结构不被破坏。

有些蛋白质在发生轻微变性后,去除变性因素可使其恢复活性,这种现象称为复性。大多数蛋白质变性时空间结构破坏严重,不能恢复活性,称为不可逆变性;而有些蛋白质变性后,去除变性因素后可恢复其活性,称为可逆变性。

蛋白质变性后的特征有以下几点。

1. 物理性质的改变

蛋白质变性后分子性质改变,黏度升高,溶解度降低,结晶能力丧失,旋光度和红外光谱、紫外光谱均发生变化。

2. 化学性质的改变

变性蛋白质易被水解，即消化率上升，同时包埋在分子内部的可反应基团暴露出来，从而表现出或增加对某些试剂的反应。

3. 生物学性质的改变

蛋白质变性后失去生物活性的同时，抗原性也发生改变。

蛋白质变性具有重要的实际应用，如用酒精消毒，就是利用乙醇使蛋白质变性的作用来杀菌；临床上常用大量牛奶和蛋清来解救重金属盐中毒的患者；低温保存激素、疫苗、酶等蛋白质制剂可防止其生物活性的降低或丧失。

知识链接

随着温度的变化，蛋白质的性质也随之变化。一般说来，在低温时蛋白质的活性较弱，并且温度越低，活性越弱，此时蛋白质一般不发生变性作用；在一定温度范围内，随温度逐渐升高，蛋白质的活性也逐渐增加，但超过一定温度后，蛋白质会发生变性，其空间结构会被破坏，生物学活性丧失。因此，我们可通过控制温度来控制蛋白质的性质向着有利于我们需要的方向进行。

例如，在医疗卫生、公共场所中的应用。在临床医学上，当患者因皮肤破裂引起出血时，医生常用冰块将出血的部位冷冻起来，其作用主要包括：①使血管收缩，减少出血；②使皮肤表面的血凝固，阻止内部的血液流出；③降低病菌的活性，防止感染。除此之外，在一些公共场所，如理发店使用过的毛巾、围巾、理发器具等应经常进行高温煮沸等方式处理，以杀灭上面的病菌，防止病菌的传播。

五、蛋白质的紫外吸收

蛋白质分子中通常含有酪氨酸和色氨酸，这 2 种氨基酸的残基含有共轭双键，使蛋白质在波长为 280 nm 的紫外光下有最大吸收峰。因此，280 nm 处吸光度的测定常用于蛋白质的定性和定量的测定。

六、蛋白质的颜色反应

蛋白质中的一些基团能与某些试剂反应，生成有色物质，这些反应被用于蛋白质的定性和定量的测定。常用的反应有以下几种。

1. 双缩脲反应

双缩脲是由2分子尿素缩合而成的化合物。将尿素加热到180 ℃,则2分子尿素缩合,释放出1分子氨。双缩脲在碱性溶液中能与硫酸铜反应生成红紫色络合物,称为双缩脲反应。蛋白质中的肽键与之类似,也能出现双缩脲反应。此反应可用于定性鉴定,也可在540 nm比色,定量测定蛋白质含量。

2. 黄色反应

含有芳香族氨基酸(特别是酪氨酸和色氨酸)的蛋白质在溶液中遇到硝酸后,先产生白色沉淀,加热则变黄,再加碱,颜色加深变为橙黄色。这是由于苯环被硝化,产生硝基苯衍生物。皮肤、毛发、指甲遇浓硝酸都会变黄。

3. 米伦反应

米伦试剂是硝酸汞、亚硝酸汞、硝酸和亚硝酸的混合物。蛋白质加入米伦试剂后即产生白色沉淀,加热后变成红色,称米化反应。酚类化合物有此反应,酪氨酸及含酪氨酸的化合物均有此反应。

4. 乙醛酸反应

在某些蛋白质溶液中加入乙醛酸,并沿试管壁慢慢注入浓硫酸,两液层之间会出现紫色环,称乙醛酸反应。凡含有吲哚基的化合物均有此反应现象,不含色氨酸的明胶则无此反应现象。

5. 费林反应(Folin-酚法)

酪氨酸的酚基能还原费林试剂中的磷钼酸及磷钨酸,生成蓝色化合物,称费林反应。此反应可用来定量测定蛋白质含量,是双缩脲反应的发展,灵敏度高。

第四节 蛋白质的分类

一、依据蛋白质的组成分类

(1)简单蛋白:又称单纯蛋白质,这类蛋白质只含有由α-氨基酸组成的肽链,不含其他成分。

(2)结合蛋白:由简单蛋白与其他非蛋白成分结合而成,如色蛋白、糖蛋白、脂蛋白、核蛋白等(见图2-14)。

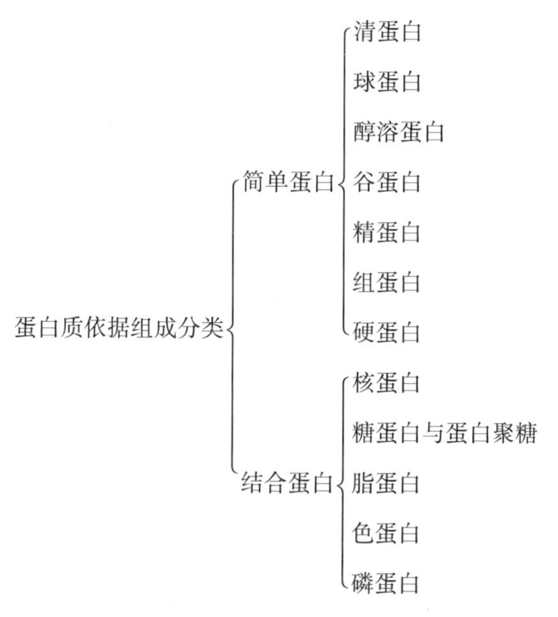

图 2－14　蛋白质依据组成分类

二、依据蛋白质的外形分类

（1）纤维状蛋白质：分子长轴与短轴之比大于 10∶1，类似纤维或细棒状，可溶于或不溶于水。

（2）球状蛋白质：分子长轴与短轴之比小于 10∶1，外形近球形或椭圆形，溶解性较好，能形成结晶。大多数蛋白质属于此类。

三、依据蛋白质的功能分类

根据蛋白质在生物体内所产生的作用不同，蛋白质可分为结构性蛋白质和功能性蛋白质两大类。酶、蛋白质类激素具有一定的生理调节功能，属于功能性蛋白质；弹性蛋白、胶原蛋白等参与生物细胞或组织的构成，起支撑作用，属于结构性蛋白质。

知识链接

蛋白质是生命活动的物质基础，生命活动主要通过蛋白质的功能来体现。遗传信息的传递与表达都需要蛋白质的参与才能实现。随着人类基因组计划的完成及人类基因组精确图的公布，生命科学已进入后基因组时代，人们把目光转向研究蛋白质组（proteome）的工作。

蛋白质组的概念是澳大利亚学者威尔金斯（M. R. Wilkins）和威廉姆斯（K. L. Williams)于1994年首先提出来的。蛋白质组是指一个组织或一个细胞中基因组所表达的全部蛋白质。更确切地说,蛋白质组是指在特定条件下,一个细胞内所存在的所有蛋白质。蛋白质组比基因组复杂得多。人们推测,人类基因组虽然包含约40 000个基因,但可编码25万~50万种蛋白质。人的一种细胞内存在蛋白质约1.5万种,且不同种的细胞中所包含的蛋白质又不完全相同。所以,已知一个基因组序列并不表明可以识别这个基因组所编码的全部蛋白质和各种细胞内实际的蛋白质种类。即使基因组的序列可以用于预测其阅读框,但仍不能准确地掌握其所表达的蛋白质。

思政园地

蛋白质与机体

蛋白质是生命活动的主要承担者,并且参与人体各组织器官的组成。在人体的肌肉、心脏、肝脏、肾脏等器官当中都包含一定量的蛋白质,骨骼及牙齿当中也含有大量的蛋白质。另外蛋白质还能促进新陈代谢,增强身体的抵抗力和免疫力,是人体生存不可缺少的重要物质,当体内的蛋白质严重缺乏时,会导致人体的抵抗力下降。

“明天的中国,希望寄予青年。青年兴则国家兴,中国发展要靠广大青年挺膺担当。”青少年是祖国的未来。生长较快的青少年,要保证有足够的蛋白质摄入,才能促进机体健康发育。为了保证体内有足够的蛋白质,青少年平时生活中可以通过调整饮食的方式来补充,多吃蛋白质含量丰富的食物,比如鸡蛋、瘦肉以及牛奶类的制品。

本章小结

蛋白质是生命的物质基础,是构成细胞的基本有机物,是生命活动的主要承担者。没有蛋白质就没有生命。组成蛋白质的元素主要有碳、氢、氧、氮和硫,有的还含有少量磷、铁、铜、锰、碘等元素。各种蛋白质的含氮量很接近,为15%~17%,平均为16%。

氨基酸是蛋白质的基本单位,组成人体蛋白质的氨基酸仅有20种。其分类方法,主要有3种:①根据R基团的化学结构分类;②根据氨基酸的酸碱性质分类;③根据R基团的极性分类。

蛋白质有一级、二级、三级和四级结构。蛋白质的一级结构是指蛋白质分子中多肽链的氨基酸残基排列顺序,是蛋白质分子的基本结构,是其空间结构和特异生物功能的物质基础。蛋白质的二级结构是指蛋白质分子中各段多肽链主链原子的空间分布状态,不涉及其侧链的空间排布。常见的二级结构有α-螺旋、β-折叠、β-转角和无规卷曲。

一条多肽链在二级结构的基础上进一步盘绕卷曲形成三级结构，包括主、侧链在内的所有原子在三维空间的整体排布。大多数蛋白质的三级结构为球状或近似球状。由2条或2条以上肽链通过非共价键构成的蛋白质称为寡聚蛋白质，其中每1条多肽链称为亚基。蛋白质的四级结构即各个亚基在寡聚蛋白质天然构象空间上的排列方式。

蛋白质是一种大分子物质，分子量较大，具有两性解离、胶体性质、变性作用、紫外吸收和颜色反应等特点。

思考题

一、选择题

1. 变性蛋白质的主要特点是(　　)

A. 不易被蛋白酶水解　　B. 分子量降低

C. 溶解性增加　　D. 生物学活性丧失

E. 黏度降低

2. 在280 nm波长处有吸收峰的氨基酸是(　　)

A. 丝氨酸　　B. 谷氨酸

C. 精氨酸　　D. 色氨酸

E. 甘氨酸

3. 维系蛋白质分子一级结构的次级键是(　　)

A. 离子键　　B. 肽键

C. 二硫键　　D. 氢键

E. 盐键

4. 蛋白质溶液的稳定因素是(　　)

A. 蛋白质溶液的黏度大　　B. 蛋白质分子表面的疏水基团相互排斥

C. 蛋白质分子表面带有水化膜　　D. 蛋白质溶液属于真溶液

E. 蛋白质的凝固性

5. 维持蛋白质二级结构稳定的主要化学键是(　　)

A. 盐键　　B. 肽键

C. 二硫键　　D. 氢键

E. 疏水键

6. 血清白蛋白(pI为4.7)在溶液中带正电荷，则溶液(　　)

A. pH 为4.0
B. pH 为5.0
C. pH 为6.0
D. pH 为7.0
E. pH 为8.0

7. 蛋白质变性时，不受影响的结构是(　　)
A. 蛋白质的一级结构
B. 蛋白质的二级结构
C. 蛋白质的三级结构
D. 蛋白质的四级结构
E. 蛋白质的空间结构

8. 蛋白质分子中的无规卷曲结构属于(　　)
A. 二级结构
B. 三级结构
C. 四级结构
D. 结构域
E. 一级结构

9. 蛋白质吸收紫外光能力的大小，主要取决于(　　)
A. 含硫氨基酸的含量
B. 肽链中的肽键
C. 碱性氨基酸的含量
D. 芳香族氨基酸的含量
E. 肽链的长度

10. 各种蛋白质的含氮量十分接近且恒定，平均为(　　)
A. 8%
B. 12%
C. 16%
D. 24%
E. 27%

11. 蛋白质由许多按照一定序列的(　　)连接而成。
A. *D* - 氨基酸
B. *L* - 氨基酸
C. α - 氨基酸
D. β - 氨基酸
E. *C* - 氨基酸

12. 氨基酸与茚三酮的水合物在水溶液中共热，最终生成的产物为(　　)
A. 蓝紫色
B. 黄绿色
C. 棕红色
D. 浅黄色
E. 蓝绿色

二、填空题

1. 某一溶液中蛋白质的百分含量为 55%，此溶液的蛋白质氮的百分浓度为________。

2. 蛋白质可与某些试剂作用产生颜色反应,可用于蛋白质的定量和定性分析。常用的颜色反应有________、________、________。

3. 组成蛋白质的亚氨基酸有________。

4. 蛋白质最大的紫外吸收波长为________nm。

5. 人体蛋白质的基本组成单位为________,共有________种。

三、简答题

1. 什么是必需氨基酸?

2. 蛋白质分子元素组成的特点是什么?

3. 试说明蛋白质的结构和功能的关系。

4. 什么是蛋白质的变性作用?使蛋白质变性的因素有哪些?

在线测试题

选择题

判断题

第三章　核酸化学

本章导读

1869 年,米歇尔(F. Miescher)从脓细胞中提取到一种富含磷元素的酸性化合物,因其存在于细胞核中而将它命名为“核质”(nuclein)。但“核酸”(nucleic acids)一词在米歇尔发现“核质”的 20 年后才被正式启用,当时已能够提取不含蛋白质的核酸制品。早期的研究仅将核酸看成是细胞中的一般化学成分,没有人注意到它在生物体内有什么功能。

1944 年,艾弗里(Avery)等在寻找导致细菌转化的原因的实验中发现,从 S 型肺炎球菌中提取的 DNA 与 R 型肺炎球菌混合后,能使某些 R 型菌转化为 S 型菌,且转化率与 DNA 纯度正相关,若将 DNA 预先用 DNA 酶降解,转化就不发生。结论是:S 型菌的 DNA 将其遗传特性传给了 R 型菌,DNA 就是遗传物质。从此,核酸是遗传物质的重要地位才被确立,人们把对遗传物质的注意力从蛋白质转移到了核酸。

近年来,核酸研究的进展日新月异,所积累的知识每隔几年就要更新一次。其影响面之大,几乎涉及生命科学的各个领域。现代分子生物学的发展使人类对生命本质的认识进入了一个崭新的天地。

目标透视

1. 了解核酸分子杂交、分离提纯和定量测定。

2. 熟悉核酸的紫外吸收性质及一般理化性质。

3. 掌握核酸的元素组成、基本成分和基本单位,核苷酸的连接方式,DNA 的一、二级结构及功能,mRNA、tRNA、rRNA 的结构及功能,DNA 的变性与复性。

4. 应用核酸的变性和复性解释分子杂交的原理及其在临床上应用。

5. 通过对核酸的学习,了解核酸在生命过程中的重要性,培养学生树立正确的医学价值观。

第一节　核酸的分子组成

一、概述

核酸是由许多核苷酸聚合成的生物大分子化合物,具有复杂的结构和重要的功能,是生命遗传的物质基础。核酸广泛存在于所有动植物细胞、微生物体内,生物体内的核酸常与蛋白质结合形成核蛋白。根据化学组成不同,核酸可分为核糖核酸(简称 RNA)和脱氧核糖核酸(简称 DNA)。真核细胞中,DNA 主要存在于细胞核中,少量存在于线粒体和叶绿体中,是遗传信息的载体;RNA 主要存在于细胞质中,参与遗传信息的传递和表达。

二、染色体、DNA 与基因

染色体是细胞内具有遗传性质的物质深度压缩形成的聚合体,易被碱性染料染成深色,所以称为染色体(染色质);染色体和染色质是同一物质在细胞分裂期和分裂间期的不同形态表现。染色质出现于分裂间期,呈丝状。其本质都是 DNA 和蛋白质的组合,不均匀地分布于细胞核中,是遗传信息(基因)的主要载体,但不是唯一载体(如细胞质内的线粒体)。

DNA 是一种生物大分子物质,具有双链结构,由脱氧核糖及 4 种含氮碱基组成。DNA 是染色体的主要部分,携带遗传信息,是基因的载体,可指导生物发育与生命机能运作。

基因是指带有遗传信息的 DNA 片段,而其他的 DNA 序列,有些直接以自身构造发挥作用,有些则参与调控遗传信息。

三、核酸化学

(一)核酸的元素组成

组成核酸的元素有 C、H、O、N、P 等,其中 P 元素的含量比较恒定,占 9% ~10%,平均为 9.1%,即 1 g 磷相当于 11 g 核酸,故可作为核酸定量的依据。

(二)核酸的基本组成单位——核苷酸

在核酸酶的作用下,核酸水解的产物为核苷酸,所以核酸的基本组成单位是核苷酸。核苷酸则由碱基、戊糖、磷酸3种成分通过共价键连接而成(见图3-1)。

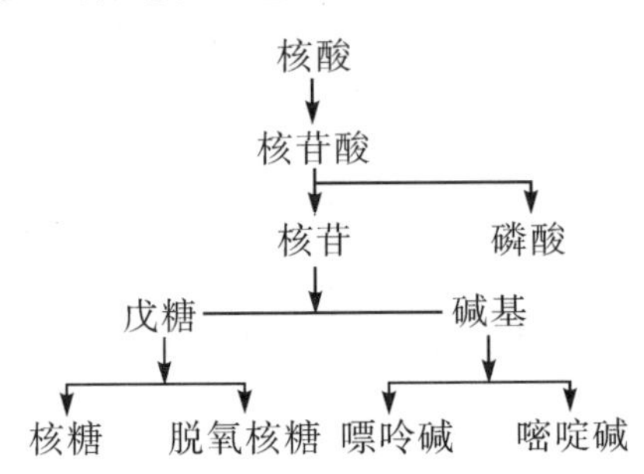

图3-1　核酸的构成

1. 碱基(base)

参与核苷酸组成的碱基主要有5种(见图3-2),它们都是嘌呤和嘧啶类化合物。嘌呤类碱基主要有腺嘌呤(adenine,A)和鸟嘌呤(guanine,G)两种,嘧啶类碱基主要有3种,即胞嘧啶(cytosine,C)、胸腺嘧啶(thymine,T)和尿嘧啶(uracil,U)。

DNA分子中的碱基是腺嘌呤、鸟嘌呤、胞嘧啶和胸腺嘧啶,RNA分子中的碱基是腺嘌呤、鸟嘌呤、胞嘧啶和尿嘧啶。两类核酸所含的嘌呤碱基相同,不同在于RNA分子中以尿嘧啶代替了DNA分子中的胸腺嘧啶。

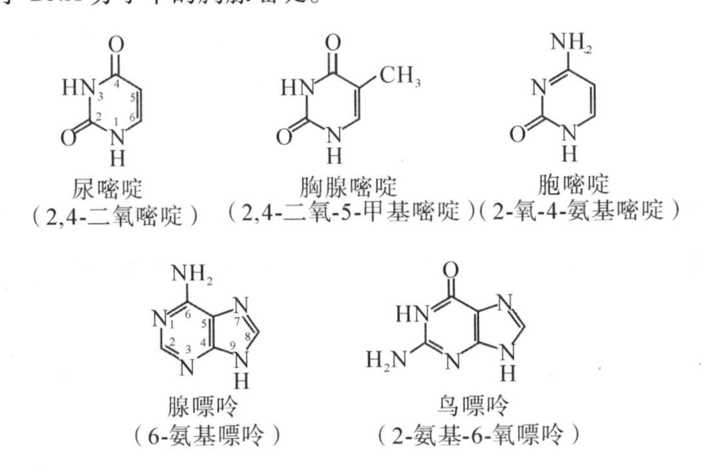

图3-2　碱基的结构

2. 戊糖

DNA和RNA两类核酸所含戊糖不同,DNA所含的戊糖为*D*-2-脱氧核糖,RNA所含戊糖为*D*-核糖。脱氧核糖和核糖的区别在于C-2′原子所连接的基团不同。其结构式如图3-3所示。

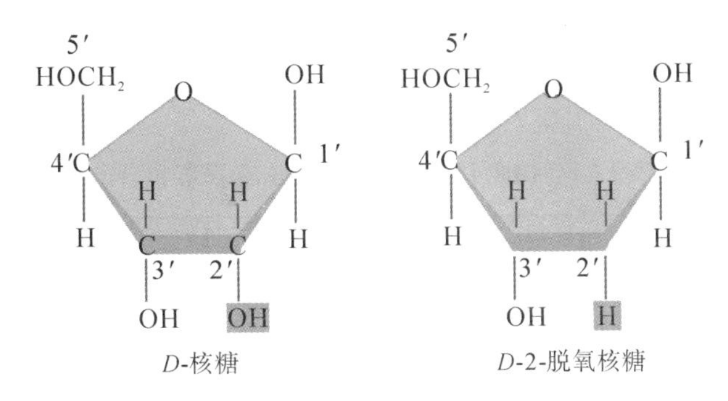

图 3-3　核糖的结构

3. 磷酸

两类核酸中都含有无机磷酸,所以呈酸性。

(三)核苷(ribonucleoside)

核苷是碱基与戊糖通过糖苷键相连而形成的一种糖苷。即核糖(或脱氧核糖)与嘌呤碱(或嘧啶碱)生成糖苷,戊糖环上的 C-1 与嘌呤碱 N-9(或嘧啶碱 N-1)之间通过 C—N 相连接,形成糖苷键(见图 3-4)。RNA 分子中常见的核苷包括腺苷、鸟苷、胞苷和尿苷;DNA 分子中常见的脱氧核苷包括脱氧腺苷、脱氧鸟苷、脱氧胞苷和脱氧胸苷。

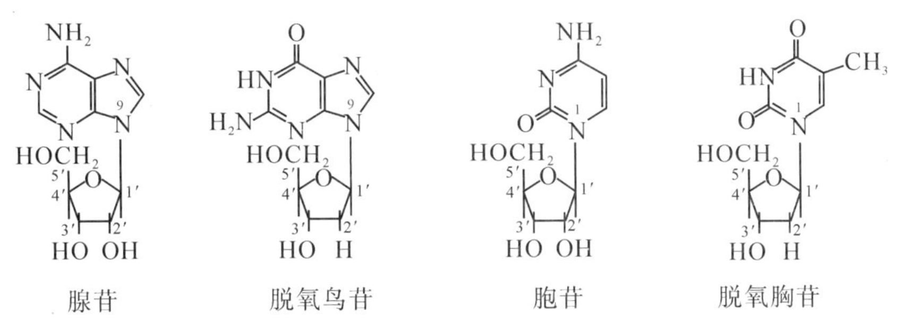

图 3-4　常见核苷的结构式

(四)核苷酸(ribonucleotide)

核苷或脱氧核苷的 C-5′原子上的羟基与磷酸之间脱水缩合以磷酸酯键相连,由此形成核苷酸和脱氧核苷酸。糖环上的所有游离羟基(核糖的 C-2′,C-3′,C-5′及脱氧核糖的 C-3′,C-5′)均能与磷酸发生酯化反应,但最常见的酯化部位是在核糖或脱氧核糖的 C-5′和 C-3′位上。根据连接的磷酸基团数目不同,核苷酸分为核苷一磷酸(NMP)、核苷二磷酸(NDP)、核苷三磷酸(NTP)(N 代表 A、G、C、U);脱氧核苷酸分为脱氧核苷一磷酸(dNMP)、脱氧核苷二磷酸(dNDP)、脱氧核苷三磷酸(dNTP)(N 代表 A、G、C、T),其中第一、二、三位磷酸分别标记为 α、β、γ。

在对核苷及核苷酸命名时,须先冠以碱基的名称,如腺嘌呤核苷(简称腺苷),胞嘧啶核苷一磷酸(简称胞苷一磷酸),尿嘧啶核苷二磷酸(简称鸟苷二磷酸)等。如为脱氧核苷或脱氧核苷酸，则在相应的核苷或核苷酸前面加上“脱氧”，在缩写名词前加上 d 字符（见表 3－1）。

表 3－1　构成 DNA、RNA 的碱基、核苷和核苷酸

	碱基	核苷	核苷酸
DNA	腺嘌呤(A)	脱氧腺苷	脱氧腺苷酸(dAMP)
	鸟嘌呤(G)	脱氧鸟苷	脱氧鸟苷酸(dGMP)
	胞嘧啶(C)	脱氧胞苷	脱氧胞苷酸(dCMP)
	胸腺嘧啶(T)	脱氧胸苷	脱氧胸苷酸(dTMP)
RNA	腺嘌呤(A)	腺苷	腺苷酸(AMP)
	鸟嘌呤(G)	鸟苷	鸟苷酸(GMP)
	胞嘧啶(C)	胞苷	胞苷酸(CMP)
	尿嘧啶(U)	尿苷	尿苷酸(UMP)

几个或十几个核苷酸连接起来的分子称为寡核苷酸，更多的核苷酸连接形成的多核苷酸链就是核酸。不同的核酸，其核苷酸的数量相差很大，DNA 分子中脱氧核苷酸的数量可多达上千万，是真正的生物大分子，而某些 RNA 分子只含有数十个核苷酸。无论核苷酸的数量多少，核酸都是通过核苷酸间的 3′,5′－磷酸二酯键连接而成，即前一个核苷酸的 C－3′—OH 与下一核苷酸的 C－5′位磷酸之间脱水形成酯键。需要强调的是，核苷酸的连接具有严格的方向性。通过 3′,5′－磷酸二酯键连接形成的核酸是一个没有分支的线形分子，它们的两个末端分别为 5′末端（游离磷酸基）和 3′末端（游离羟基），在书写时，方向应该是 5′→ 3′。

知识链接

染色体是基因的载体，染色体病即染色体异常，故而导致基因表达异常、机体发育异常。染色体畸变的发病机制不明，可能由于细胞分裂后期染色体发生不分离或染色体在体内外各种因素影响下发生断裂和重新连接所致，可以分为如下几类：

（1）数量畸变。其包括整倍体和非整倍体畸变，染色体数目增多、减少和出现三倍体等。

（2）结构畸变。其包括染色体缺失、易位、倒位、插入、重复和环状染色体等；又可分为常染色体畸变，如 21－三体综合征（唐氏综合征）、13－三体综合征（帕托综合征）和 18－三体综合征（爱德华兹综合征）等，以及性染色体畸变，如 Turner 综合征（XO）和先天性睾丸发育不全等。

第二节　DNA 的结构与功能

一、DNA 的一级结构

组成 DNA 分子的脱氧核糖核苷酸主要有 4 种，即脱氧腺苷酸（dAMP）、脱氧鸟苷酸（dGMP）、脱氧胞苷酸（dCMP）和脱氧胸苷酸（dTMP）。DNA 分子的一级结构就是脱氧核糖核苷酸 5′端到 3′端的排列顺序，由于 4 种脱氧核苷酸的差别只是碱基不同，所以 DNA 的一级结构是 5′端到 3′端碱基的顺序。遗传信息就是以碱基排列顺序的方式储存在 DNA 分子中的。组成 DNA 的脱氧核糖核苷酸虽然只有 4 种，但是各种脱氧核苷酸的数量、比例和排列顺序不同，并且 DNA 分子中脱氧核苷酸的数目巨大，因此，可以形成各种特异性的 DNA 片段，从而造就了自然界丰富的物种以及个体之间的千差万别。另外，需注意的是，DNA 分子是有方向性的，所以在书写 DNA 序列时，要注明它的 5′端和 3′端。

二、DNA 的二级结构

1944 年，Avery 等人的重要发现首次证实了 DNA 就是遗传物质。随后，一些研究逐步肯定了核酸作为遗传物质在生物界的普遍意义。至 20 世纪 50 年代初，研究者们已经对 DNA 和 RNA 中的化学成分、碱基的比例关系及核苷酸之间的连接键等重要问题有了明确的认识。在此背景下，研究者们面临着一个揭示生命奥秘的十分关键且诱人的命题：作为遗传载体的 DNA 分子，应该具有怎样的结构？1953 年，沃森（Watson）和克里克（Crick）以立体化学上的最适构型建立了一个与 DNA X 射线衍射资料相符的分子模型——DNA 双螺旋结构模型。这是一个能够在分子水平上阐述遗传（基因复制）的基本特征的 DNA 二级结构。

DNA 双螺旋结构的要点如下。

（1）DNA 是反向平行、右手螺旋的双链结构：由脱氧核糖和磷酸基通过酯键交替连接而成。主链有 2 条，它们似麻花状绕一共同轴心以右手螺旋方向盘旋，相互平行而走向相反形成双螺旋构型（见图 3－5）。图中主链处于螺旋的外侧，这正好解释了由糖和磷酸构成的主链的亲水性。

（2）双链间形成碱基互补配对：碱基位于螺旋的内侧，垂直于螺旋轴。同一平面的碱基在 2 条主链间形成碱基对。碱基总是 A 与 T、G 与 C 配对。碱基对以氢键维系，A 与 T

间形成 2 个氢键,G 与 C 间形成 3 个氢键,即 A═T ,G≡C 。

(3)大沟和小沟:大沟和小沟分别指双螺旋表面凹下去的较大沟槽和较小沟槽。小沟位于双螺旋的互补链之间,而大沟位于相毗邻的双股之间。这是由于连接于 2 条主链糖基上的配对碱基并非直接相对,从而使得在主链间沿螺旋形成空隙不等的大沟和小沟。在大沟和小沟内的碱基对中的 N 和 O 原子朝向分子表面。

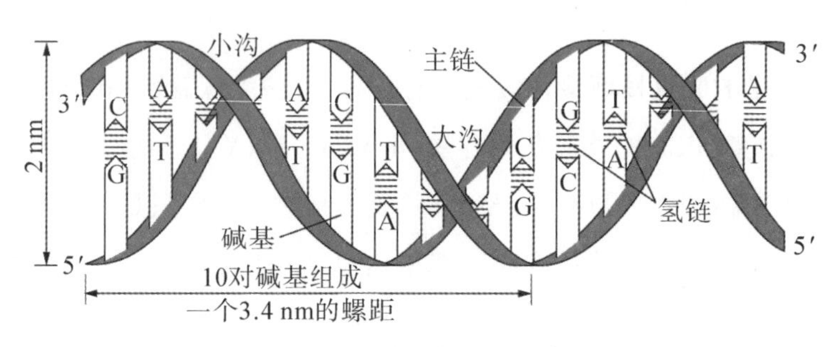

图 3-5 DNA 二级结构示意图

(4)结构参数:螺旋直径为 2.37 nm;螺旋周期包含 10.5 对碱基;螺距为 3.54 nm;相邻碱基对平面的间距为 0.34 nm。

(5)维持双螺旋结构稳定的作用力是氢键和碱基堆积力:DNA 双螺旋结构的横向稳定性靠两条互补链碱基对之间的氢键维系,纵向稳定性靠碱基平面间的疏水性碱基堆积力维系。

DNA 双螺旋结构存在多态性(见图 3-6)。Watson 和 Crick 提出的 DNA 模型,又称 B-DNA 螺旋模型,是在相对湿度为 92% 时,从生理盐水溶液中提取的 DNA 纤维的构象。如果相对湿度为 72% 时,则为 A-DNA。1979 年,麻省理工学院的亚历山大·里奇(Alexander rich)及王连君等人将人工合成的 DNA 片段 d(CpGpCpGpCpGp)制成晶体,并进行了 X 射线衍射分析,发现此片段含有左手螺旋的双螺旋结构,因磷酸基在多核苷酸骨架上呈“Z”字形分布,故称 Z-DNA 螺旋。3 种 DNA 双螺旋构象特点如表 3-2 所示。

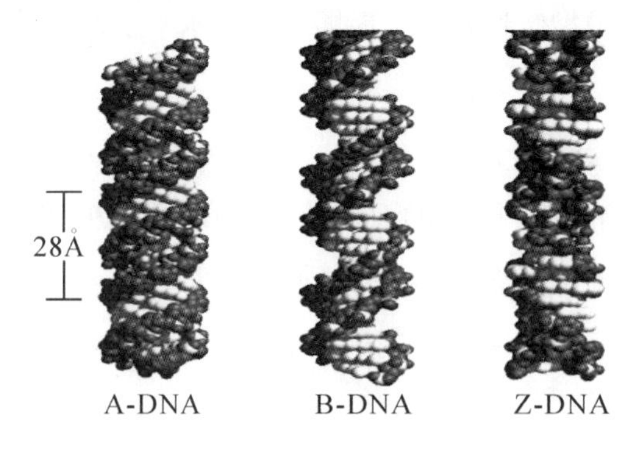

图 3-6 DNA 双螺旋结构的多态性

表 3-2 3 种 DNA 双螺旋构象特点

类型	A-DNA	B-DNA	Z-DNA
旋转方向	右	右	左
螺旋直径(nm)	2.3	2.0	1.8
螺距(nm)	2.8	3.4	4.5
每转碱基对数目	11	10	12
碱基对间垂直距离	0.255	0.34	0.37
碱基对与水平面倾角	20°	6°	7°
每个残基转动的角度	33°	36°	-60°/二聚体
糖苷键	反式	反式	嘧啶为反式、嘌呤为顺式,反式和顺式交替
大沟	窄而深	宽而深	平
小沟	宽而浅	窄而深	窄而深

三、DNA 的超级结构

DNA 的超级结构是指 DNA 的双螺旋结构进一步盘曲或在螺旋处形成的更复杂的立体结构。其主要形式是超螺旋结构。

原核生物线粒体、叶绿体中的 DNA 是共价闭合的环状双螺旋,这种环状双螺旋结构还需再螺旋化形成超螺旋(见图 3-7)。若使 DNA 双螺旋右旋变紧,即超螺旋方向与 DNA 双螺旋方向相同时,则形成正超螺旋;若使 DNA 双螺旋右旋变松,即超螺旋方向与 DNA 双螺旋方向相反时,则形成负超螺旋。自然界以负超螺旋为主。

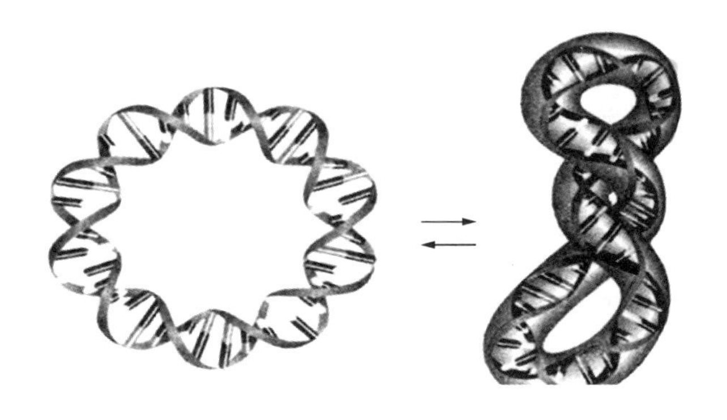

图 3-7 DNA 的环状结构与超螺旋结构示意图

真核生物的 DNA 以高度有序的形式存在于细胞核内,在细胞周期的大部分时间里以松散的染色质形式出现,在细胞分裂期形成高度致密的染色体。DNA 与组蛋白组成核小体。核小体是染色体的基本组成单位。由各 2 分子的组蛋白 H2A、H2B、H3 和 H4 形成八聚体颗粒，构成了核小体的核心部分，称为核心颗粒。DNA 分子的 146 个碱基对盘绕在此八聚体核心上，另外约 60 个碱基对与组蛋白 H1 结合，将各核小体核心颗粒连接起来，形成串珠样结构（见图 3－8）。

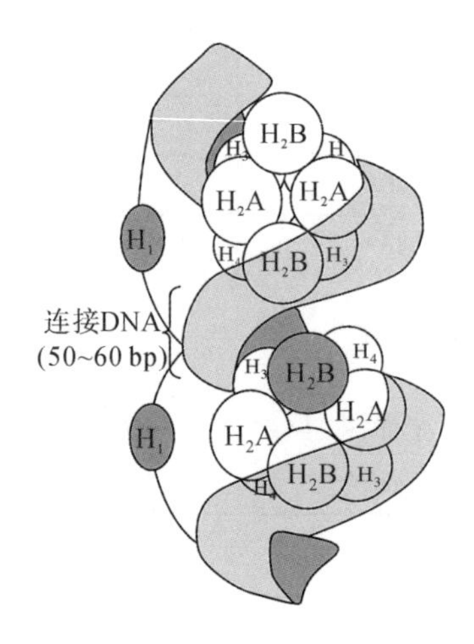

图 3－8　核小体结构示意图

四、DNA 的功能

简而言之，DNA 的基本功能是作为生物遗传信息的携带者，DNA 是遗传信息复制和基因转录的模板，它是生命遗传繁殖的物质基础，也是个体生命活动的基础。DNA 的碱基顺序与蛋白质中氨基酸顺序间的关系称为遗传密码，它决定了不同蛋白质分子的氨基酸顺序。

知识链接

20 世纪中期，美国人 E. Chargaff 提出了 DNA 中四种碱基组成的 Chargaff 规则：①腺嘌呤和胸腺嘧啶的摩尔数相等，鸟嘌呤和胞嘧啶的摩尔数相等；②不同生物种属的 DNA 碱基组成不同；③同一个体的不同器官、不同组织的 DNA 具有相同的碱基组成。这一规则暗示 DNA 的碱基 A 与 T、G 与 C 是以配对的形式出现的。

第三节　RNA 的结构与功能

RNA 的基本结构是由 AMP、GMP、CMP 和 UMP 4 种核糖核苷酸，通过 3′,5′－磷酸二酯键连接而成的多聚核糖核苷酸链，其间存在一些稀有碱基。多聚核苷酸链中5′端到3′端核苷酸的排列顺序是其一级结构。RNA分子比DNA分子小得多，小的仅含数十个核苷酸，大的也只有数千个核苷酸。RNA通常以单链形式存在，经过回折也可以形成复杂的局部二级或三级结构，在碱基互补区则可形成局部短的双螺旋结构。

根据其结构特点和生物学功能不同，参与合成蛋白质的RNA分为以下3类。

一、信使RNA

在生物体内，信使RNA（mRNA）仅占细胞总RNA的2%～5%，但种类最多，代谢活跃，真核生物mRNA的半衰期很短，从几分钟到数小时不等。真核细胞成熟mRNA的结构有以下特点。

（1）绝大多数真核细胞mRNA在5′端有一个含有7－甲基鸟苷的特殊结构：帽子结构（$m^7G-5'ppp5'N-3'-P$）。帽子结构与蛋白质合成的正确起始有关，它能被核糖体识别并结合，有利于mRNA最初翻译的准确性，同时可以增强mRNA的稳定性，防止被5－磷酸外切酶降解。

（2）大多数真核mRNA的3′端有一段长20～250个核苷酸的多聚腺苷酸，称为多聚A尾（polyA）。它是在转录后经多聚腺苷酸聚合酶的催化作用添加上去的，并随着mRNA存在时间的延续而逐渐变短。

mRNA的功能是作为蛋白质合成的直接模板。以碱基排列顺序的方式贮存在DNA上的遗传信息，按照碱基互补原则，转录到mRNA上，并从核内转移到核外，然后通过遗传密码，将碱基顺序翻译成特定的氨基酸排列顺序，合成具有一定功能的蛋白质。由此可见，遗传密码是沟通碱基序列和氨基酸顺序的桥梁，它是指mRNA分子上的每3个相邻核苷酸（每3个相邻碱基）为一组，能够决定多肽链上的某一个氨基酸，又称为三联体密码（triple code）或密码子。

二、转运RNA

转运RNA（tRNA）是由74～95个核苷酸构成，占细胞中RNA总量的10%～15%，是分子量最小的一类核酸。tRNA的主要功能是进行氨基酸转运，按照mRNA上的遗传密码的顺序将特定的氨基酸运到核糖体进行蛋白质的合成。细胞内tRNA的种类很多，每种氨基酸都有其相应的一种或几种tRNA与其相对应。虽然各种tRNA的核苷酸排列顺序不完全相同，但它们具有以下共同的特征。

(1)tRNA 分子中含有 10% ~20% 的稀有碱基,通常每一分子含有 7 ~15 个稀有碱基,包括双氢尿嘧啶(DHU)、假尿嘧啶(ψ,pseudouridine)、次黄嘌呤(I)和甲基化的嘌呤(^{m}A,^{m}G)等(见图 3 -9)。这些稀有碱基可以影响 tRNA 的结构及稳定性,但对 tRNA 发挥功能并不是必需的。

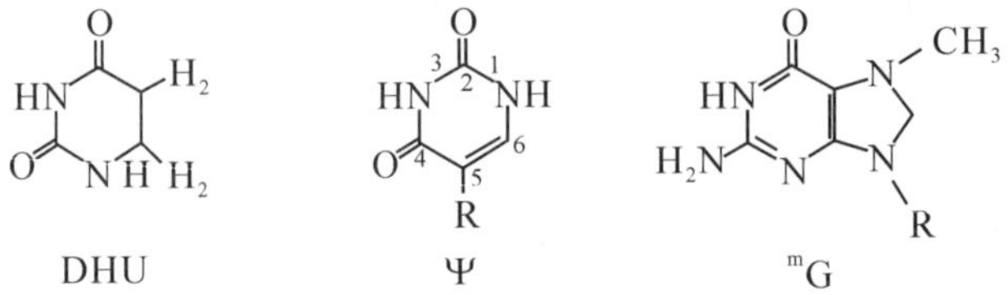

图 3 -9　tRNA 的稀有碱基

(2)tRNA 分子的一级结构中存在一些能局部互补配对的核苷酸序列,可以形成局部双链,使 tRNA 的二级结构呈“三叶草”形。局部配对的双链构成叶柄,中间不能配对的区域部分则膨出形成环状,如同三叶草的三片小叶(见图 3 - 10)。“三叶草”形结构由 DHU 环、反密码环、额外环、TψC 环和氨基酸臂等五部分组成。DHU 环和 TψC 环是根据其含有的稀有碱基而命名的。反密码环中间的 3 个碱基称为反密码子(anticodon),可识别 mRNA 上相应的三联体密码并与之互补配对。

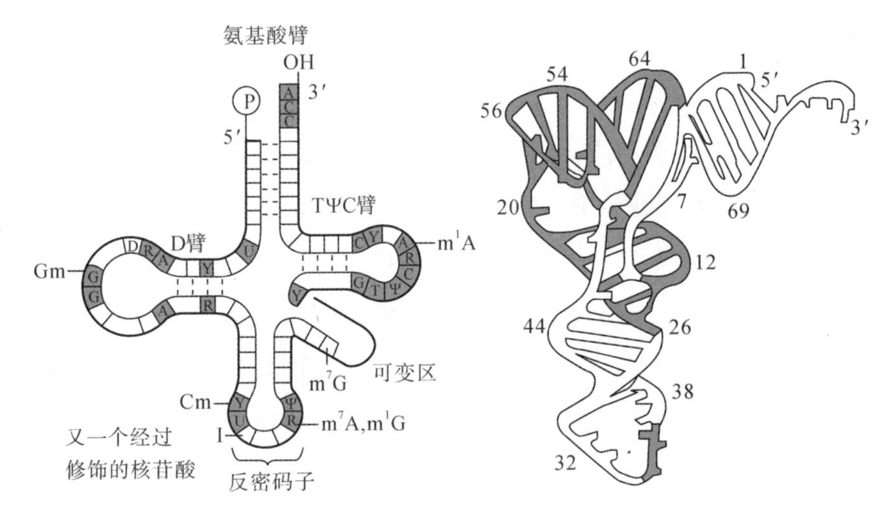

图 3 - 10　tRNA 的二级结构与三级结构

(3)tRNA 的三级结构呈倒“L”形(见图 3 - 10)。在倒“L”形结构中,氨基酸臂和 TψC 臂组成一个双螺旋,DHU 臂和反密码子臂形成另一个近似联系的双螺旋,这两个双螺旋构成倒“L”的形状。连接氨基酸的 3′末端远离与 mRNA 配对的反密码子,这个结构特点与它们在蛋白质合成中的作用有关。

三、核糖体 RNA

核糖体 RNA(rRNA)是细胞内含量最多的 RNA,占细胞总 RNA 的 80% 以上。rRNA 与蛋白质结合形成的核糖体是蛋白质合成的场所。原核生物与真核生物的核糖体均由大亚基和小亚基构成,平时 2 个亚基分别游离存在于细胞质中,在进行蛋白质合成时聚合成为核糖体,蛋白质合成结束后又重新解聚。

真核生物的核糖体的沉降速率为 80S,由 40S 小亚基和 60S 大亚基构成。小亚基由 18S rRNA 和 30 多种蛋白质构成,5S、5.8S、28S 3 种 rRNA 和 50 余种蛋白质构成大亚基。

原核生物的核糖体(70S)由 5S、16S、23S 3 种 RNA 和几十种核糖体蛋白构成。其中 5S、23S 2 种 rRNA 和 30 多种蛋白质构成大亚基(50S),16S rRNA 与 20 多种蛋白质构成小亚基(30S)(见表 3－3)。

表 3－3　原核及真核生物核糖体组成

<table>
<tr><th>核糖体</th><th>亚单位</th><th>rRNA</th><th>蛋白质</th></tr>
<tr><td rowspan="3">原核生物(70S)</td><td>小亚基(30S)</td><td>16S rRNA</td><td>21 种</td></tr>
<tr><td rowspan="2">大亚基(50S)</td><td>5S rRNA</td><td rowspan="2">31 种</td></tr>
<tr><td>23S rRNA</td></tr>
<tr><td rowspan="4">真核生物(80S)</td><td>小亚基(40S)</td><td>18S rRNA</td><td>33 种</td></tr>
<tr><td rowspan="3">大亚基(60S)</td><td>5S rRNA</td><td rowspan="3">49 种</td></tr>
<tr><td>5.8S rRNA</td></tr>
<tr><td>28S rRNA</td></tr>
</table>

知识链接

RNA 世界学说(RNA world hypothesis)是一个理论,这个理论认为地球上早期的生命分子以 RNA 先出现,之后才有蛋白质和 DNA。这些早期的 RNA 分子同时拥有如同 DNA 的遗传信息储存功能,以及如蛋白质般的催化能力,支持了早期的细胞或前细胞生命的运作。关于独立的 RNA 生命类型的概念,是在 1968 年由卡尔·沃斯(Carl Woese)所著的《遗传密码》(*The Genetic Code*)一书中建立的,虽然当时该理论并不是这个名字。此外,亚历山大·里奇也曾于 1963 年提出类似想法。“RNA 世界”一词则是由诺贝尔奖得主沃特·吉尔伯特(Walter Gilbert)于 1986 年提出,是依据现今 RNA 具有各种不同类型的催化性质所做的推论。

第四节　核酸的理化性质

一、核酸的一般理化性质

核酸是两性电解质,既含有酸性的磷酸基团,还含有碱性的碱基。由于磷酸基团的酸性较强,故核酸分子通常表现为较强的酸性,其等电点比较低,如 DNA 分子的等电点为4~4.5,RNA 分子的等电点为 2~2.5。DNA 溶液的黏度极高,RNA 溶液的黏度要小得多。

DNA 和 RNA 都是极性化合物,一般微溶于水,不溶于乙醇、乙醚、氯仿、三氯乙酸等有机溶剂。DNA 和 RNA 及其组成成分核苷酸、核苷、碱基的纯品都是白色粉末或结晶,而大部分 DNA 分子是疏松的如石棉一样的纤维状结晶。

大多数 DNA 分子是线性分子,分子极不对称,其长度可达几厘米,而分子的直径只有 2 nm。

二、核酸的紫外吸收

嘌呤碱基和嘧啶碱基具有共轭双键,因此核苷、核苷酸及核酸具有能够吸收紫外光的性质,在波长 250~280 nm 处有强烈的吸收作用,最大吸收峰在 260 nm 处。紫外分光光度法可以对 DNA 和 RNA 分子进行定性和定量分析。

三、核酸的变性与复性

(一)变性

变性(denaturation)作用是核酸的重要理化性质。核酸的变性指核酸双螺旋区的氢键断裂,变成单链的无规则线团状态,使核酸的某些光学性质和流体力学性质发生改变,有时部分或全部生物活性丧失,但并不涉及共价键的断裂。多核苷酸骨架上共价键(3′,5′-磷酸二酯键)的断裂称为核酸的降解。降解引起核酸分子量降低。

将 DNA 的稀盐溶液加热到 80~100 ℃时,双螺旋结构即发生解体,2 条链分开,形成无规则线团状态。一系列物化性质也随之发生改变,如黏度降低、浮力和密度增大等,同时二级结构改变,有时可以失去部分或全部生物活性。

DNA 变性后,由于双螺旋解体,碱基堆积已不存在,藏于螺旋内部的碱基暴露出来,这样就使得变性后的 DNA 对 260 nm 紫外光的吸光率比变性前明显升高(增加),这种现象称为增色效应(hyperchromic effect)。常用增色效应跟踪 DNA 的变性过程,了解 DNA 的变性程度。

可以引起核酸变性的因素很多,如加热、pH、有机溶剂、酰胺、尿素等。由温度升高而引起的变性称为热变性。由酸碱度改变引起的变性称为酸碱变性。尿素是用聚丙烯酰胺凝胶电泳法测定 DNA 序列常用的变性剂。甲醛也常用于琼脂糖凝胶电泳法测定 RNA 的分子大小。

DNA 变性的特点是爆发式的。当病毒或细菌 DNA 分子的溶液被缓慢加热进行 DNA 变性时,溶液的紫外吸收值在到达某温度时会突然迅速增加,并在一个很窄的温度范围内达到最高值。其紫外吸收增加 40%,此时 DNA 变性发生并完成。DNA 热变性时,其紫外吸收值到达总增加值一半时的温度,称为 DNA 的变性温度。由于 DNA 变性过程犹如金属在熔点的熔解,所以 DNA 的变性温度亦称为该 DNA 的熔点或熔解温度(melting temperature),用 T_m 表示。DNA 的 T_m 值一般在 70 ~ 85 ℃,常在 0.15 mol/L 氯化钠或 0.015 mol/L 柠檬酸三钠(sodium chloride - sodium citrate,SSC)溶液中进行测定。

DNA 的 T_m 值大小与下列因素有关。

1. DNA 的均一性

均一性越高的 DNA 样品,其熔解过程越是发生在一个很小的温度范围内。

2. G - C 的含量

G - C 含量越高,T_m 值越高,二者成正比关系。这是因为 G - C 碱基对比 A - T 碱基对更为稳定。所以,测定 T_m 值可推算出 G - C 碱基对的含量。

3. 介质中的离子强度

一般来说,在离子强度较低的介质中,DNA 的熔解温度较低,熔解温度的范围较宽。而在较高的离子强度的介质中,情况则相反。所以,DNA 制品应保存在较高浓度的缓冲液或其他溶液中(常在 1 mol/L NaCl 中保存)。RNA 分子中也含有局部的双螺旋区,所以,RNA 也可发生变性。

(二)复性

变性 DNA 在适当条件下,2 条彼此分开的单链重新结合(reassociation)成为双螺旋结构的过程称为复性(renaturation)。DNA 复性后,许多理化性质又得到恢复,生物活性也可以得到部分恢复。复性过程基本上符合二级反应动力学,其中第一步是相对缓慢的,因为2条链必须依靠随机碰撞找到一段碱基配对部分,首先形成双螺旋。第二步很快,尚未配对的其他部分按碱基配对相结合,像拉链一样迅速形成双螺旋。

反应的进行与许多因素有关。将热变性的DNA骤然冷却时,DNA不可能复性,例如用同位素标记的双链DNA片段进行分子杂交时,为获得单链的杂交探针,要将装有热变性DNA溶液的试管直接插入冰浴,使溶液在冰浴中骤然冷却至0 ℃。由于温度降低,单链DNA分子失去碰撞的机会,因而不能复性,保持单链变性的状态,这种处理过程叫"淬火"(quench)。热变性DNA迅速冷却至4 ℃以下,复性不能进行。这一特性被用来保持变性的状态。热变性DNA在缓慢冷却时,可以复性,这种复性称为退火(annealing)。一般来说,最适宜的复性温度比T_m低25 ℃,该温度称为退火温度。

知识链接

根据变性和复性的原理,不同来源的DNA变性后,若这些异源DNA之间在某些区域有相同的序列,则退火条件下能形成DNA-DNA异源双链,或将变性的单链DNA与RNA经复性处理形成DNA-RNA杂合双链,这种过程称为分子杂交(molecular hybridization)。核酸的杂交在分子生物学和分子遗传学的研究中应用极广,许多重大的分子遗传学问题都是用分子杂交来解决的。

思政园地

新型冠状病毒肺炎疫情期间,广大医护工作者夜以继日地坚守医疗工作岗位。作为医学生,将来踏入医疗岗位,应以自己的工作为荣,应用所学的医学知识和临床实践,为病患带去希望和快乐。

本章小结

核酸的基本组成单位是核苷酸,基本成分是磷酸、戊糖和碱基。戊糖和碱基以糖苷键连接构成核苷,核苷与磷酸结合成核苷酸。戊糖有*D*-核糖和*D*-2-脱氧核糖,根据核酸分子中戊糖的类型,将核酸分为脱氧核糖核酸(DNA)和核糖核酸(RNA)两大类。碱基包括嘌呤碱和嘧啶碱两大类。DNA一般含有A、C、G、T 4种碱基,RNA含A、C、G、U 4种碱基,此外还含有少量的稀有碱基。

DNA和RNA都是通过核苷酸间的3′,5′-磷酸二酯键连接而成。DNA双螺旋结构由脱氧核糖和磷酸基通过酯键交替连接而成,主链有2条,它们似麻花状绕一共同轴心以右手方向盘旋,相互平行而走向相反形成双螺旋构型。DNA 的三级结构是指 DNA 的双螺旋结构进一步盘曲,或在螺旋处形成的更复杂的立体结构。其主要形式是超螺旋结构。

DNA 的基本功能是作为生物遗传信息的携带者,是遗传信息复制的模板和基因转录的模板,它是生命遗传繁殖的物质基础,也是个体生命活动的基础。DNA 的碱基顺序与蛋白质中氨基酸顺序间的关系称为遗传密码,它决定了不同蛋白质分子的氨基酸顺序。

RNA 的基本结构是由 AMP、GMP、CMP 和 UMP 4 种核糖核苷酸通过 3′,5′-磷酸二酯键连接而成的多聚核糖核苷酸链,其间存在一些稀有碱基。多聚核苷酸链中核苷酸的排列顺序是其一级结构。RNA 分子比 DNA 分子小得多,小的仅数十个核苷酸,大的也只有数千个核苷酸。RNA 通常以单链形式存在,经过回折也可以形成复杂的局部二级或三级结构,在碱基互补区则可形成局部短的双螺旋结构。

根据其结构特点和生物学功能不同,RNA 分为信使 RNA、转运 RNA 和核糖体 RNA 3 种。

核酸是两性电解质,显酸性,分子量大,在紫外线波长 260 nm 处有最大吸收峰。

DNA 变性作用是核酸的重要理化性质。核酸的变性指核酸双螺旋区的氢键断裂,变成单链的无规则线团状态,使核酸的某些光学性质和流体力学性质发生改变,有时部分或全部生物活性丧失,并不涉及共价键的断裂。DNA 热变性时,其紫外吸收值达到总增加值一半时的温度,称为 DNA 的变性温度。由于 DNA 变性过程犹如金属在熔点的熔解,所以 DNA 的变性温度亦称为该 DNA 的熔点或熔解温度(melting temperature),用 T_m 表示。

变性 DNA 在适当条件下,2 条彼此分开的单链重新结合成为双螺旋结构的过程称为复性。

思考题

一、选择题

1. 决定 tRNA 携带氨基酸特异性的关键部位是(　　)

A. —XCCA3′末端　　B. TψC 环

C. DHU 环　　D. 反密码子环

E. 额外环

2. 含有稀有碱基比例较多的核酸是(　　)

A. 细胞核 DNA
B. 线粒体 DNA
C. tRNA
D. mRNA
E. rRNA

3. DNA 变性后理化性质发生改变的是(　　)

A. 对 260 nm 紫外吸收减少
B. 溶液黏度下降
C. 磷酸二酯键断裂
D. 核苷酸间共价键断裂
E. 溶液黏度增加

4. 双链 DNA 的 T_m 较高是由于(　　)含量较高所致。

A. A + G
B. C + T
C. A + T
D. G + C
E. A + C

5. 关于 Watson - Crick 的 DNA 模型叙述错误的是(　　)

A. DNA 为双螺旋结构
B. DNA 2 条链的走向相反
C. 在 A 与 G 之间形成 2 个氢键
D. 在 C 与 G 之间形成 3 个氢键
E. DNA 2 条链不平行

6. mRNA 中存在而 DNA 中没有的碱基是(　　)

A. A
B. C
C. G
D. U
E. T

7. 在一个 DNA 分子中,若 A 所占的摩尔比为 32.8%,则 G 所占的摩尔比为(　　)

A. 67.2%
B. 32.8%
C. 17.2%
D. 65.6%
E. 20%

8. 下列关于核酸变性后的描述,错误的是(　　)

A. 共价键断裂,相对分子量变小
B. 紫外吸收值增加
C. 碱基之间的氢键被破坏
D. 黏度下降
E. DNA 双链解旋为单链

9. 核酸各基本单位之间的主要连接键是(　　)

A. 磷酸一酯键
B. 3′,5′ - 磷酸二酯键
C. 氢键
D. 离子键

E. 肽键

10. 下列关于 DNA 分子组成的叙述,正确的是(　　)

A. A = T,C = G　　B. A + T = G + C

C. T = G,A = C　　D. A = G,C = T

E. A = T,G≡C

11. DNA 变性的原因是(　　)

A. 互补碱基之间的氢键断裂　　B. 磷酸二酯键断裂

C. 多核苷酸链解聚　　D. 碱基的甲基化修饰

E. DNA 链变短

二、名词解释

1. 核酸的一级结构

2. 核酸的变性

3. 核酸的复性

三、简答题

1. 核酸分为哪两大类？其生物功能如何？

2. 将核酸完全水解后可得到哪些组分？DNA 和 RNA 的水解产物有何不同？

3. DNA 分子二级结构有哪些特点？

4. 维持 DNA 双螺结构稳定的主要因素有哪些？

在线测试题

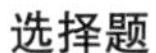

选择题

判断题

第四章　酶

本章导读

生物体由细胞构成,每个细胞由于酶的存在才表现出种种生命活动。酶是人体内新陈代谢的催化剂,只有酶存在,人体内才能进行各项生化反应。酶学知识来源于生产实践,我国在4 000多年前的夏禹时代就盛行酿酒,周朝已开始制醋、酱,并用曲来治疗消化不良。对酶的系统研究起始于19世纪中叶对发酵本质的研究。巴斯德提出,发酵离不开酵母细胞。1897年,毕希纳成功地用不含细胞的酵母液实现了发酵,说明具有发酵作用的物质存在于细胞内,并不依赖活细胞。1926年,萨姆纳(Sumner)首次提取出脲酶并进行结晶,提出酶的本质是蛋白质。现已有2 000余种酶被鉴定出来,其中有200余种得到结晶,特别是近30年来,随着蛋白质分离技术的进步,酶的分子结构、酶作用机制的研究得到发展,有些酶的结构和作用机制已被阐明。总之,酶学理论的不断深入,必将对揭示生命本质研究做出更大的贡献。

目标透视

1. 了解酶的分类。
2. 熟悉酶的活性中心、米氏常数的意义、酶原及酶原的激活。
3. 掌握酶的概念、酶促反应特点、酶促反应的影响因素。
4. 运用酶的知识预防疾病。
5. 培养学生养成良好的生活习惯。

第一节　概　述

一、酶的概念

酶是由活细胞合成的、具有极高催化效率的一类蛋白质,又称为生物催化剂。目前已经发现2 000余种酶,均能证明酶的化学本质。1982年,托马斯·切赫(Thomas Cech)从四膜虫rRNA前体加工研究中首先发现rRNA前体本身也有催化作用,这些具有催化功能的核酸被称为核酶。

酶所催化的化学反应称为酶促反应。在酶促反应中,被酶催化的物质称为底物,催化反应的生成物称为产物。酶所具有的催化能力称为酶的活性。酶失去催化能力称为酶的失活。

二、酶的命名和分类

(一)酶的命名

酶的命名法有两种:习惯命名与系统命名。习惯命名以酶的底物和反应类型命名,有时还加上酶的来源。习惯命名较为简单,经常使用,但缺乏系统性,不十分准确。1961年,国际酶学会议提出了酶的系统命名法,规定应标明酶的底物及反应类型,两个底物间用冒号隔开。如草酸氧化酶(习惯名称)写成系统名称时,应标明它的两个底物,即"草酸"和"氧",同时用":"将它们隔开,其所催化反应的性质为"氧化"也需指明,所以,它的系统名称为"草酸:氧化酶"。

(二)酶的分类

按照催化反应的类型,国际酶学委员会将酶分为六大类。

1.氧化还原酶

氧化还原酶指催化氧化还原反应的酶,如葡萄糖氧化酶、乳酸脱氢酶、各种脱氢酶等;是已发现的数量最多的一类酶,其氧化、产能、解毒功能在生产中的应用仅次于水解酶。

2.移换酶类

移换酶指催化底物之间基团转移或交换的酶,如各种转氨酶和激酶分别催化转移氨基和磷酸基的反应。

3. 水解酶类

水解酶指催化底物发生水解反应的酶,如蛋白酶、脂肪酶等;起降解作用,多位于胞外或溶酶体中。

4. 裂合酶类

裂合酶指催化从底物上移去一个小分子而留下双键的反应或其逆反应的酶,包括醛缩酶、水化酶、脱羧酶等。

5. 异构酶类

异构酶指催化同分异构体之间的相互转化的酶,包括消旋酶、异构酶、变位酶等。

6. 合成酶类

合成酶指催化由两种物质合成一种物质的反应的酶,必须与 ATP 分解相偶联,也称为连接酶,如 DNA 连接酶。

三、酶的化学组成

酶的化学本质是蛋白质,按其分子组成不同可分为两类:单纯酶和结合酶。单纯酶是只由氨基酸组成的单纯蛋白质,如淀粉酶、脂肪酶、一些消化蛋白酶、脲酶、核酸酶等。结合酶是由蛋白质部分和非蛋白质部分组成,其中蛋白质部分称为酶蛋白,非蛋白质部分称为辅助因子。辅助因子包括小分子有机化合物和金属离子。酶蛋白与辅助因子组合成全酶,即全酶 = 酶蛋白 + 辅助因子。酶蛋白和辅助因子单独存在时均无催化活性,只有全酶才具有酶活性。酶蛋白决定其催化反应的特异性,辅助因子决定其反应的类型和性质。酶的辅助因子可分为辅酶和辅基。通常,辅酶与酶蛋白结合疏松,以非共价键相连,可以用透析或超滤方法除去;辅基则与酶蛋白以共价键紧密结合,不能通过透析或超滤方法将其除去。

第二节　酶的催化特性

酶是一种生物催化剂,与一般催化剂一样,只改变化学反应速度,不改变化学平衡,并在反应前后本身不变。但酶作为生物催化剂,与一般的无机催化剂相比有以下特点。

一、催化效率高

酶的催化效率比无机催化剂高 $10^6 \sim 10^{13}$ 倍。例如，1 mol 马肝过氧化氢酶在一定条件下可催化 5×10^6 mol 过氧化氢分解，在同样条件下，1 mol 铁只能催化 6×10^{-4} mol 过氧化氢分解。因此，这个酶的催化效率是铁的 10^{10} 倍。也就是说，用过氧化氢酶在 1 秒内催化的反应，用同样数量的铁需要 300 年才能反应完成。

二、专一性强

一般催化剂对底物没有严格的要求，能催化多种反应，而酶只催化某一类物质的一种反应。酶催化的反应称为酶促反应，其反应物称为底物。酶只催化某一类底物发生反应并生成特定产物，这种特性称为酶的专一性。各种酶的专一性不同，包括结构专一性和立体专一性两大类，结构专一性又有绝对和相对之分。绝对专一性是指酶只催化一种底物。相对专一性是指有些酶可以作用于一类化合物或一种化学键，其专一性相对较差。而立体专一性是指有些酶对底物的立体构象有选择，仅能作用于底物的某一种立体异构体。

三、酶的活性受多种因素调节

无机催化剂的催化能力一般是不变的，而酶的活性则受到很多因素的影响，如底物和产物的浓度、pH 及各种激素的浓度等。酶活性的变化使酶能适应生物体内复杂的环境条件和各种生理需要。

四、稳定性差

酶是蛋白质，只能在常温、常压、近中性的条件下发挥作用。例如，高温、高压、强酸、强碱、有机溶剂、重金属盐、超声波、剧烈搅拌，甚至泡沫的表面张力等都有可能使酶变性失活。

知识链接

邻近效应：底物与酶先形成中间体络合物，2 个分子变成 1 个分子，分子内反应速度比分子间反应速度快。用咪唑催化乙酸对硝基苯酯水解来证实：咪唑可催化乙酸对硝基苯酯的酯键水解成乙酸和对硝基苯酚;若将咪唑分子先共价连接在底物上,在分子内催化酯键水解,可增速24倍。

定向效应:底物反应基团和酶催化基团正确取位会大大加速反应。用二羧酸单苯酯水解相对速度和结构关系实验表明:分子内催化反应,当催化基团羧基与酯键越邻近并有一定取向,反应速度越大。每移去1个旋转自由度,反应速度约增加200倍。

第三节　酶的结构与功能

一、酶的活性部位

酶分子中存在着许多化学基团,如氨基、羧基、羟基、咪唑基、巯基等,但这些基团不一定都与酶活性有关。酶分子中只有那些与酶活性有关的基团才被称作酶的必需基团。常见的必需基团有丝氨酸残基的羟基、组氨酸残基的咪唑基、半胱氨酸残基的巯基以及酸性氨基酸残基的羧基等。酶蛋白分子中能与底物特异结合并发挥催化作用,将底物转变为产物的部位称为酶的活性中心或活性部位。酶活性中心的必需基团有两种:一种是结合基团,其作用是识别底物并与之特异结合,使底物与具有一定构象的酶形成复合物;另一种是催化基团,其作用是影响底物中的某些化学键的稳定性,催化底物发生化学反应,从而将其转变成产物。酶在活性中心以外也有必需基团,它们虽然不能直接参与催化作用,但能维持酶特殊的空间构象,称为酶活性中心以外的必需基团(见图4-1)。

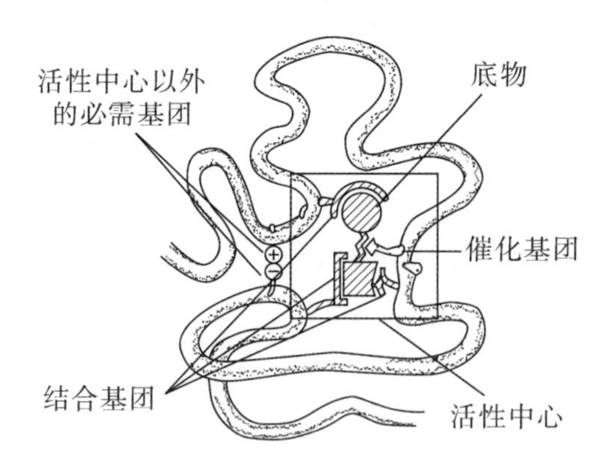

图4-1　酶的活性部位

知识链接

常见酶分子的活性中心

名称	活性中心的必需基团
胰蛋白酶	His42、Ser180、Asp87
弹性蛋白酶	His57、Asp102、Ser195、Asp194、Ile16
羧基肽酶	Arg145、Tyr248、Glu270
溶菌酶	Glu35、Asp52
乳酸脱氢酶	Asp30、Asp53、Lys58、Tyr85、Arg101、Glu140、Arg171、His195、Lys250
α－胰凝乳蛋白酶	His57、Asp102、Asp194、Ser195、Ile16

二、酶原的激活

一些酶在细胞合成时，没有催化活性，需要经一定的加工剪切才有活性。这类无活性的酶的前体称为酶原。在特定的部位和合适的条件下，无活性的酶原向有活性的酶转化的过程称为酶原的激活。例如，胰蛋白酶原分泌至小肠后，在肠激酶的作用下，专一地切断N端6位赖氨酸和7位异亮氨酸之间的肽键，释放出一个六肽，分子的构象发生改变，形成酶的活性中心，从而转变成有催化活性的胰蛋白酶（见图4－2）。

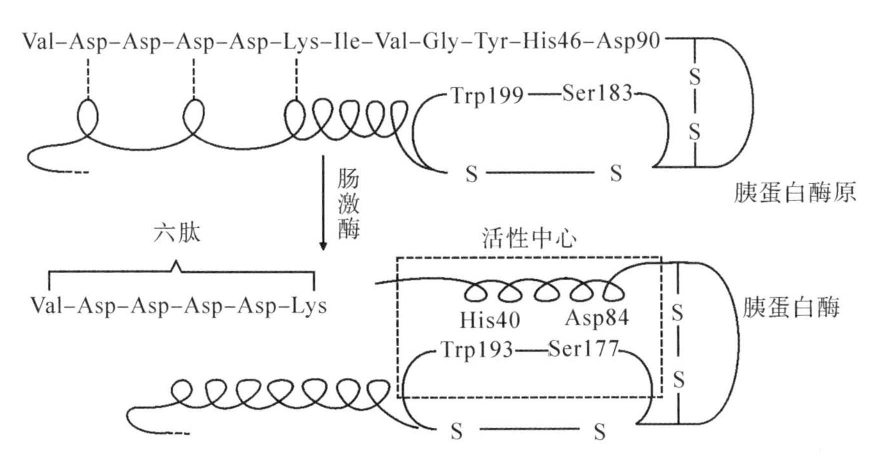

图4－2 胰蛋白酶原的激活

胰蛋白酶原被激活后，生成的胰蛋白酶对胰蛋白酶原有自身激活作用，这大大加速了该酶的激活作用，同时，胰蛋白酶还可激活胰凝乳蛋白酶原、羧基肽酶原A和弹性蛋白酶原等，加快肠道对食物的消化过程。

酶原激活具有重要的生理意义。消化系统中的几种蛋白酶以酶原的形式分泌,既避免了细胞的自身消化,又能安全地到达需要发挥作用的部位,转化成有活性的酶。

三、同工酶

同工酶是同一生物体内催化同一反应的分子结构不同的酶分子。同工酶的催化作用相同,但其功能意义有所不同。不同种生物具有的相同功能的酶并不是同工酶。同工酶具有相同或相似的活性中心,但其理化性质和免疫学性质不同。同工酶的细胞定位、专一性、活性及其调节可有所不同。例如,1959 年发现的第一个同工酶——乳酸脱氢酶,是由 4 个亚基组成的寡聚酶,其亚基分为心肌型(H 型)和骨骼肌型(M 型)2 种类型。除乳酸脱氢酶外,还有异柠檬酸脱氢酶、苹果酸脱氢酶等几百种同工酶。同工酶的测定对于疾病的诊断及预后有重要意义。

知识链接

乳酸脱氢酶是能催化丙酮酸生成乳酸的酶,存在于机体几乎所有组织细胞的细胞质内,其中以肾脏中含量较高。其同工酶有 5 种形式,即 LDH-1(H_4)、LDH-2(H_3M)、LDH-3(H_2M_2)、LDH-4(HM_3)及 LDH-5(M_4),可用电泳方法将其分离。LDH 同工酶的分布有明显的组织特异性,所以,可以根据其组织特异性来协助诊断疾病。正常人血清中 $LDH_2 > LDH_1$,如有心肌酶释放入血,则 $LDH_1 > LDH_2$,利用此指标可以观察诊断心肌疾病。

第四节 酶促反应动力学

酶促反应动力学是研究酶促反应的速率及其影响因素的科学。影响酶促反应速率的因素有酶浓度、底物浓度、pH、温度、抑制剂及激活剂等。研究某一因素对酶促反应速率的影响时,其他因素应保持不变。酶促反应速率一般用单位时间内底物的消耗量或产物的生成量表示。因底物的减少量一般仅占底物的很小比例,不易测定,而产物从无到有,易于测定,所以,酶活性绝大多数采用测定单位时间内产物的生成量来表示。

一、酶浓度对酶促反应速率的影响

在酶促反应中,当底物浓度足够大并且没有酶抑制剂存在时,则反应速率(v)与酶浓度（[E]）成正比（见图4－3）。

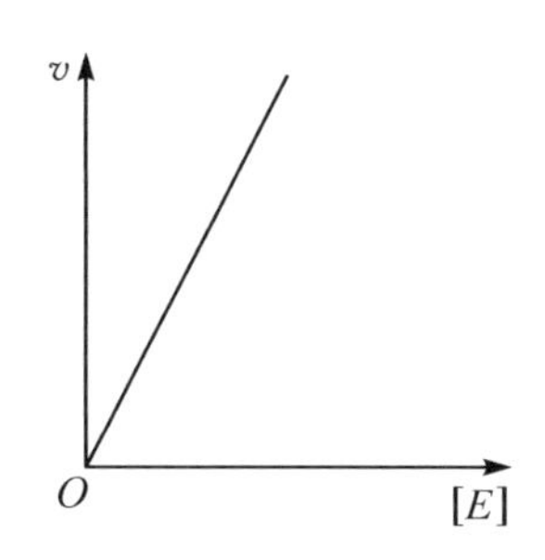

图4－3　酶浓度与反应速率的关系

二、底物浓度对酶促反应速率的影响

酶促反应中，在酶浓度、pH、温度等不变的情况下，反应速率与底物浓度的关系呈矩形双曲线（见图4－4）。在底物浓度很低时，反应速率随底物浓度的增加呈直线上升，这种反应速率与底物浓度成正比的反应为一级反应（a）。当底物浓度继续增加，反应体系中酶分子大部分与底物结合时，反应速率的增高则逐渐变慢，即反应的第二阶段，为一级反应与零级反应的混合级反应（b）。如果底物浓度再继续增加，所有的酶分子均被底物饱和，反应速率将不再继续增加，曲线趋于平坦，此时反应速率与底物浓度的增加无关，反应为零级反应（c）。

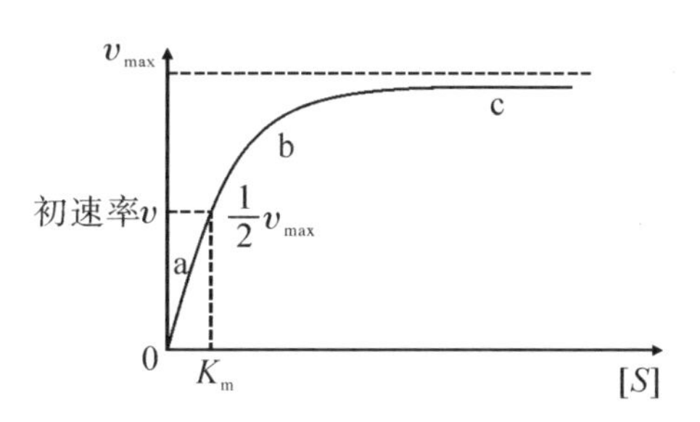

图4－4　底物浓度对酶促反应速率的影响

（一）米氏方程

1913年，米歇里斯（Leonor Michaelis）和门滕（Maud Menten）经过大量实验，提出了酶促反应速率与底物浓度关系的数学方程式，即著名的米氏方程（Michaelis equation），也称米－曼氏方程式。

$$v = \frac{v_{max}[S]}{K_m + [S]}$$

方程式中：v_{max}为最大反应速率；v为酶促反应速率；[S]为底物浓度；K_m为米氏常数，

单位为 mol/L。

（二）K_m 与 v_{max} 的意义

（1）当酶促反应速率为最大反应速率的一半时，即当 $v = \frac{1}{2} v_{max}$ 时，米氏常数和底物浓度相等。

$$\frac{v_{max}}{2} = \frac{v_{max}[S]}{K_m + [S]}$$

$$\text{即 } K_m = [S]$$

（2）K_m 值是酶的特征性常数之一。K_m 值只与酶的性质、酶所催化的底物种类有关，与酶的浓度无关。

（3）K_m 值可以衡量酶和底物之间的亲和力。K_m 值越大，酶与底物的亲和力越小；反之，K_m 越小，酶与底物之间的亲和力越大。

（4）K_m 值可以判断酶作用的最适底物。K_m 值最小的底物一般认为是该酶的天然底物或者是最适底物。

三、温度对酶促反应速率的影响

在一般化学反应中，升高温度可使反应速率加快。在酶促反应体系中，低于一定温度时，逐渐增高温度，反应速率随之增加。当温度升高到 60 ℃以上，继续增加反应温度，酶促反应速率反而下降。升高温度，一方面可以加速反应的进行，另一方面，高温可使酶变性而降低活性，使反应速率降低。大多数酶在 60 ℃时开始变性，在 80 ℃时，多数酶的变性已不可逆。酶促反应速率达到最大时的环境温度称为酶促反应的最适温度（见图 4－5）。

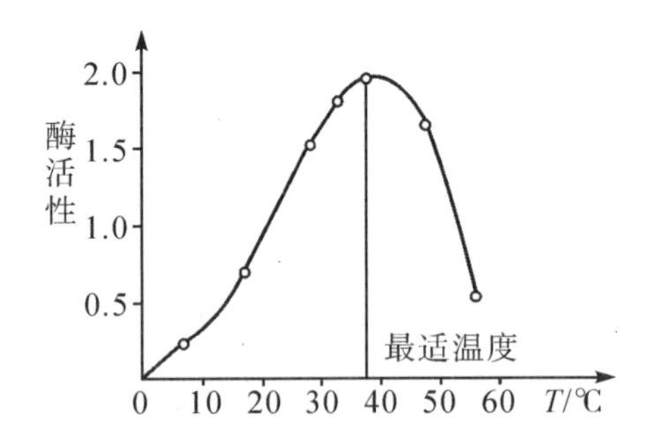

图 4－5　温度对酶促反应速率的影响

四、pH 对酶促反应速率的影响

大部分酶的活力受 pH 的影响，在一定的 pH 活性最高，称最适 pH。一般酶的最适 pH 在 6 ~ 8，少数酶需偏酸性或偏碱性的条件。pH 影响酶的构象，也影响与催化有关基团的解离状况及底物分子的解离状态。最适 pH 有时会因底物的种类、浓度及缓冲溶液的成分不同而发生变化。每一种酶都有一个最适 pH，典型的最适 pH 曲线是“钟罩”形曲线（见图 4 – 6）。偏离最适 pH 越远，酶活性就越低。

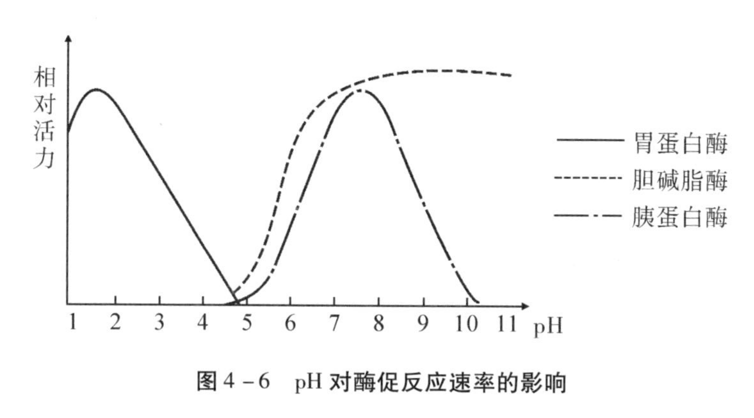

图 4 – 6　pH 对酶促反应速率的影响

五、激活剂对酶促反应速率的影响

凡是能提高酶活性的物质，称为激活剂。大部分激活剂是离子或简单有机化合物。按照分子大小，激活剂可分为以下三类。

1. 无机离子

无机离子包括金属阳离子和阴离子。产生激活剂作用的金属离子有钾、钠、钙、镁、锌、铁等，原子序数在 11 和 55 之间，其中，镁是多种激酶及合成酶的激活剂。阴离子的激活作用一般不明显，较突出的是动物唾液中的 α – 淀粉酶受氯离子激活，溴的激活作用稍弱。

激活剂的作用有选择性，激活剂对一种酶起激活作用，对另一种酶可能起抑制作用。有些离子还有拮抗作用，如钠抑制钾、钙抑制镁的激活作用。有些金属离子可互相替代，如激酶的镁离子可用锰离子取代。激活剂的浓度对酶活性也有影响，浓度过高可能起抑制作用。

2. 中等大小的有机分子

某些还原剂，如半胱氨酸、还原型谷胱甘肽、氰化物等，能激活某些酶，打开分子中的二硫键，提高酶的活性。

3. 蛋白质类

蛋白质类指可对某些无活性的酶原产生作用的酶。

六、抑制剂对酶促反应速率的影响

使酶活力下降而不引起酶蛋白变性的作用称为抑制作用，能引起抑制作用的物质称为酶的抑制剂(inhibitor)。抑制剂与酶分子上的某些必需基团反应，引起酶的活性下降，甚至丧失，但并不使酶分子发生变性。抑制剂的抑制作用可分为两类：可逆抑制与不可逆抑制。

(一)不可逆抑制作用

不可逆抑制的抑制剂通常以共价键与酶结合，不能用透析、超滤等方法除去。不可逆抑制剂按其选择性，又可分为专一性与非专一性两类。前者只能与活性部位的基团反应，后者可与多种基团反应。

例如，农药有机磷杀虫剂（敌敌畏、敌百虫等）可以与酶活性直接相关的丝氨酸上的羟基牢固结合，从而抑制了羟基酶的活性。此类化合物强烈抑制胆碱酯酶，使乙酰胆碱堆积，引起一系列神经中毒表现。

$$(RO)(R'O)P(=O)X + E\text{—}OH \rightarrow (RO)(R'O)P(=O)\text{—}O\text{—}E + HX$$

有机磷化合物　羟基酶　磷酰化酶　酸

临床上可以用解磷定解除其抑制作用。

$$\text{解磷定（}CH_3\text{—}N^+\text{吡啶—}CH{=}NOH\text{）} + (R\text{—}O)(R'\text{—}O)P(=O)\text{—}O\text{—}E \longrightarrow (R\text{—}O)(R'\text{—}O)P(=O)\text{—}O\text{—}N{=}CH\text{—吡啶}N^+\text{—}CH_3 + HO\text{—}E$$

解磷定　磷酰化酶　磷酰化PAM　羟基酶

又如，某些低浓度的金属离子（汞、银、砷）可以与酶分子的巯基进行结合，致使以巯基为必需基团的酶活性受到抑制。第二次世界大战时使用的化学毒气——路易氏气，是一种含砷化合物，能不可逆地抑制体内巯基酶的活性。因巯基酶的抑制而引起的中毒可用二巯基丙醇和二巯丁二钠等含巯基化合物进行解毒。

$$\begin{matrix}Cl \\ \quad\diagdown \\ \quad As \\ \quad\diagup \\ Cl\end{matrix}\!-CH{=}CHCl + E\begin{matrix}\diagup SH \\ \\ \diagdown SH\end{matrix} \longrightarrow E\begin{matrix}\diagup S\diagdown \\ \\ \diagdown S\diagup\end{matrix}As-CH{=}CHCl + 2HCl$$

路易氏气　　巯基酶　　失活的酶　　酸

$$E\begin{matrix}\diagup S\diagdown \\ \\ \diagdown S\diagup\end{matrix}As-CH{=}CHCl + \begin{matrix}CH_2-SH \\ | \\ CH-SH \\ | \\ CH_2-OH\end{matrix} \longrightarrow E\begin{matrix}\diagup SH \\ \\ \diagdown SH\end{matrix} + \begin{matrix}CH_2-S \\ | \\ CH-S- \\ | \\ CH_2-OH\end{matrix}\!\!\begin{matrix}\diagdown \\ \diagup\end{matrix}As-CH{=}CHCl$$

失活的酶　　BAL　　巯基酶　　BAL 与砷化合物

知识链接

路易氏气在纯液态时是无色、无臭味液体，其工业品有强烈的天竺葵味，是一种氯乙烯二氯砷化合物。1918 年春，路易氏气由美国人路易斯(Louis)上尉等发现，并被建议用于军事，因此得名。路易氏气与芥子气不同，它作用迅速，没有潜伏期，可使眼睛、皮肤感到疼痛，吸入后能引起全身中毒，在 20 世纪 20 年代有“死亡之露”之称，但它的综合战术性能不如芥子气，生产成本也较高，所以一般只与芥子气结合使用。化学武器自诞生以来，已经发展了数十个品种，但很多已被淘汰，生命力强的并不多。路易氏气毒剂是为数不多的、生命力较强的化学武器之一。但很少有人知道，这种毒剂实际作战效果并不好，只是出于不同目的，长期被人们称为“毒剂之王”“死亡之露”。这使很多国家盲目地生产和发展，最终成为这些国家的沉重负担。

（二）可逆抑制作用

抑制剂与酶的结合是可逆的，可用透析法除去抑制剂而恢复酶的活性。根据抑制剂与底物的关系，可逆抑制作用可分为竞争性抑制作用、非竞争性抑制作用和反竞争性抑制作用三类。

1. 竞争性抑制作用

有些物质与酶的底物结构相似，可与底物竞争酶的活性中心，从而阻碍酶与底物结合成中间复合物，这种抑制作用称为竞争性抑制作用。由于抑制剂与底物结构相似，并与酶结合是可逆的，其抑制程度取决于底物及抑制剂的相对浓度、酶与它们的亲和力。例如，琥珀酸脱氢酶催化琥珀酸脱氢生成延胡索酸，在该反应中加入与琥珀酸结构相似的丙二酸或戊二酸，则可使酶活性降低。在竞争性抑制作用中，竞争性抑制剂使 K_m 升高、v_{max} 不变。

$$\begin{array}{l}CH_2-COOH \\ | \\ CH_2-COOH\end{array} \xrightarrow{\nearrow 2H} \begin{array}{l}CH-COOH \\ \| \\ CH-COOH\end{array}$$

琥珀酸　　　　延胡索酸

应用竞争性抑制作用的原理可阐明某些药物的作用机制。比如,磺胺类药物就是竞争性抑制剂,它与对氨基苯甲酸(PABA)具有类似的结构,而PABA、二氢蝶啶和谷氨酸是某些细菌合成二氢叶酸的原料,二氢叶酸又可转变为四氢叶酸,四氢叶酸是细菌合成核酸不可缺少的辅酶,由于磺胺类药能与PABA竞争二氢叶酸合成酶的活性中心,因此二氢叶酸的合成受抑制,四氢叶酸也随之减少,使核酸合成受阻,导致细菌死亡,从而抑制细菌生长繁殖。人体可利用食物中的叶酸,而细菌不能利用外源的叶酸,所以,某些细菌对此类药物敏感。

2. 非竞争性抑制作用

有些抑制剂不影响底物和酶结合,通常,抑制剂与酶活性中心外的必需基团结合,抑制剂既与酶分子本身结合,也与酶分子和底物形成的复合物结合,但是不能够释放出产物,这种抑制作用称为非竞争性抑制作用。非竞争抑制剂大部分与巯基结合,破坏酶分子的构象。非竞争性抑制使 K_m 不变、v_{max}降低。

3. 反竞争性抑制作用

抑制剂(I)只与ES的复合物结合生成ESI三者的复合物,使终产物生成减少而导致酶促反应速率降低,这种抑制作用称为反竞争性抑制作用。这一过程中,酶和底物之间的亲和力升高,即 K_m 降低、v_{max}降低。

现将三种可逆性抑制作用的特点总结于表4-1。

表4-1　三种可逆抑制作用比较

作用特点	竞争性抑制剂	非竞争性抑制剂	反竞争性抑制剂
与I结合的组分	E	E、ES	ES
动力学特点			
对 K_m 的影响	增大	不变	减少
对 v_{max}的影响	不变	降低	降低

第五节 酶与医学的关系

一、酶与疾病的发生

酶促反应是机体进行物质代谢及维持生命活动的必要前提，若酶和酶促反应异常，机体的物质代谢则会出现异常，常可导致疾病的发生。

（一）酶先天性缺乏与先天性代谢障碍

一些先天性代谢障碍是由于基因突变而不能生成某些特效的酶造成的，如酪氨酸酶缺乏会引起白化病。

（二）酶活性被抑制

一些酶活性被抑制也可使机体代谢反应异常而导致疾病发生。如有机磷农药中毒时，胆碱酯酶活性被抑制，引起乙酰胆碱堆积，导致神经、肌肉和心功能严重紊乱等。

知识链接

白化病是由酪氨酸酶缺乏、合成障碍或功能减退引起的一种皮肤及附属器官黑色素缺乏的遗传性疾病。患者主要表现为全身皮肤呈乳白色或粉红色，毛发为淡白色或淡黄色。由于缺乏黑色素的保护，患者皮肤对光线高度敏感，日晒后易出现晒斑和各种光敏性皮肤病，严重时可导致基底细胞癌或鳞状细胞癌。眼部由于色素缺乏，虹膜为粉红色或淡蓝色，常有畏光、流泪、眼球震颤及散光等表现。大多数白化病患者体力及智力发育较差。目前药物治疗无效，仅能通过物理方法尽量减少紫外红对眼睛和皮肤的损害。白化病除对症治疗外，还应以预防为主。

二、酶与疾病的诊断

某些组织或器官发生病变时，通常会表现为血液等体液中的一些酶活性的异常，临床上可通过测定血清中某些酶的含量及活性来协助某些疾病的诊断（见表4－2）。

表4－2 用于诊断的一些血清酶

酶	主要来源	主要临床应用
淀粉酶	唾液腺、胰腺、卵巢	胰腺疾患
谷丙转氨酶	肝脏、心、骨骼肌	肝实质疾患

续表

酶	主要来源	主要临床应用
碱性磷酸酶	肝脏、骨、肠黏膜、肾脏、胎盘	骨病、肝胆疾患
酸性磷酸酶	前列腺、红细胞	前列腺癌、骨病
谷草转氨酶	肝脏、骨骼肌、心	心肌梗死、肝实质疾患、肌肉病
肌酸激酶	骨骼肌、脑、心、平滑肌	心肌梗死、肌肉病
乳酸脱氢酶	心、肝脏、骨骼肌、红细胞、血小板、淋巴结	心肌梗死、溶血、肝实质疾患
胆碱酯酶	肝脏	有机磷中毒、肝实质疾患

三、酶的治疗作用

(1)促进消化:如胰蛋白酶、脂肪酶、胃蛋白酶等。

(2)治疗血栓:如链激酶及尿激酶可溶解血栓。

(3)抗炎杀菌:如磺胺类、氯霉素等抗生素可以抑制细菌代谢途径中的酶的活性。

(4)抗癌作用:如甲氨蝶呤、5 - 氟尿嘧啶等,通过抑制核酸代谢途径中一些酶的活性,以抑制肿瘤生长。

知识链接

酶工程(enzyme engineering)是在1971年第一届国际酶工程会议上提出的一项新技术。酶工程主要是研究酶的生产、纯化、固定化技术、酶分子结构的修饰和改造,以及在工农业、医药卫生和理论研究等方面应用的一门技术。由于天然酶不稳定、分离纯化难、成本高、价格贵,因此,在开发和应用中受到一定限制。目前采用两种方法来解决酶大量应用和开发问题:一是化学方法,通过对酶的化学修饰或固定化处理,改善酶的性质,以求提高酶的效率和降低成本,甚至通过化学合成法制造人工酶;二是通过基因重组技术生产酶或对酶基因进行修饰而设计新基因,从而生产性能稳定、具有新的生物活性及更高催化效率的酶。因此,酶工程可以说是把酶学基本原理与化学工程技术及基因重组技术有机结合而形成的新型应用技术。根据研究和解决问题的手段不同,可将酶工程分为化学酶工程和生物酶工程。

思政园地

生物化学是一门医学基础学科,与人们的日常生活和生命健康息息相关,通过学习“酶”这一章节的知识内容,关爱身边一些因体内缺乏某些酶而患病的患者。大家在家时要养成良好的生活习惯和学习习惯，每天坚持锻炼，运动不停歇；每天帮助父母，孝心永不停。

本章小结

酶是由活细胞合成的具有极高催化效率的一类蛋白质，又称为生物催化剂。酶的化学本质是蛋白质，和其他蛋白质一样可分为两类：单纯酶和结合酶。单纯酶是只由氨基酸组成的单纯蛋白质。结合酶由蛋白质部分和非蛋白质部分组成，其中，蛋白质部分称为酶蛋白，非蛋白质部分称为辅助因子。酶具有催化效率高、专一性强、受多种因素调节、稳定性差等特性。

酶分子中只有那些与酶活性有关的基团才称作酶的必需基团。常见的必需基团有丝氨酸的羟基、组氨酸的咪唑基、半胱氨酸的羟基、酸性氨基酸的羧基等。酶蛋白分子中能与底物特异结合并发挥催化作用，将底物转变为产物的部位称为酶的活性中心或活性部位。

酶促反应动力学是研究酶促反应的速率及其影响因素的科学。影响酶促反应速率的因素有酶浓度、底物浓度、pH、温度、抑制剂及激活剂等。

酶与医学的关系非常密切，临床一些疾病的发生、诊断和治疗都与酶的活性有一定的关系。

思考题

一、选择题

1. 酶的活性中心是指(　　)

A. 酶分子上含有必需基团的肽段　　B. 酶分子与底物结合的部位

C. 酶分子与辅酶结合的部位　　D. 酶分子发挥催化作用的关键性结构区

E. 酶分子上的激活剂和抑制剂

2. 酶催化作用对能量的影响在于(　　)

A. 增加产物能量水平　　B. 降低活化能

C. 降低反应物能量水平　　D. 增加活化能

E. 可以增加活化能同时也可以降低活化能

3. 竞争性抑制剂的作用特点是(　　)

A. 与酶的底物竞争激活剂　　B. 与酶的底物竞争酶的活性中心

C. 与酶的底物竞争酶的辅基　　D. 与酶的底物竞争酶的必需基团

E. 与酶的底物复合物结合

4. 与竞争性可逆抑制剂抑制程度无关的因素是(　　)

A. 作用时间

B. 抑制剂浓度

C. 底物浓度

D. 酶与抑制剂的亲和力的大小

E. 酶的活性中心

5. 酶的竞争性可逆抑制剂可以使(　　)

A. v_{max}减小,K_m 减小

B. v_{max}增加,K_m 增加

C. v_{max}不变,K_m 增加

D. v_{max}不变,K_m 减小

E. v_{max}不变,K_m 不变

6. 下列常见抑制剂中,不是不可逆抑制剂的是(　　)

A. 有机磷化合物

B. 有机汞化合物

C. 有机砷化合物

D. 磺胺类药物

E. 有机铅化合物

二、填空题

1. 酶是________产生的,具有催化活性的________。

2. 酶具有________、________、________和________等催化特点。

3. 影响酶促反应速度的因素有________、________、________、________和________。

4. 丙二酸和戊二酸都是琥珀酸脱氢酶的________抑制剂。

5. 全酶由________和________组成,在催化反应时,二者所起的作用不同,其中________决定酶的专一性和高效率,________起传递电子、原子或化学基团的作用。

6. 酶的活性中心包括________和________两个功能部位,其中________直接与底物结合,决定酶的专一性;________是发生化学变化的部位,决定催化反应的性质。

7. 温度对酶活力的影响有以下两方面:一方面是________,另一方面是________。

三、简答题

1. 简述竞争性抑制作用的特点。

2. 简述酶作为生物催化剂与一般化学催化剂的共性及其个性。

在线测试题

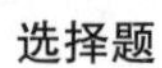

选择题

判断题

第五章　维生素

本章导读

维生素的发现是19世纪的伟大发现之一。1897年，艾克曼（Eijkman）在爪哇岛发现只吃精磨白米的人易患脚气病，未经碾磨的糙米能治疗这种病，并发现可治脚气病的物质能用水或酒精从糙米中提取，当时称这种物质为“水溶性B”。1906年，研究证明食物中含有除蛋白质、脂类、碳水化合物、无机盐和水以外的“辅助因素”，其量很小，但为动物生长所必需。1911年，卡西米尔·冯克（Casimir Funk）鉴定出在糙米中能治疗脚气病的物质是胺类，性质和在食品中的分布类似，且多数为辅酶。本章将就维生素的性质及其在生物体内存在的辅酶形式做出具体的介绍，并要求大家熟记因维生素缺乏而导致的疾病。

目标透视

1. 熟悉维生素的概念及分类。
2. 了解维生素在生物体内作为酶的辅酶、辅基的形式。
3. 掌握维生素结构特点、所起作用及缺乏症。
4. 运用维生素知识辅助治疗疾病。
5. 培养学生具有预防疾病的意识。

第一节　概　述

维生素是人和动物为维持正常的生理功能而必须从食物中获得的一类微量有机物质，在人体生长、代谢、发育过程中发挥着重要作用。维生素既不构成机体组织成分，也不为人体提供能量。

各种维生素的化学结构及性质虽然不同，但它们却有着以下共同点：

（1）维生素均以维生素原的形式存在于食物中。

（2）维生素不是构成机体组织和细胞的组成成分，也不产生能量，它的主要作用是参与机体代谢的调节。

（3）大多数维生素在机体内不能合成或合成量不足，不能满足机体的需要，必须经常通过食物获得。

（4）人体对维生素的需要量虽很小，日需要量常以毫克或微克计算，但一旦缺乏，就会引发相应的维生素缺乏症，对人体健康造成损害。

维生素的结构差异较大，一般按溶解性分为脂溶性和水溶性两大类（见表5－1）。脂溶性维生素不溶于水，易溶于有机溶剂，在食物中与脂类共存，并随脂类一起吸收；不易排泄，容易在体内（主要在肝脏）积存。水溶性维生素易溶于水，易吸收，能随尿液排出，一般不在体内积存，容易缺乏。

表5－1　两类维生素的区别

类别	维生素名称	溶解性	储存性	过量	对摄入要求
脂溶性	维生素A、维生素D、维生素E、维生素K等	溶于脂质、脂溶剂	储存于脂库与肝脏	可储存	不拘
水溶性	B族维生素、维生素C等	溶于水	很少储存	可排走	经常、适量

知识链接

绝大多数维生素必须通过食物获得，一般情况下，人体需要维生素的量比较少。使用维生素应注意以下几点。

1. 使用维生素的指征应明确

只有明确诊断为维生素缺乏症后，方可对症下药，不可盲目用药。如维生素D每天服用超过2 000 U，时间长达2周以上，则有发生中毒的可能。又如服用复方新诺明抗生素期间同时服用维生素，有可能引起结晶尿，导致肾脏损害。

2. 严格掌握剂量和疗程

有些人认为维生素类药物较安全，可增强人体抵抗力，任意使用，这是不可取的。如果成年人在短期内服用维生素A 200万～600万U，儿童一次用量超过30万U，均可引起急性中毒。每日服用25万～50万U的维生素A长达数周甚至数年，也可引起慢性中毒。孕妇服用过量的维生素 A,还可导致胎儿畸形。

3. 应针对病因积极治疗

大多数维生素缺乏是由于某些疾病所引起的,所以应找出原因,从根本上入手治疗,而不应单纯依赖维生素的补充。

4. 掌握用药时间

水溶性的维生素 B_1、维生素 B_2、维生素 C 等宜饭后服用,因为此类维生素会较快地通过胃肠道,如果空腹服用,则很可能在人体组织未充分吸收利用之前就被排出。此外,脂溶性的维生素 A、维生素 D、维生素 E 等也应在饭后服用,因饭后胃肠道有较充足的油脂,有利于它们的溶解,促使这类维生素更容易吸收。

5. 应注意维生素与其他药物的相互作用

液体石蜡可减少脂溶性的维生素 A、维生素 D、维生素 K、维生素 E 的吸收并促进它们的排泄。维生素 B_6 口服 10~25 mg,可迅速消除左旋多巴的治疗作用。广谱抗生素会抑制肠道细菌而使维生素 K 的合成减少。有酶促作用的药物,如苯巴比妥、苯妥英钠及阿司匹林等,可促进叶酸的排泄。维生素 C 能破坏维生素 B_{12},使人易患贫血。铁剂伴服维生素 C 可以增加铁离子的吸收量。维生素 C 和维生素 B_1 不宜与氨茶碱合用,也不宜与口服避孕药同服,以免降低药效。

第二节　脂溶性维生素

一、维生素 A

维生素 A(vitamin A)又称视黄醇(其醛衍生物为视黄醛)或抗干眼病因子,是一个具有脂环的不饱和一元醇,包括动物性食物来源的维生素 A_1、维生素 A_2 2 种(见图 5-1),是一类具有视黄醇生物活性的物质。维生素 A_1 多存在于哺乳动物及咸水鱼的肝脏中,而维生素 A_2 常存在于淡水鱼的肝脏中。由于维生素 A_2 的活性比较低,因此通常所说的维生素 A 均是指维生素 A_1。

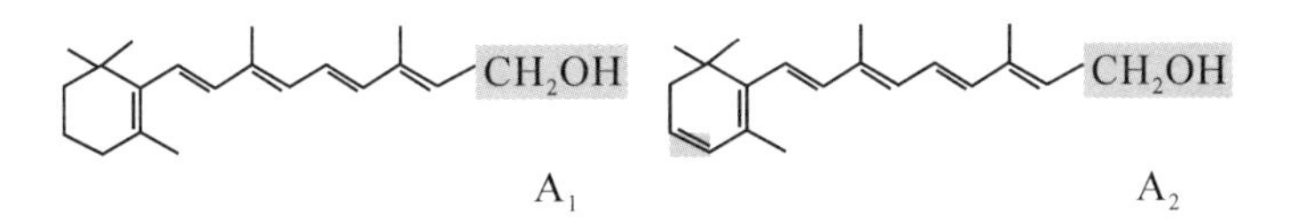

图 5-1　维生素 A 的结构

维生素 A 与暗适应有关。维生素 A 在醇脱氢酶作用下转化为视黄醛,11 - 顺视黄醛与视蛋白上赖氨酸的氨基结合构成视紫红质,视紫红质在光中分解成全反式视黄醛和视蛋白,在黑暗中再合成,形成一个视循环(见图 5 - 2)。维生素 A 缺乏可导致暗适应障碍,即夜盲症。

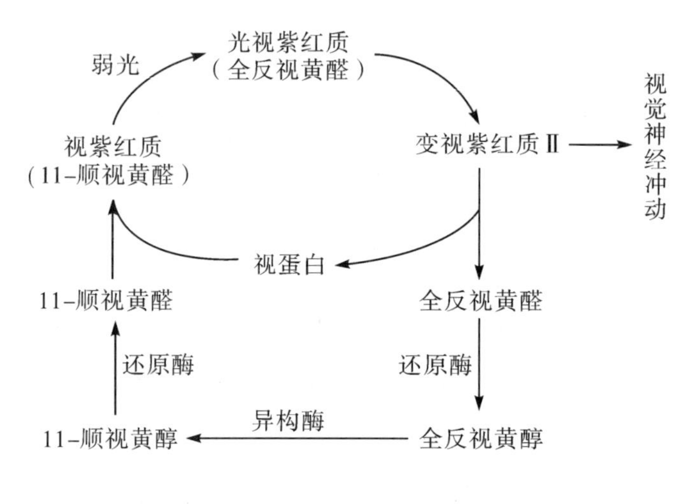

图 5 - 2 视循环图

维生素 A 还可影响上皮细胞的分化过程,是维持一切上皮组织健全所必需的物质。实验证实缺乏维生素 A,培养中的上皮细胞趋向于向复层鳞状上皮分化。其中对眼、呼吸道、消化道、泌尿道及生殖系统等上皮组织影响最为显著。维生素 A 缺乏时,由于泪腺上皮角化,泪液分泌受阻,以致角膜、结膜干燥产生眼干燥症(俗称干眼病)。

二、维生素 D

维生素 D(vitamin D)为类固醇衍生物,具有抗佝偻病作用,又称抗佝偻病维生素。目前认为维生素 D 也是一种类固醇激素,维生素 D 家族成员中最重要的成员是维生素 D_2(麦角钙化醇)和维生素 D_3(胆钙化醇)。与人类健康关系较密切的是维生素 D_2 和维生素 D_3(见图 5 -3)。它们有以下 3 点特性:存在于部分天然食物中;人体皮下储存有从胆固醇生成的 7 - 脱氢胆固醇,受紫外线的照射后,可转变为维生素 D_3;适当的日光浴可以满足人体对维生素 D 的需要。

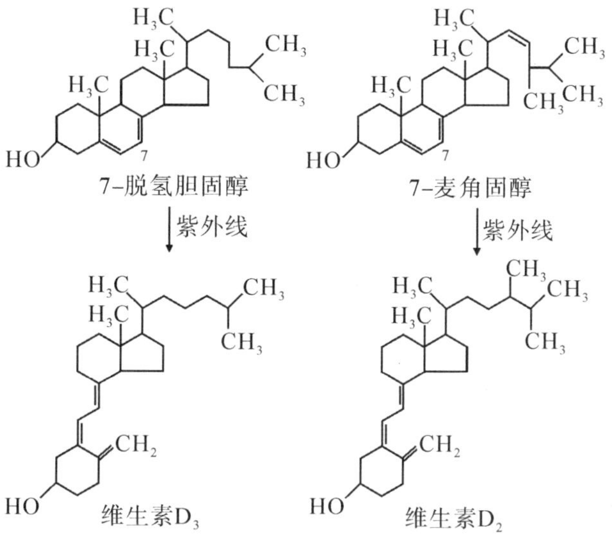

7-脱氢胆固醇　　7-麦角固醇

紫外线　　紫外线

维生素D_3　　维生素D_2

图5-3 维生素D的生成

维生素D能促进小肠对食物中钙和磷的吸收,被吸收后经肝和肾的羟化作用,生成1,25-二羟维生素D_3。1,25-二羟维生素D_3是维生素D_3的活性形式。此外,维生素D还可影响骨组织的钙代谢,从而维持血中钙和磷的正常浓度,促进骨和牙的钙化作用。维生素D缺乏会导致少儿佝偻病和成年人的软骨病,症状包括:骨和关节疼痛、肌肉萎缩、失眠、紧张以及痢疾腹泻。

知识链接

美国食品药品管理局(FDA)指出,父母和看护者在用滴剂给婴儿补充营养时可能会喂服过量维生素D。

FDA称,美国儿科学院建议,全部或部分母乳喂养的婴儿每日摄入的维生素D不应超过400 IU[IU称为国际单位,对维生素D来说,1 IU=0.025 μg维生素D_3(晶体)]。婴儿摄入过量维生素D可能导致肾损伤。其他可能的影响包括:呕吐,食欲不振,烦渴,尿频,腹部、肌肉和关节疼痛,疲倦。

FDA要求生产企业在与维生素D补充剂共同销售的滴管上明确标明使用剂量,并进一步建议不要超过推荐剂量。

三、维生素E

维生素E,又称生育酚,含有一个6-羟色环和一个16烷侧链,包括生育酚和三烯生育酚2类共8种化合物,即α、β、γ、δ生育酚和α、β、γ、δ三烯生育酚。其中,α-生育酚是自然界中分布最广泛、含量最丰富、活性最高的维生素E形式,存在于蔬菜、麦胚、植物油的非皂化部分,对动物的生育是必需的,缺乏时还会发生肌肉退化。

维生素E为微带黏性的淡黄色油状物,维生素E在无氧条件下较为稳定,但在空气中极易被氧化,故可保护其他物质不被氧化,因此具有抗氧化作用,常用作食品添加剂加入食品中,以保护脂肪或维生素A、不饱和脂肪酸不受氧化。

人体很少缺乏维生素E,其毒性也较低。维生素E缺乏会使早产儿产生溶血性贫血,在成人会导致红细胞寿命缩短,但不致贫血。

四、维生素K

维生素K,又叫凝血维生素,是2-甲基-1,4-萘醌的衍生物,广泛存在自然界。丹麦化学家达姆(Dam)于1929年从动物肝和麻子油中发现并提取,具有防止新生婴儿出血性疾病、预防内出血及痔疮、减少生理期大量出血、促进血液正常凝固的作用。绿色蔬菜中维生素K含量较多。

维生素K是具有叶绿醌生物活性的一类物质,有K_1、K_2、K_3、K_4等几种形式,其中维生素K_1、维生素K_2是天然存在的,是脂溶性维生素,即从绿色植物中提取的维生素K_1和肠道细菌(如大肠杆菌)合成的维生素K_2。而维生素K_3、维生素K_4是通过人工合成的,是水溶性的维生素。几种形式的维生素K中,最重要的是维生素K_1和维生素K_2(见图5-4)。

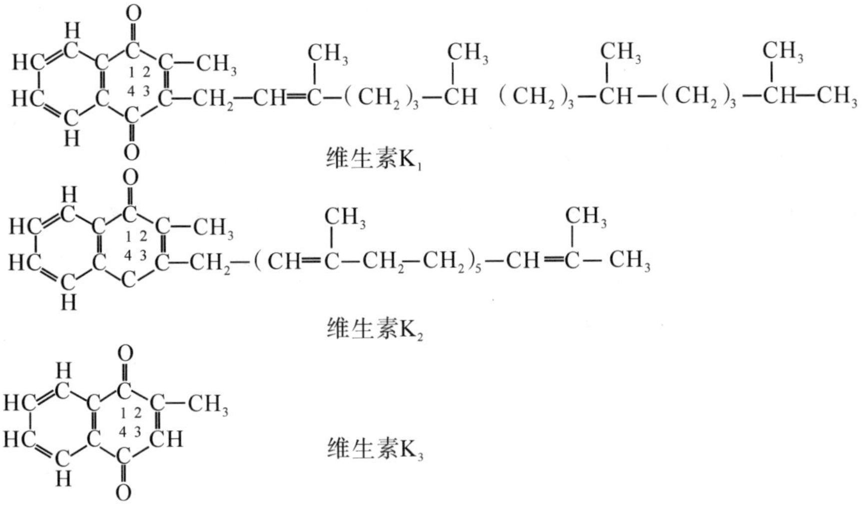

维生素K_1

维生素K_2

维生素K_3

图5-4 维生素K的结构

维生素K在绿色植物中含量丰富,体内肠道菌群也能合成,一般不缺乏。因为维生素 K 不能通过胎盘,新生儿出生后肠道内又无细菌,故新生儿易发生维生素 K 的缺乏。胰腺、胆管疾病和小肠黏膜萎缩及脂肪便等也可引发维生素 K 缺乏症。另外,长期应用广谱抗生素的人群也可能出现维生素 K 缺乏。维生素 K 缺乏的主要症状是凝血障碍,出现皮下、肌肉及胃肠道出血等。

第三节　水溶性维生素

一、维生素 B_1

维生素 B_1,又称抗神经炎或抗脚气病维生素。由于它由含硫的噻唑环和含氨基的嘧啶环通过亚甲基连接而成,故又称硫胺素。其纯品大多以盐酸盐或硫酸盐的形式存在,为白色结晶,有特殊香味,它在紫外光下呈荧光蓝色,耐热,在酸性溶液中稳定,碱性条件中加热易被破坏。在生物体内,其常以硫胺素焦磷酸酯(TPP)的形式存在,其结构式如图 5-5 所示。

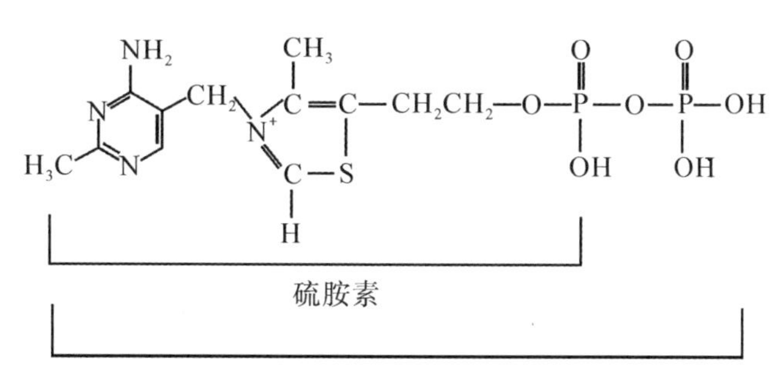

图 5-5　维生素 B_1 和 TPP 结构式

当维生素 B_1 缺乏时,TPP 合成不足,丙酮酸的氧化脱羧发生障碍,导致糖的氧化利用受阻。在正常情况下,神经组织的能量来源主要靠糖的氧化分解供给,维生素 B_1 缺乏时,首先影响神经组织的能量供应,并伴有丙酮酸及乳酸等在神经组织中的堆积,易出现手足麻木、四肢无力等多发性周围神经炎的症状。严重者出现心跳加快、心脏扩大和心力衰竭,临床上称为脚气病。

维生素 B_1 主要存在于种子的外皮和胚芽中,如米糠和麸皮中含量很丰富,在酵母菌中含量也极丰富。瘦肉、白菜和芹菜中含量也较丰富。日常所用的维生素 B_1 都是化学合成的产品。在体内,维生素 B_1 以辅酶形式参与糖的分解代谢,有保护神经系统的作用，还能促进肠胃蠕动、增加食欲。

知识链接

“维生素 B_1 能驱蚊、防蚊”的说法流传已久，也有很多讨论。若追根溯源，这一说法最早出自20世纪40年代的美国。

1943年，一位名叫雷·香农（W. Ray Shannon）的医生在美国《明尼苏达医学杂志》上发表论文宣称，维生素 B_1 水溶液有助于预防蚊子。遗憾的是，无论从理论上，还是从实验层面，“维生素 B_1 能驱蚊”的说法均未得到验证。

二、维生素 B_2

维生素 B_2 又称核黄素，是由核醇与异咯嗪缩合而成。维生素 B_2 是橘黄色针状结晶，溶于水呈绿色荧光，在碱性溶液中受光照射容易遭到破坏。维生素 B_2 分子的异咯嗪的 N^1 和 N^{10} 之间有两个活泼的双键，在生物体内的氧化还原过程中起传递氢的作用。核黄素在体内经磷酸化生成黄素单核苷酸（FMN）（见图5－6）和黄素腺嘌呤二核苷酸（FAD），它们分别构成各种黄素酶的辅基，参与体内生物氧化过程，对于促进蛋白质、脂肪与糖代谢有重要作用。

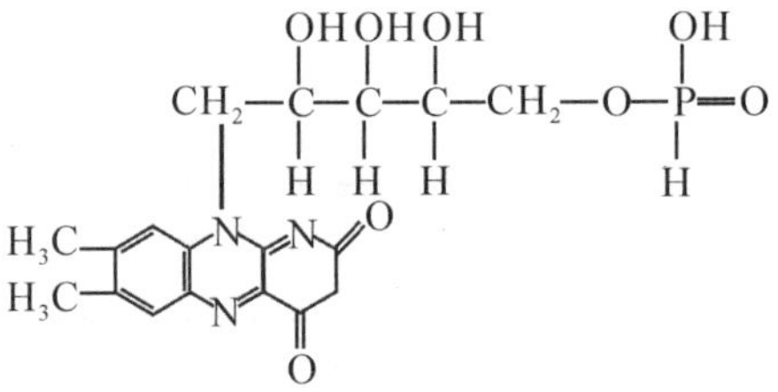

图5－6　FMN的结构

维生素 B_2 能够促进生长发育，特别是维持皮肤和组织黏膜的完整性，所以缺乏维生素 B_2 易发生阴囊炎、舌炎、唇炎、口角炎、脂溢性皮炎等。

三、维生素PP

维生素PP即抗癞皮病因子，包括烟酸（尼克酸）和烟酰胺（尼克酰胺），均为含氮杂环吡啶的衍生物。在生物体内，烟酰胺与核糖、磷酸、腺嘌呤组成脱氢酶的辅酶，分别是烟酰胺腺嘌呤二核苷酸（NAD^+，又称辅酶Ⅰ）和烟酰胺腺嘌呤二核苷酸磷酸（$NADP^+$，又称辅酶Ⅱ），如图5－7所示。它们也是维生素PP在体内的活性形式。

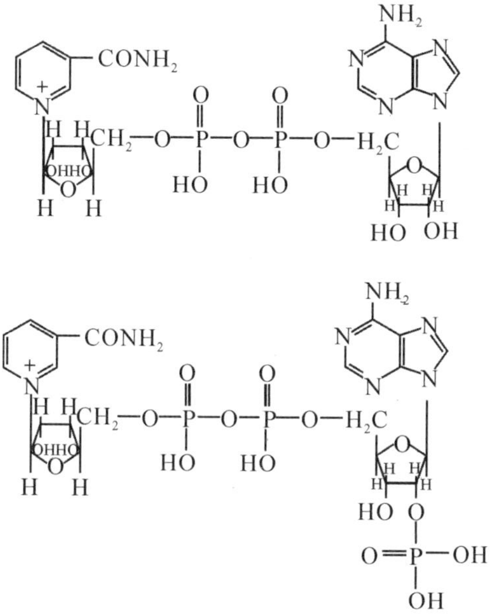

图 5－7 NAD^+ 和 $NADP^+$ 的结构

烟酸在人体内可由色氨酸生成并可转变成烟酰胺，但生成量有限，不能满足机体需要，所以需要从食物中获得。通常情况下，人类不会缺乏维生素 PP。但是玉米中缺乏色氨酸和烟酸，故长期只吃玉米有可能引起癞皮病，其特征是体表暴露部分出现对称性皮炎，此外，还有消化不良、精神不安等症状，严重时可出现顽固性腹泻、痴呆和精神失常等。若将各种杂粮合理搭配，可防止缺乏症的发生。

四、泛酸

泛酸是自然界中分布十分广泛的维生素，故又称遍多酸。它是 α，γ－二羟基－β，β－二甲基丁酸与 β－丙氨酸通过肽键缩合而成的酸性物质。辅酶 A 是泛酸的主要活性形式，简写为 CoA（见图 5－8）。辅酶 A 所含有的巯基可以与酰基形成硫酯，在生物代谢过程中可以作为酰基的载体。

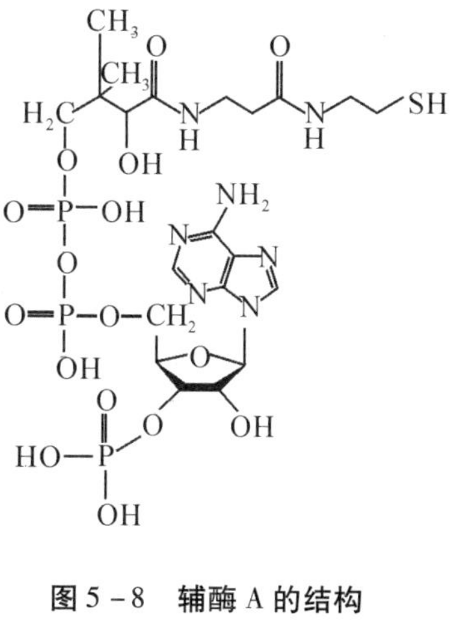

泛酸广泛存在于动植物组织中，食物中泛酸的含量相当充分，因此，人类很少出现泛酸缺乏病。

图 5－8 辅酶 A 的结构

五、维生素 B_6

维生素 B_6 包括吡哆醇、吡哆醛和吡哆胺，在生物体内，它们可以相互转变，以磷酸酯的形式存在，即磷酸吡哆醛和磷酸吡哆胺。维生素 B_6 及其辅酶形式如图 5 -9 所示。

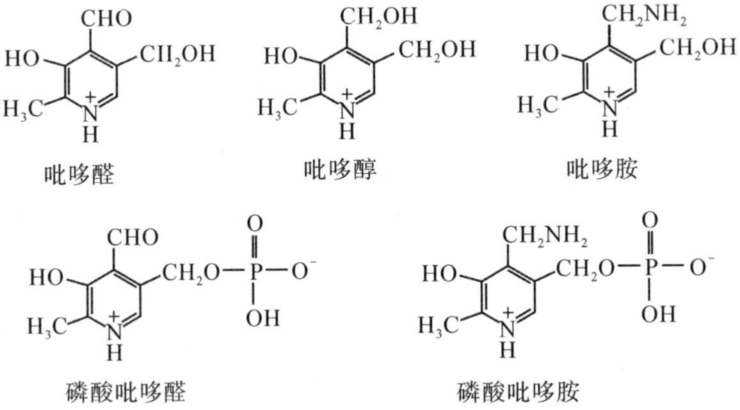

吡哆醛　　吡哆醇　　吡哆胺

磷酸吡哆醛　　磷酸吡哆胺

图 5 -9　维生素 B_6 及其辅酶的结构

维生素 B_6 在氨基酸的转氨基作用和脱羧作用中起辅酶的作用，与氨基酸的代谢密切相关。因此，当人食用蛋白质类食物增多时，对维生素 B_6 的需要量也相应增加。

维生素 B_6 在动植物中分布很广泛，谷类外皮含量尤为丰富，缺乏维生素 B_6 可产生呕吐、厌食、贫血及儿童生长停滞等现象。

六、生物素

生物素又称维生素 H、维生素 B_7、辅酶 R(coenzyme R)等，是由噻吩环和尿素结合而成的一个双环化合物，以共价键与酶蛋白牢固结合，在体内起着羧化酶的作用。例如其与酶蛋白结合催化体内 CO_2 的固定以及羧化反应。

生物素在动植物中分布很广，人体肠道细菌也能合成生物素，可被人体吸收和利用，因此，人很少出现生物素缺乏症。但是如长期食用生鸡蛋，其所含的抗生素蛋白能与生物素结合，从而妨碍生物素的吸收。

七、叶酸

叶酸最初是在肝脏中分离出来的，后来发现其在绿叶中含量十分丰富，因此，命名为叶酸。它是由 2 - 氨基 -4 - 羟基 -6 - 甲基蝶啶、对氨基苯甲酸和 *L* - 谷氨酸三部分组成(见图5－10),故又称为蝶酰谷氨酸。

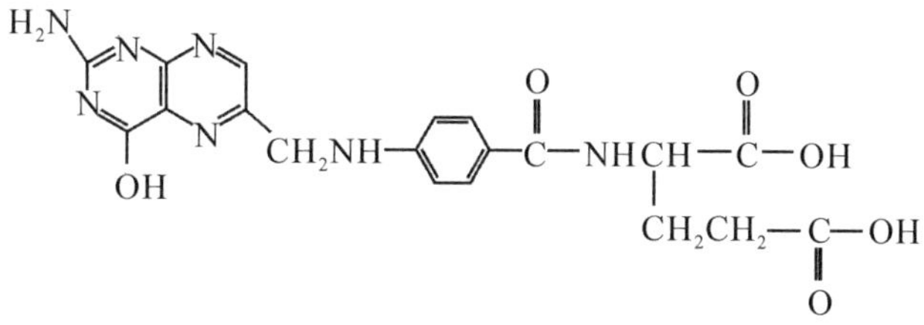

图5－10　叶酸的结构

叶酸是人体在利用糖类和氨基酸时的必要物质,是机体细胞生长和繁殖所必需的物质。在体内,叶酸以四氢叶酸的形式起作用,四氢叶酸在体内参与嘌呤核苷酸和嘧啶核苷酸的合成和转化。当叶酸缺乏时,DNA 的合成受到抑制,使骨髓幼红细胞的分裂降低,细胞体积增大,细胞核内染色质疏松,产生幼红细胞,这种细胞绝大部分是在骨髓内成熟前就被破坏,因而造成的贫血称为巨幼红细胞性贫血。

叶酸分子结构中含有与磺胺类药物结构相类似的对氨基苯甲酸,所以,磺胺类药物在细菌合成叶酸时起了竞争性抑制作用。人体虽然自己不能合成叶酸,但肠道细菌可以合成叶酸,供给人体的需要,并且,叶酸在植物的绿叶中大量存在,所以人体一般不易缺乏。

八、维生素 B_{12}

维生素 B_{12}因其分子中含有金属钴,故又称为钴胺素,是唯一含金属的维生素,且分子量最大、结构最复杂的维生素。维生素 B_{12}广泛存在于动物性食品中,尤其在肝脏中含量最为丰富。人体对它的需要量甚少,但体内贮存量很充裕,缺乏症比较少见。

维生素 B_{12}参与 DNA 的合成,对红细胞的成熟非常重要,若缺乏,会使巨红细胞中 DNA 合成受到障碍,影响了细胞分裂,使其不能分化成红细胞。在体内,维生素 B_{12}作为变位酶的辅酶,参与一些异构反应,还可以甲基钴胺素的形式,参与生物合成的甲基化过程。

九、维生素 C

维生素 C 又称抗坏血酸,是一种含有6个碳原子的酸性多羟基化合物(见图5－11),天然存在的维生素 C 有 L 型和 D 型2种,后者无生物活性。维生素 C 是无色无臭的片状晶体,易溶于水,不溶于有机溶剂。在酸性环境中稳定,遇空气中氧、热、光、碱性物质,特别是有氧化酶及铜、铁等金属离子存在时，可促进其氧化。

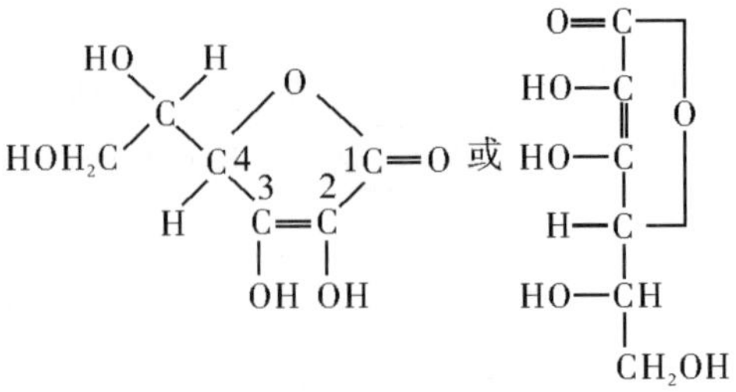

图5－11　维生素C的结构

维生素C具有广泛的生理作用，是目前临床应用最多的一种维生素。它能够促进骨胶原的生物合成，利于组织创伤口更快愈合；促进氨基酸中酪氨酸和色氨酸的代谢，延长肌体寿命；改善铁、钙和叶酸的利用；改善脂肪和类脂特别是胆固醇的代谢，预防心血管病；促进牙齿和骨骼的生长，防止牙床出血；增强肌体对外界环境的抗应激能力和免疫力。

维生素C缺乏时，会引起维生素C缺乏病（旧称坏血病）。其症状为创口溃疡不易愈合；骨骼和牙齿易于折断和脱落；毛细血管通透性增大，角化的毛囊四周出血，严重时皮下、黏膜、肌肉出血。维生素C存在于新鲜的水果和蔬菜中，在柑橘、奇异果、山楂、西红柿等中含量丰富。人体自身不能合成，必须从食物中摄取。

知识链接

因纽特人为什么不易得维生素C缺乏病？

因纽特人多住在北极圈内的格陵兰岛（丹麦）、加拿大的北冰洋沿岸和美国的阿拉斯加州。原来的因纽特人，以打猎为生，当他们打到猎物时已经很饥饿，因无法立即把猎物烧熟，所以会吃生肉，却能从中直接获取维生素C，避免维生素C缺乏病的发生。而将肉煮熟，维生素C会因此分解，造成维生素C缺乏。

思政园地

维生素的发展过程是人类在漫长的生活实践中，逐渐由感性认识上升到理性认识的过程。人体体内维生素的含量关乎着每一个人身体的健康，维生素C对人体的代谢和合成具有重要意义，例如，维生素C具有提高机体的免疫力和对疾病的抵抗力，防止疾病发生等作用。作为学医者，要不忘初心，致力于学习医学理论知识，同时要牢记使命，通过努力学习，为民众提供科学合理的医学指导，加快患者的康复，为全民的健康献策、献力。

本章小结

维生素是人和动物为维持正常的生理功能而必须从食物中获得的一类微量有机物质，在人体生长、代谢、发育过程中发挥着重要的作用。维生素既不参与构成人体细胞，也不为人体提供能量。

维生素的结构差异较大，一般按溶解性分为脂溶性维生素和水溶性维生素两大类。脂溶性维生素不溶于水，易溶于有机溶剂，在食物中与脂类共存，并随脂类一起吸收；不易排泄，容易在体内积存（主要在肝脏）；主要包括维生素 A、维生素 D、维生素 E、维生素 K 等。水溶性维生素易溶于水，易吸收，能随尿液排出，一般不在体内积存，容易缺乏；主要包括 B 族维生素和维生素 C 等。

思考题

一、选择题

1. 缺乏维生素 C 会导致（　　）

A. 维生素 C 缺乏病　　B. 脚气病

C. 癞皮病　　D. 贫血

E. 佝偻病

2. 构成递氢体的是（　　）

A. 吡哆醛　　B. 泛酸

C. 钴胺素　　D. 核黄素

E. 吡哆酶

3. 参与氨基转移的是（　　）

A. 泛酸　　B. 维生素 B_6

C. 维生素 B_1　　D. 维生素 B_2

E. 维生素 A

4. 叶酸的活性形式是（　　）

A. FAD　　B. FH_2

C. FH_4　　D. FMN

E. TPP

5. 成人缺乏维生素 D 时易患(　　)

A. 佝偻病　　B. 骨软化症

C. 坏血病　　D. 巨幼红细胞性贫血

E. 夜盲症

6. 下列化合物的名称与所给出的维生素名称不符合的是(　　)

A. α－生育酚——维生素 A　　B. 硫胺素——维生素 B_1

C. 抗坏血酸——维生素 C　　D. 氰钴胺素——维生素 B_{12}

E. 遍多酸——泛酸

7. 人的饮食中长期缺乏蔬菜、水果会导致缺乏(　　)

A. 维生素 B_1　　B. 维生素 B_2

C. 维生素 PP　　D. 维生素 C

E. 维生素 B_{12}

8. 下列维生素名、化学名、缺乏症组合中,错误的是(　　)

A. 维生素 B_{12}——钴胺素——恶性贫血　　B. 维生素 B_2——核黄素——口角炎

C. 维生素 C——抗坏血酸——坏血病　　D. 维生素 B_6——吡哆醛——脚气病

E. 维生素 B_1——硫胺素——脚气病

9. 天然抗氧化剂是(　　)

A. 核黄素　　B. 硫胺素

C. 维生素 D　　D. 维生素 E

E. 叶酸

10. 烟酰胺腺嘌呤二核苷酸的英文缩写是(　　)

A. FAD　　B. FPT

C. NAD^+　　D. $NADP^+$

E. TPP

11. 维生素 B_1 是以硫胺素焦磷酸酯形式参与体内(　　)的代谢。

A. 氨基酸　　B. 糖

C. 脂肪　　D. 蛋白质

E. 核苷酸

12. 促进凝血酶原合成的是(　　)

A. 维生素 A　　B. 维生素 K

C. 维生素 D　　　　　　　　D. 维生素 E

E. 维生素 B_2

二、填空题

1. 脚气病的发生与维生素________　的缺乏有关。

2. 写出下面缩写的中文名字：NAD^+ ______________，FAD ______________。

3. 根据溶解性质，可将维生素分为________和________两类。

4. 维生素是维持生物体正常生长所必需的一类________有机物质，主要作用是作为________的组分参与体内代谢。

5. 可预防夜盲症的维生素是________。

三、简答题

1. 什么是维生素？

2. 长期食用生鸡蛋清会引起哪种维生素缺乏？为什么？

3. 试述患维生素缺乏症的主要原因。

在线测试题

选择题

判断题

第六章　生物氧化

本章导读

物质在体内外氧化的本质是相同的,方式均为加氧、脱氢、脱电子,消耗氧并生成二氧化碳和水,且释放出能量的数值也相同。体外燃烧是有机物中的氢、碳直接与空气中的氧反应生成水及二氧化碳,能量以光和热的形式骤然大量向环境中散发。而生物氧化在生物体内进行,故有其特有之处。本章就生物氧化进行具体的介绍。

目标透视

1. 了解生物氧化方式、参与生物氧化的相关酶类。
2. 熟悉生物氧化中 CO_2 和 H_2O 的生成方式、ATP 的生成方式。
3. 掌握生物氧化的特点、呼吸链的概念及组成部分。
4. 运用生物氧化的理论知识解释临床常见疾病,如 CO 中毒等。
5. 培养学生严谨求实的工作态度和良好的职业素养。

第一节　概　述

一、生物氧化的概念

生物氧化是在生物体内,从代谢物上脱下的氢及电子,通过一系列酶促反应与氧化合成水和二氧化碳,并释放能量的过程;也指物质在生物体内的一系列氧化过程,主要为机体提供可利用的能量。

生物氧化遵循氧化还原反应的规律,具有以下几方面的特点。

(1)生物氧化是在细胞内进行的由酶催化的氧化过程,反应条件温和。

(2)在生物氧化的过程中,同时伴随生物还原反应。

(3)水是许多生物氧化反应的供氧体,通过加水脱氢作用直接参与氧化反应。

(4)在生物氧化中,碳的氧化和氢化是非同步进行的。氧化过程中脱下来的质子和电子,通常由各种载体(如 NADH 等)传递给氧并最终生成水。

(5)生物氧化是一个分步进行的过程。每一步都有特殊的酶催化,每一步反应的产物都可以分离出来。这种逐步反应的模式有利于在温和的条件下释放能量,从而提高能源利用率。

(6)生物氧化释放的能量,通过与 ATP 合成相偶联,转换成生物体能够直接利用的生物能 ATP。

二、生物氧化中 CO_2 的生成

生物氧化中 CO_2 的生成是由于糖类、脂类、蛋白质等大分子有机物转变成含羧基的有机酸进行脱羧反应所致。可将脱羧反应分为以下几类。

(一)α-脱羧

1. α-单纯脱羧

$$H_2N-\overset{\overset{\displaystyle R}{|}}{\underset{\underset{\displaystyle H}{|}}{C}}-COOH \xrightarrow[\searrow CO_2]{\text{氨基酸脱羧酶}} H_2N-\overset{\overset{\displaystyle R}{|}}{\underset{\underset{\displaystyle H}{|}}{C}}-H$$

氨基酸　　　　　　　　胺

2. α-氧化脱羧

$$\underset{\text{丙酮酸}}{\overset{\alpha\,CH_3}{\underset{COOH}{C=O}}} + HS-CoA + NAD^+ \xrightarrow[\searrow CO_2]{\text{丙酮酸脱氢酶系}} \underset{\text{乙酰辅酶 A}}{CH_3CO \sim SCoA} + NADH + H^+$$

(二)β-脱羧

1. β-单纯脱羧

$$\underset{\text{草酰乙酸}}{\begin{matrix}\beta\ CH_2-COOH\\ |\\ \alpha\ CO-COOH\end{matrix}} \xleftrightarrow[\searrow CO_2]{\text{丙酮酸羧化酶}} \underset{\text{丙酮酸}}{\begin{matrix}CH_3\\ |\\ CO-COOH\end{matrix}}$$

2. β-氧化脱羧

$$\begin{array}{l} \beta\ CH_2—COOH \\ \alpha\ CH—COOH \\ \quad\ | \\ \quad\ OH \end{array} + NADP^+ \xrightarrow[\searrow CO_2]{\text{苹果酸酶}} \begin{array}{l} CH_3 \\ C—COOH \\ \| \\ O \end{array} + NADPH + H^+$$

苹果酸　　　　　　　　丙酮酸

第二节　氧化呼吸链

生物氧化过程中,代谢物分子上的氢原子被脱氢酶激活脱落后,经过一系列的传递体的传递,最后与激活的氧结合生成水,此过程与细胞呼吸有关,所以,将此传递链称为呼吸链(respiratory chain)或电子传递链(electron transfer chain)。在呼吸链中,酶和辅酶按一定顺序排列在线粒体内膜上,其中传递氢的酶或辅酶称为递氢体,传递电子的酶或辅酶称为电子传递体。递氢体和电子传递体都起着传递电子的作用(如 $2H \rightarrow 2H^+ + 2e$)。

一、呼吸链的组成

组成呼吸链的成分已发现20余种,分为五大类。

1. 辅酶Ⅰ和辅酶Ⅱ

辅酶Ⅰ(NAD^+或CoⅠ)为烟酰胺腺嘌呤二核苷酸,辅酶Ⅱ($NADP^+$或CoⅡ)为烟酰胺腺嘌呤二核苷酸磷酸。它们是不需氧脱氢酶的辅酶,分子中的烟酰胺部分——维生素PP,能可逆地加氢还原或脱氢氧化,是递氢体。以NAD^+作为辅酶的脱氢酶占多数。

2. 黄素酶

黄素酶的种类很多,辅基有2种,即黄素单核苷酸(FMN)和黄素腺嘌呤二核苷酸(FAD)。FMN是NADH脱氢酶的辅基,FAD是琥珀酸脱氢酶的辅基,都是以核黄素为中心构成的,其异咯嗪环上的第1位及第10位的2个氮原子能可逆地进行加氢和脱氢反应,为递氢体。

$$\underset{\text{(氧化型)}}{FAD + 2H} \rightleftharpoons \underset{\text{(半醌型)}}{FADH} \rightleftharpoons \underset{\text{(还原型)}}{FADH_2}$$

3. 铁硫蛋白

铁硫蛋白(iron-sulfur protein)分子中含有非血红素铁和对酸不稳定的硫,因而常简写为 Fe－S 形式。在线粒体内膜上，常与其他递氢体或递电子体构成复合物，复合物中的铁硫蛋白是传递电子的反应中心，也称为铁硫中心，与蛋白质的结合是通过 Fe 与 4 个半胱氨酸的 S 相连接。铁硫蛋白中心的铁可以呈二价，也可以呈三价，因为铁的氧化、还原而达到传递电子作用，每个铁硫中心一次传递一个电子，所以铁硫蛋白称为单电子传递体。

4. 泛醌

泛醌（ubiquinone，Q）又称为辅酶 Q（coenzyme Q，CoQ），是一类广泛分布于生物界的脂溶性醌类化合物。分子中的苯醌为接受和传递氢的核心，其 C－6 上带有异戊二烯为单位构成的侧链，在哺乳动物中，这个长链为 10 个单位，故常以 Q10 表示。

$$\underset{\text{泛醌}}{CoQ} \rightleftharpoons \underset{\text{泛醌 H}}{CoQH} \rightleftharpoons \underset{\text{二氢泛醌}}{CoQH_2}$$

5. 细胞色素类

细胞色素（cytochrome，Cyt）是一类以铁卟啉为辅基的结合蛋白质，存在于生物细胞内，因有颜色而得名。已发现的细胞色素有 30 多种，按吸收光谱分为 a、b、c 三类。每类中又因其最大吸收峰的微小差别分为若干亚种。细胞色素的主要作用是靠铁原子化合价的可逆变化而传递电子，为单电子传递体。

Cyta 和 $Cyta_3$ 很难分开，故写成 $Cytaa_3$，位于呼吸链的终末部位。$Cyta_3$ 除铁卟啉外，还是以铜离子为辅基的电子传递体，它能把电子直接交给氧原子，使其还原成氧离子，再与 $2H^+$ 化合成水，所以把 $Cytaa_3$ 称为细胞色素 c 氧化酶。

呼吸链中细胞色素的电子传递顺序是 $Cytb \rightarrow Cytc_1 \rightarrow Cytc \rightarrow Cytaa_3 \rightarrow O_2$。

上述成分存在于线粒体的内膜上，它们彼此之间相互组合，以复合物的形式存在，组成了 4 种复合体，如表 6－1 所示。

表 6－1　呼吸链的 4 种复合体

复合体	名称	辅酶或辅基
复合体Ⅰ	NADH－泛醌还原酶	FMN，Fe－S 蛋白
复合体Ⅱ	琥珀酸－泛醌还原酶	FAD，Fe－S 蛋白
复合体Ⅲ	泛醌－细胞色素还原酶	铁卟啉，Fe－S 蛋白
复合体Ⅳ	细胞色素 c 氧化酶	铁卟啉，Cu

泛醌和 Cytc 因为各自的结构与性质，极易与线粒体内膜分离，故它们不参与酶复合体的组成，两者作为可移动的电子传递体与复合体共同组成呼吸链。

二、重要的呼吸链

人体细胞线粒体内重要的呼吸链有两条途径，一条是 NADH 氧化呼吸链；另一条是琥珀酸氧化呼吸链。

（一）NADH 氧化呼吸链

NADH 氧化呼吸链是体内最重要的一条呼吸链。代谢物脱下的氢多数通过 NADH 呼吸链氧化而生成水。NADH 氧化呼吸链由 NAD^+、FMN、铁硫蛋白、CoQ 和细胞色素酶系组成。其电子传递顺序为：

$$NADH \rightarrow 复合体Ⅰ \rightarrow Q \rightarrow 复合体Ⅲ \rightarrow Cytc \rightarrow 复合体Ⅳ \rightarrow O_2$$

（二）琥珀酸氧化呼吸链（$FADH_2$ 氧化呼吸链）

琥珀酸氧化呼吸链是由 FAD 为辅酶的黄素酶、铁硫蛋白和细胞色素酶系组成。它与 NADH 氧化呼吸链的区别在于脱下的 2 个 H 不经过 NAD^+，而直接由琥珀酸脱氢酶 FAD 接受，生成 FADH，再传递给 CoQ，然后经细胞色素酶进行电子传递。其电子传递顺序为：

$$琥珀酸 \rightarrow 复合体Ⅱ \rightarrow Q \rightarrow 复合体Ⅲ \rightarrow Cytc \rightarrow 复合体Ⅳ \rightarrow O_2$$

第三节　ATP 的生成

生物氧化不仅消耗 O_2 产生 CO_2 和 H_2O，更重要的是有能量的释放。生物氧化过程中所释放的能量约 40% 以化学能形式储存于 ATP 及其他高能化合物中。其中，ATP 是体内各种代谢活动中主要供能的高能化合物。ATP 在物质的能量代谢过程中具有十分重要的作用。体内 ATP 的生成方式有 2 种，即底物水平磷酸化和氧化磷酸化。

一、底物水平磷酸化

底物水平磷酸化（substrate level phosphorylation）是指物质在脱氢或脱水的过程中，产生高能代谢物并直接将高能代谢物中的能量转移到 ADP（或 GDP）生成 ATP（或 GTP）的过程。例如，在糖的分解代谢过程中，3－磷酸甘油醛脱氢并磷酸化生成 1,3－二磷酸甘油酸，在分子中形成一个高能磷酸基团，在酶的催化下，1,3－二磷酸甘油酸可将高能磷酸基团转给 ADP，生成 3－磷酸甘油酸与 ATP。又如在三羧酸循环中，琥珀酰 CoA（辅酶 A）生成琥珀酸，同时伴有 GTP 的生成，也是底物水平磷酸化。

$$1,3-\text{二磷酸甘油酸}+ADP \xrightleftharpoons{3-\text{磷酸甘油酸激酶}} 3-\text{磷酸甘油酸}+ATP$$

$$\text{琥珀酰}\ CoA+H_3PO_4+GDP \xrightleftharpoons{\text{琥珀酸硫激酶}} \text{琥珀酸}+CoA-SH+GTP$$

二、氧化磷酸化

氧化磷酸化（oxidative phosphorylation）在真核细胞的线粒体或细菌中进行，是物质在体内氧化时释放的能量供给 ADP 与无机磷合成 ATP 的偶联反应。

（一）氧化磷酸化的偶联部位

根据实验测定氧的消耗量与 ATP 的生成数之间的关系可以确定其偶联部位。P/O 值是指代谢物氧化时每消耗 1 摩尔氧原子所消耗的无机磷原子的摩尔数，即合成 ATP 的摩尔数。实验表明，NADH 在呼吸链被氧化为水时的 P/O 值约等于 2.5，即生成 2.5 分子 ATP；$FADH_2$ 氧化的 P/O 值约等于 1.5，即生成 1.5 分子 ATP。这是因为在 NADH 氧化呼吸链中存在 3 个偶联部位，即 NADH 至 CoQ 之间、Cytb 至 Cytc 之间、$Cytaa_3$ 至 O_2 之间。而 $FADH_2$ 氧化呼吸链只存在 2 个偶联部位（见图 6－1）。

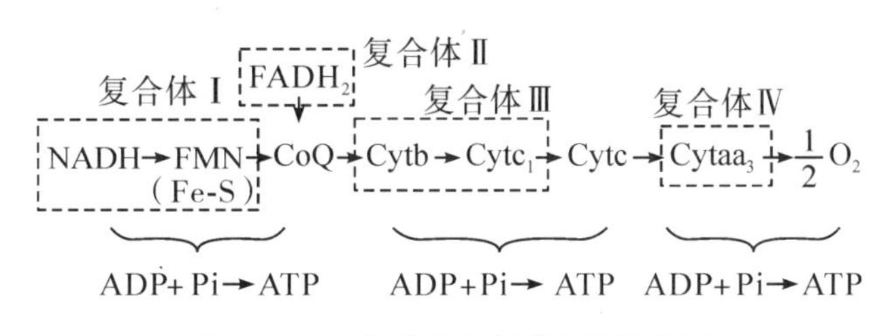

图 6－1　氧化磷酸化偶联部位示意图

（二）氧化磷酸化偶联机制

1961 年，英国学者彼得·米切尔（Peter Mitchell）提出化学渗透假说，说明了电子传递释放出的能量用于形成一种跨线粒体内膜的跨膜质子梯度（H^+ 梯度），这种梯度驱动 ATP 的合成。这一过程概括如下：

（1）NADH 的氧化，其电子沿呼吸链的传递，造成 H^+ 被 3 个 H^+ 泵（NADH 脱氢酶、细胞色素 $b-c_1$ 复合体和细胞色素氧化酶）从线粒体基质跨过内膜泵入膜间隙。

（2）H^+ 泵出，在膜间隙产生较高的 H^+ 浓度，这不仅使膜外侧的 pH 较内侧低（形成 pH 梯度），而且使原有的外正内负的跨膜电位增高，由此形成的质子电化学梯度成为质子动力，是 H^+ 的化学梯度和膜电势的总和。

（3）H^+ 通过 ATP 合酶流回到线粒体基质，质子动力驱动 ATP 合酶合成 ATP。

知识链接

化学渗透假说

化学渗透假说是解释氧化磷酸化作用机理的一种假说，于 1961 年由英国生物化学家米切尔提出。他认为电子传递链像一个质子泵，电子传递过程中所释放的能量，可促使质子由线粒体基质移位到线粒体内膜和外膜之间的空间形成质子电化学梯度，即线粒体外侧的 H^+ 浓度大于内侧并蕴藏了能量。当电子传递被泵出的质子在 H^+ 浓度梯度的驱动下，通过 F_0F_1 - ATP 酶中的特异的 H^+ 通道或"孔道"流动返回线粒体基质时，则由于 H^+ 流动返回所释放的自由能提供 F_0F_1 - ATP 酶催化 ADP 与 Pi 偶联生成 ATP。

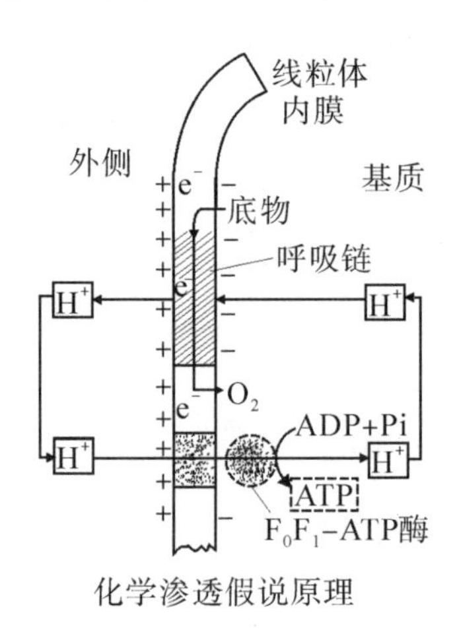

化学渗透假说原理

该学说假设能量转换和偶联机制具有以下特点：

(1)由磷脂和蛋白多肽构成的膜对离子和质子具有选择性。

(2)具有氧化还原电位的电子传递体不匀称地嵌合在膜内。

(3)膜上有偶联电子传递的质子转移系统。

(4)膜上有转移质子的 ATP 酶。

在解释光合磷酸化机理时，该学说强调：当氧化进行时，呼吸链起质子泵作用，质子被泵出线粒体内膜的外侧(膜间隙)，造成了膜内外两侧间跨膜的电化学势差，后者被膜上 ATP 合成酶所利用，使 ADP 与 Pi 合成 ATP[光合电子传递链的电子传递会伴随膜内外两侧产生质子动力(proton motive force，pmf)，并由质子动力推动 ATP 的合成]。每 2 个质子顺着电化学梯度，从膜间隙进入线粒体基质中所放出的能量可合成一个 ATP 分子。一个 NADH + H^+ 分子经过电子传递链后，可积累 6 个质子，因而可生成 3 个 ATP 分子；而一个 $FADH_2$ 分子经过电子传递链后，只积累 4 个质子，因而只可以生成 2 个 ATP 分子。

许多实验都证实了这一学说的正确性。

(三)影响氧化磷酸化的因素

1. ADP/ATP 这一比值的调节作用

当机体耗能增加时,ATP 的利用增加,即 ATP 转化为 ADP 的速率增加,ADP/ATP 这一比值增大,刺激氧化磷酸化速率加快,NADH 减少而 NAD^+ 增多,促进三羧酸循环;反之,细胞内能量充足时,ATP 增加,ADP 减少,ADP/ATP 这一比值减少,氧化磷酸化速率减慢,NADH 消耗减少,三羧酸循环减慢。

2. 甲状腺激素的调节

甲状腺激素刺激 $Na^+ - K^+$ - ATP 酶(钠泵)合成加快,钠泵运转耗能致 ATP 分解为 ADP + Pi 增多,ADP/ATP 这一比值增大,从而刺激氧化磷酸化加快,ATP 合成增加。

3. 抑制剂的作用

(1)阻断剂:鱼藤酮、异戊巴比妥、粉蝶霉素 A,其作用是阻断电子由 NADH 向 CoQ 的传递;抗霉素 A 干扰电子在细胞色素还原酶中细胞色素 b 上的传递;氰化物(CN^-)、硫化氢(H_2S)、叠氮化物(N_3^-)、一氧化碳(CO)等,其作用是阻断电子在细胞色素氧化酶中传递,即阻断了电子由 $Cytaa_3$ 向分子氧的传递(见图 6-2)。

$$\text{代谢物} \rightarrow \text{NAD} \rightarrow \begin{matrix}\text{FMN}\\ (\text{Fe-S})\end{matrix} \rightarrow \text{CoQ} \rightarrow \text{Cytb} \rightarrow \text{Cytc}_1 \rightarrow \text{Cytc} \rightarrow \text{Cytaa}_3 \rightarrow \text{O}_2$$

↑ 异戊巴比妥（戊巴比妥）鱼藤酮

↑ 抗霉素 A

↑ CO　CN^-　N_3^-

图 6-2　抑制剂的抑制作用示意图

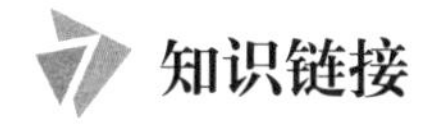

氰化物中毒

氰化物属于剧毒品,动物的致死剂量只有几毫克。人若食入过多含氰化物的植物或中药(如苦杏仁、银杏等),或在氰化氢污染的环境中长时间工作(如电镀、炼金、热处理等工种),均可发生中毒。临床表现为头痛、乏力、心悸,重者出现呼吸困难、心力衰竭甚至死亡。抢救氰化物中毒患者,可应用亚硝酸异戊酯或亚硝酸钠,使血红蛋白氧化成高铁血红蛋白,竞争细胞色素氧化酶结合的 CN^-,转变为氰化高铁血红蛋白,从而使细胞色素氧化酶活性恢复。但氰化高铁血红蛋白不稳定，会释放 CN^-，因此，再利用硫代硫酸钠与解离的 CN^- 反应，可生成毒性较小的硫氰酸盐而随尿液排出体外。

(2)解偶联剂：2,4-二硝基苯酚(DNP)可解除氧化和磷酸化的偶联过程，使电子传递照常进行而不生成 ATP。DNP 的作用机制是作为 H^+ 的载体将其运回线粒体内部，从而破坏跨膜质子梯度的形成。由电子传递产生的能量以热能形式被释放出。

三、能量的储存和利用

生物体内能量的生成、储存和利用总是围绕 ADP 磷酸化的吸能反应和 ATP 水解的放能反应进行的。

体内多数合成反应都以 ATP 作为直接能源，但有些合成反应以其他高能化合物为能源。例如，尿苷三磷酸(UTP)用于多糖的合成，胞苷三磷酸(CTP)用于磷脂的合成，鸟苷三磷酸(GTP)用于蛋白质的合成等。此外，ATP 可以在肌酸激酶(CPK)的作用下，将磷酸基团(~P)转移至肌酸生成磷酸肌酸(creatine phosphate，C~P)。作为机体能量的主要储存形式，生物体内能量的储存、转移和利用都以 ATP 为中心进行，如图 6-3 所示。

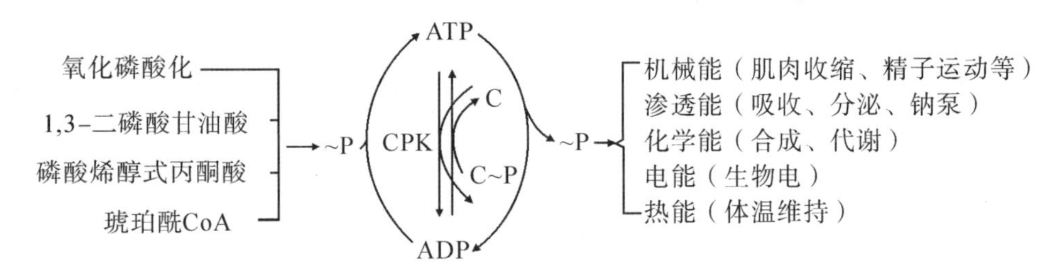

图 6-3　ATP 的生成和利用

四、线粒体外 NADH 的氧化

呼吸链存在于线粒体内膜上，线粒体外生成的 NADH 必须经过穿梭作用才能从基质进入线粒体，再通过呼吸链进行氧化磷酸化生成 ATP。这种穿梭转运机制主要有苹果酸-天冬氨酸穿梭和 α-磷酸甘油穿梭两种。

(一)苹果酸-天冬氨酸穿梭

这种穿梭机制主要存在于心肌、肝脏和肾脏。细胞质中 NADH 在苹果酸脱氢酶催化下脱氢，使草酰乙酸还原为苹果酸。苹果酸进入线粒体后，在苹果酸脱氢酶(辅酶为 NAD^+)的催化下脱氢氧化生成草酰乙酸和 $NADH + H^+$。草酰乙酸在谷草转氨酶催化下生成天冬氨酸,转运出线粒体后转变成草酰乙酸继续参与穿梭。NADH + H^+ 通过 NADH 氧化呼吸链产生 2.5 分子 ATP(见图 6 - 4)。

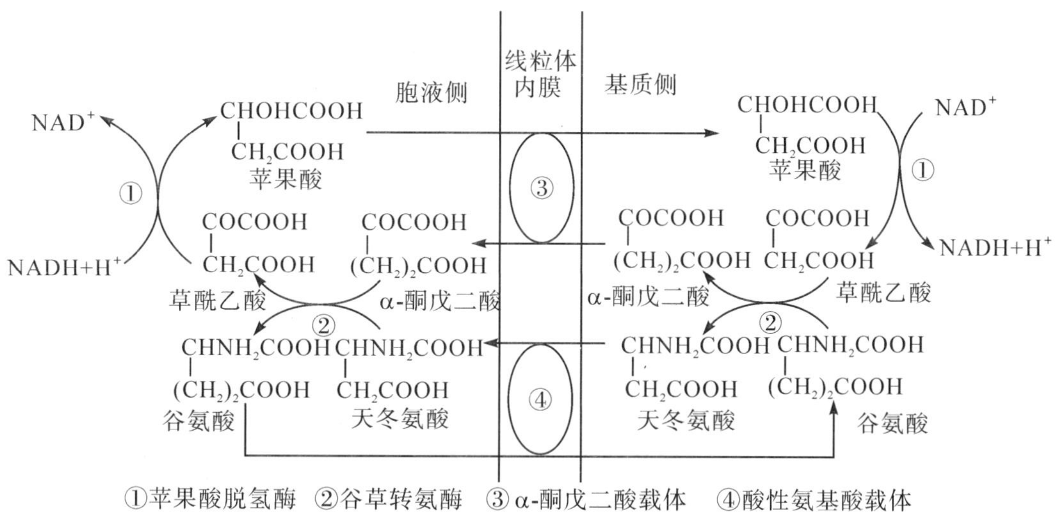

图 6 - 4　苹果酸 - 天冬氨酸穿梭

(二)α - 磷酸甘油穿梭

这种穿梭机制主要存在于脑和骨骼肌中。细胞液中的 NADH 在 α - 磷酸甘油脱氢酶的催化下脱氢,将磷酸二羟丙酮还原为 α - 磷酸甘油。α - 磷酸甘油进入线粒体后,在 α - 磷酸甘油脱氢酶(辅基为 FAD)的催化下脱氢,生成磷酸二羟丙酮和 $FADH_2$。磷酸二羟丙酮返回细胞质继续参与穿梭,$FADH_2$ 通过 $FADH_2$ 氧化呼吸链产生 1.5 分子 ATP(见图 6 - 5)。

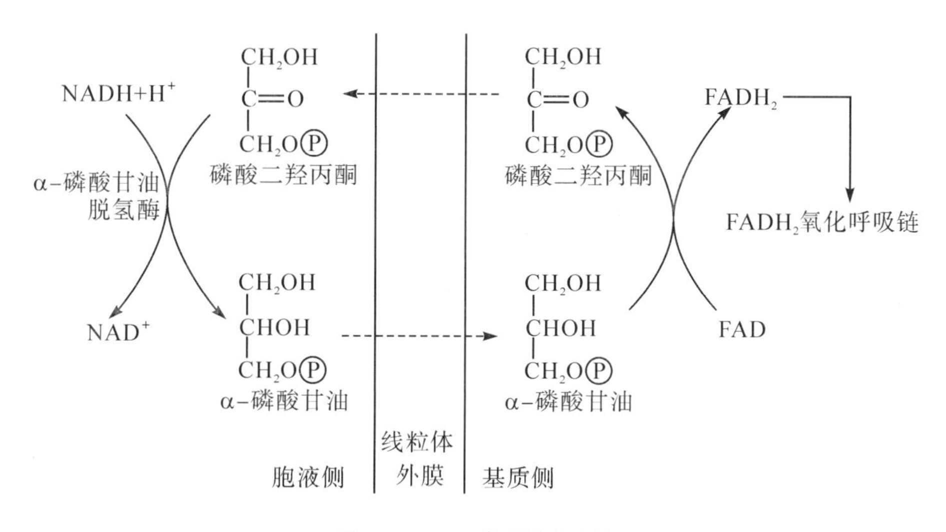

图 6 - 5　α - 磷酸甘油穿梭

第四节　其他氧化体系

一、微粒体氧化体系

微粒体氧化体系主要在肝脏、肾脏、肠黏膜、肺等组织中进行，其中以肝脏最为活跃。根据催化底物的不同，可分为2种类型。

(一)加单氧酶系

加单氧酶系是由NADPH－Cyt P_{450}、Cyt P_{450}和FAD等组成的一种复杂酶系。其功能是将电子从NADPH传递给O_2，使氧活化。在催化反应过程中，由于氧分子中的2个氧原子发挥2种不同的功能，所以加单氧酶又称为混合功能氧化酶；因其催化底物发生羟化反应，又称为羟化酶。

$$RH + NADPH + H^+ + O_2 \rightarrow ROH + NADP^+ + H_2O$$

加单氧酶参与类固醇激素的合成、肾上腺皮质类固醇的羟化、维生素D_3的羟化等。此外，还参与某些毒物(苯胺、苯并芘等)和药物(吗啡、氨基比林等)的解毒和生物转化过程。

(二)加双氧酶系

加双氧酶系又称转氨酶，可以催化2个氧原子直接加到底物分子中带有双键的2个碳原子上，使底物分子分解成2部分。

$$R + O_2 \rightarrow RO_2 \text{或} R_1{=}R_2 \rightarrow R_1O + R_2O$$

例如，β－胡萝卜素在加双氧酶的作用下，碳碳双键断裂形成2分子视黄醛。

二、过氧化物酶体中的氧化体系

(一)过氧化氢酶

过氧化氢酶(catalase)又称为触酶，其辅酶含有4个血红素，催化反应如下：

$$2H_2O_2 \rightarrow 2H_2O + O_2$$

在粒细胞和吞噬细胞中，H_2O_2可氧化杀死入侵的细菌；甲状腺细胞中产生的H_2O_2可使$2I^-$氧化成I_2，进而使酪氨酸碘化生成甲状腺激素。

（二）过氧化物酶

过氧化物酶（peroxidase）也以血红素为辅基，能催化 H_2O_2 直接氧化酚类或胺类化合物，反应如下：

$$R + H_2O_2 \rightarrow RO + H_2O \text{ 或 } RH_2 + H_2O_2 \rightarrow R + 2H_2O$$

临床上判断粪便中有无隐血时，可利用白细胞中含有过氧化物酶的活性，将联苯胺氧化成蓝色化合物。

三、超氧化物歧化酶

呼吸链电子传递过程中可产生超氧阴离子（O_2^-），体内其他物质氧化时也可产生 O_2^-。O_2^- 可进一步生成 H_2O_2 和羟自由基（·OH），统称为自由基。自由基的化学性质非常活泼，具有极强的氧化能力，对机体正常的组织细胞有一定的破坏性。

知识链接

超氧化物歧化酶（superoxide dismutase，SOD）是一种生命体内的活性物质，是一种新型酶制剂，能消除生物体在新陈代谢过程中产生的有害物质。对人体不断地补充 SOD，具有抗衰老的特殊效果。它在生物界的分布极广，几乎从动物到植物，甚至从人到单细胞生物，都有它的存在。SOD 被视为生命科技中最具神奇魔力的酶、人体内的垃圾清道夫。SOD 是氧自由基的自然天敌，是机体内氧自由基的头号杀手，是生命健康之本。全球一百余位科学家发表联合声明：自由基是百病之源，SOD 是健康之本。体内的 SOD 活性越高，人的寿命就越长。

思政园地

合作进取

物质代谢脱下的氢经过呼吸链电子传递最终与氧结合生成水，同时与 ADP 磷酸化成 ATP 偶联，产生能量供机体生命活动。呼吸链中酶与辅酶各司其职、共同协作，执行其功能。

当今社会，知识、技术不断发展，竞争日趋激烈，社会需求越来越多样化，人们在工作学习中所面临的情况和环境更加复杂。在很多情况下，单靠个人已很难处理各种错综复杂的问题及采取切实高效的行动。这些错综复杂的问题需要人们相互合作、共同进取，建立团队来解决，团队中需要相互协调，开发团队的应变能力和持续的创新能力，依靠合作解决问题。

本章小结

生物氧化是在生物体内，从代谢物上脱下的氢及电子，通过一系列酶促反应氧化合成水和二氧化碳，并释放能量的过程，也指物质在生物体内的一系列氧化过程。其主要为机体提供可利用的能量。

生物氧化中 CO_2 的生成是由糖类、脂类、蛋白质等大分子有机物转变成含羧基的有机酸进行脱羧反应所致。脱羧反应包括直接脱羧和氧化脱羧两类。

生物氧化过程中，代谢物分子上的氢原子被脱氢酶激活脱落后，经过一系列的传递体，最后与激活的氧结合生成水，此过程与细胞呼吸有关，所以将此传递链称为呼吸链。人体细胞线粒体内重要的呼吸链有两种：一种是 NADH 氧化呼吸链；另一种是琥珀酸氧化呼吸链。

生物氧化不仅消耗 O_2 产生 CO_2 和 H_2O，更重要的是有能量的释放。生物氧化过程中所释放的能量约 40% 以化学能形式储存于 ATP 及其他高能化合物中，其中 ATP 是体内各种代谢活动中主要供能的高能化合物。ATP 在物质的能量代谢过程中具有十分重要的作用。体内 ATP 的生成方式有两种，即底物水平磷酸化和氧化磷酸化。

底物水平磷酸化是指物质在脱氢或脱水过程中，产生高能代谢物并直接将高能代谢物中能量转移到 ADP（或 GDP）生成 ATP（或 GTP）的过程。氧化磷酸化在真核细胞的线粒体或细菌中，物质在体内氧化时释放的能量供给 ADP 与无机磷合成 ATP 的偶联反应。

线粒体外的氧化系统包括：微粒体氧化体系、过氧化物酶体中的氧化体系等。

思考题

一、选择题

1. 如果质子不经过 F_1F_0 – ATP 合成酶回到线粒体基质，则会发生（　　）

A. 氧化　　B. 还原

C. 解偶联　　D. 紧密偶联

E. 呼吸链电子传递抑制

2. 离体的完整线粒体中，在有可氧化的底物存时下，可提高电子传递和氧气摄入量的物质是（　　）

A. 更多的 TCA 循环的酶　　B. ADP

C. $FADH_2$　　D. NADH

E. ATP

3. 下列反应中伴随着底物水平磷酸化反应的步骤是(　　)

A. 苹果酸→草酰乙酸　　B. 甘油酸-1,3-二磷酸→甘油酸-3-磷酸

C. 柠檬酸→α-酮戊二酸　　D. 琥珀酸→延胡索酸

E. 呼吸链电子传递抑制

4. 肌肉组织中肌肉收缩所需要的大部分能量的储存形式是(　　)

A. ADP　　B. 磷酸烯醇式丙酮酸

C. ATP　　D. 磷酸肌酸

E. GTP

5. 呼吸链中的电子传递体中,不是蛋白质而是脂质的组分为(　　)

A. NAD^+　　B. FMN

C. CoQ　　D. Fe-S

E. FAD

6. 在生物化学反应中,总能量变化(　　)

A. 受反应的能障影响　　B. 随辅因子而变

C. 与反应物的浓度成正比　　D. 与反应途径无关

E. 在反应平衡时最明显

7. 2,4-二硝基苯酚能抑制细胞的功能,可能是破坏(　　)作用引起的。

A. 糖酵解　　B. 肝糖异生

C. 氧化磷酸化　　D. 柠檬酸循环

E. 糖的有氧氧化

8. 活细胞不能利用来维持代谢的能源是(　　)

A. ATP　　B. 糖

C. 脂肪　　D. 周围的热能

E. 蛋白质

9. 下列关于化学渗透学说的叙述,错误的是(　　)

A. 呼吸链各组分按特定的位置排列在线粒体内膜上

B. 各递氢体和递电子体都有质子泵的作用

C. H^+返回膜内时可以推动 ATP 酶合成 ATP

D. 线粒体内膜外侧 H^+ 不能自由返回膜内

E. 用来解释氧化磷酸化作用机理

10. 呼吸链的各细胞色素在电子传递中的排列顺序是(　　)

A. $c_1 \rightarrow b \rightarrow c \rightarrow aa_3 \rightarrow O_2$

B. $c \rightarrow c_1 \rightarrow b \rightarrow aa_3 \rightarrow O_2$

C. $c_1 \rightarrow c \rightarrow b \rightarrow aa_3 \rightarrow O_2$

D. $b \rightarrow c_1 \rightarrow c \rightarrow aa_3 \rightarrow O_2$

E. $b \rightarrow c \rightarrow c_1 \rightarrow aa_3 \rightarrow O_2$

二、名词解释

1. 生物氧化

2. 呼吸链

3. 磷氧比

三、简答题

1. 体内重要的呼吸链分别由哪些部分组成?

2. 影响氧化磷酸化的因素有哪些?

在线测试题

选择题

判断题

第七章　糖代谢

本章导读

糖是一类化学本质为多羟醛或多羟酮及其衍生物的有机化合物。在人体内糖的主要形式是葡萄糖及糖原。葡萄糖是糖在血液中的运输形式，在机体糖代谢中占据主要地位；糖原是葡萄糖的多聚体，包括肝糖原、肌糖原和肾糖原等，是糖在机体内的储存形式。葡萄糖与糖原都能在体内氧化提供能量。食物中的糖是机体中糖的主要来源，被人体摄入，经消化成单糖吸收后，经血液运输到各组织细胞进行合成代谢和分解代谢。机体内糖的代谢途径主要有葡萄糖的无氧酵解、有氧氧化、磷酸戊糖途径、糖原合成与糖原分解、糖异生及其他已糖代谢等。

目标透视

1. 了解糖的储存与利用，非糖物质的转化过程及意义。
2. 熟悉血糖的来源与去路、血糖恒定的意义及调节。
3. 掌握糖的各条代谢途径的基本过程、关键酶及其生理意义。
4. 能够阐明糖代谢紊乱及糖尿病出现持续性高血糖和糖尿的原因。
5. 认识生命中糖分解代谢的重要性，逐步建立物质代谢是联系整体统一的观念、

第一节　概　述

一、糖类的存在与来源

糖是自然界中存在数量最多、分布最广且具有重要生物功能的有机化合物。从细菌

到高等动物的机体都含有糖类化合物,以植物体中含量最为丰富,占干重的85% ~90%,植物依靠光合作用,将大气中的二氧化碳转化为糖。其他生物则以糖类,如葡萄糖、淀粉等为营养物质,从食物中吸收,转变成体内的糖,通过代谢向机体提供能量;同时,糖分子中的碳骨架以直接或间接的方式转化为构成生物体的蛋白质、核酸、脂类等各种有机物分子。所以,糖作为能源物质和细胞结构物质,以及在参与细胞的某些特殊的生理功能方面都是不可缺少的生物组成部分。

二、糖类的概念与分类

糖类化合物的定义为多羟醛或多羟酮及其缩聚物和某些衍生物的总称。含有醛基的糖称为醛糖,含有酮基的糖称为酮糖。

糖类化合物按其组成分为三类:单糖、低聚糖和多糖。

三、糖的生理功能

糖在生命活动中的主要作用是提供能源和碳源。

(一)氧化分解,供应能量

人体所需能量的 50% ~70% 来自糖的氧化分解。1 mol 葡萄糖彻底氧化可释放2 840 kJ的能量。

(二)储存能量,维持血糖

糖在体内以糖原的形式进行储存,这是机体储存能源的重要方式。当机体需要能量供应时,其中的肝糖原可以很快分解并释放入血,直接维持血糖浓度的相对恒定。

(三)提供原料,合成其他物质

糖代谢的中间产物有脂肪酸、氨基酸和核苷等;糖是人体重要的碳源。

(四)参与构造组织细胞

例如,糖脂是构成神经组织和生物膜的成分;氨基多糖及其与蛋白质的结合物是结缔组织的基本成分;核糖及脱氧核糖是 RNA 及 DNA 的结构成分;糖蛋白是细胞膜成分。

(五)参与构成生物活性物质

糖能参与构成体内一些具有生理功能的物质,如免疫球蛋白、血型相关物质、部分激素及绝大部分凝血因子等。

四、糖代谢概况

(一)糖的消化和吸收

食物中的糖主要是淀粉,另外包括一些双糖及单糖。多糖及双糖都必须经酶催化水解成单糖后才能被吸收。

食物中的淀粉经唾液中的 α - 淀粉酶作用,催化淀粉中 α - 1,4 - 糖苷键的水解,产物是葡萄糖、麦芽糖、麦芽寡糖及糊精。由于食物在口腔中停留时间短,淀粉的主要消化部位在小肠。小肠黏膜上还有蔗糖酶和乳糖酶,前者将蔗糖分解成葡萄糖和果糖,后者将乳糖分解成葡萄糖和半乳糖,有些成人由于乳糖酶缺乏,在食用牛奶后发生乳糖消化吸收障碍而引起腹胀、腹泻等症状。糖被消化成单糖后的主要吸收部位是小肠上段,己糖(尤其是葡萄糖)被小肠上皮细胞摄取是一个依赖 Na^+ 耗能的主动摄取过程,有特定的载体参与。

(二)糖代谢概述

糖代谢(见图7 - 1)包括合成代谢和分解代谢。糖的合成代谢包括糖原合成、糖异生和结构多糖的合成。糖的分解代谢主要包括无氧氧化(糖酵解)、有氧氧化、磷酸戊糖途径及糖原分解等。糖的分解代谢主要用以完成能量供应任务,而糖的合成代谢主要用以协调糖的储存、利用及完成糖的构造作用。

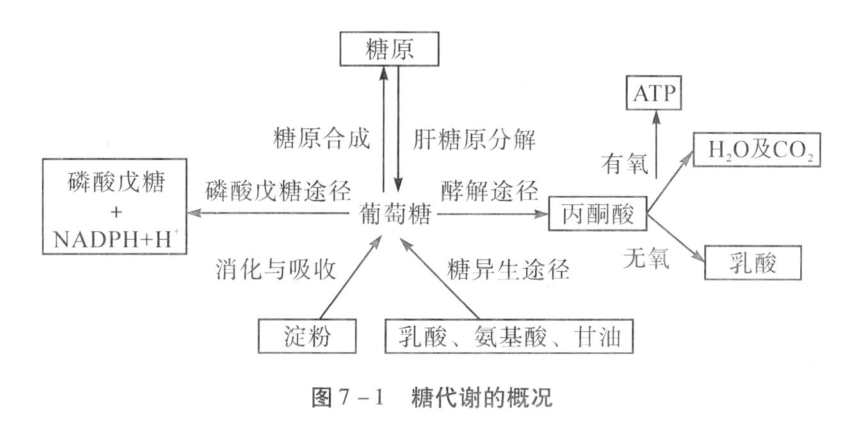

图 7 - 1　糖代谢的概况

第二节　糖的分解代谢

葡萄糖在体内的分解代谢主要有 3 条途径:糖的无氧氧化(也称糖酵解)、糖的有氧氧化,以及磷酸戊糖途径。

一、糖的无氧分解

(一)糖酵解反应过程(见图7－2)

参与糖酵解反应的一系列酶存在于细胞质中,因此,糖酵解的全部反应过程均在细胞质中进行。根据反应特点,可将整个过程分为4个阶段。

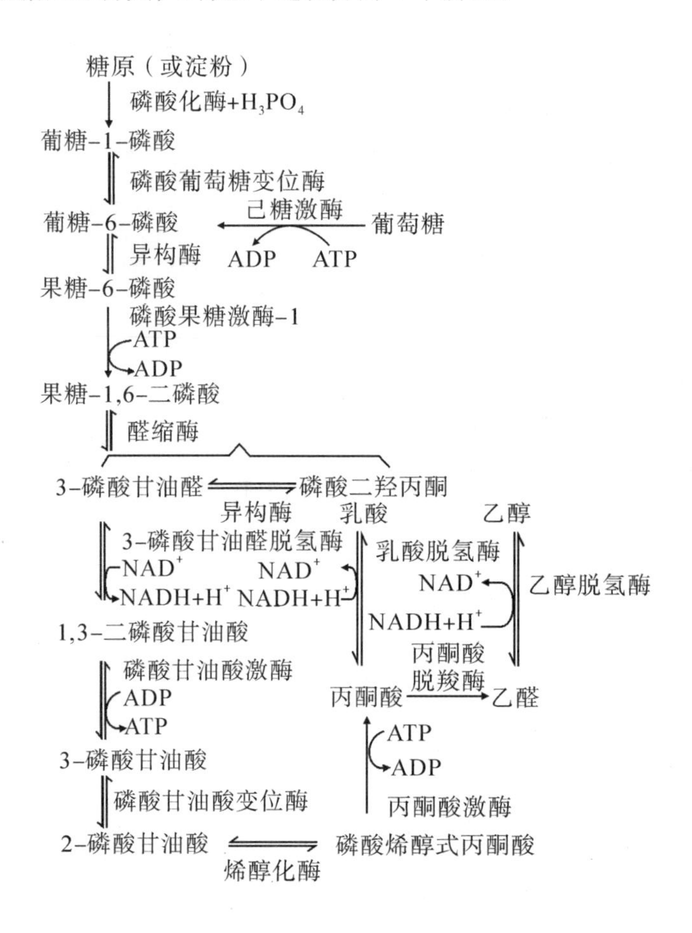

图7－2　糖酵解

1. 第一阶段:己糖磷酸化

(1)葡萄糖或糖原磷酸化为葡糖－6－磷酸(G－6－P)。

催化葡萄糖生成G－6－P的是己糖激酶,ATP提供磷酸基团,Mg^{2+}作为激活剂。这个反应是一个不可逆的反应。己糖激酶是糖酵解过程的关键酶之一。

(2)葡糖－6－磷酸(G－6－P)生成果糖－6－磷酸(F－6－P)。

此反应在磷酸己糖异构酶催化下进行,是一个醛－酮异构变化。

(3)果糖-6-磷酸(F-6-P)生成果糖-1,6-二磷酸(F-1,6-DP)。

催化此反应的酶是磷酸果糖激酶,这是糖酵解途径的第二次磷酸化反应,需要ATP与Mg^{2+}参与,反应不可逆。磷酸果糖激酶-1是糖酵解过程的主要限速酶,是糖酵解过程中的主要调节点。

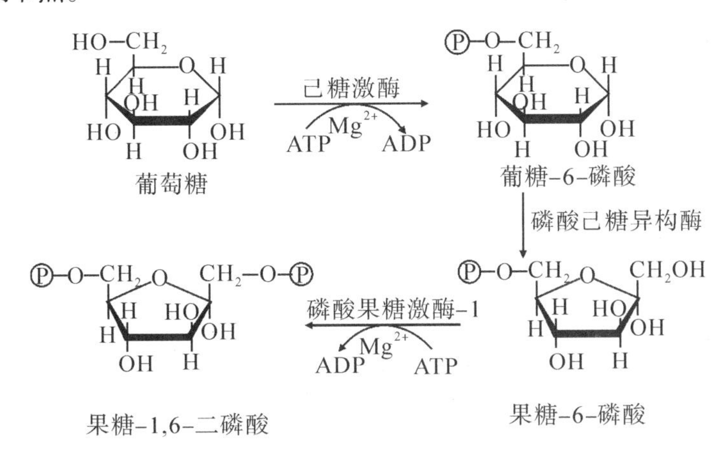

2. 第二阶段:1分子磷酸己糖裂解为2分子磷酸丙糖

果糖-1,6-二磷酸裂解为2分子磷酸丙糖,此反应由醛缩酶催化,反应可逆。3-磷酸甘油醛和磷酸二羟丙酮,两者互为异构体,在磷酸丙糖异构酶催化下可相互转变,当3-磷酸甘油醛在继续进行反应时,磷酸二羟丙酮可不断转变为3-磷酸甘油醛,这样1分子果糖-1,6-二磷酸生成2分子3-磷酸甘油醛。

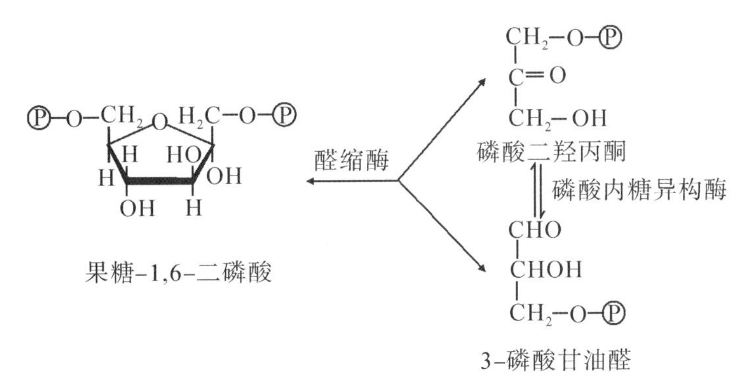

3. 第三阶段:2分子磷酸丙糖氧化为2分子丙酮酸

(1)3-磷酸甘油醛脱氢氧化成为1,3-二磷酸甘油酸。

此反应由3-磷酸甘油醛脱氢酶催化脱氢、加磷酸,其辅酶为NAD^+,反应脱下的氢交给NAD^+成为$NADH+H^+$;反应时释放的能量储存在所生成的1,3-二磷酸甘油酸1位的羧酸与磷酸构成的混合酸酐内,此高能磷酸基团可将能量转移至ADP形成ATP。

(2)1,3-二磷酸甘油酸转变为3-磷酸甘油酸。

此反应由磷酸甘油酸激酶催化，产生 1 分子 ATP，这是无氧酵解过程中第一次生成 ATP。由于是 1 分子葡萄糖产生 2 分子 1,3－二磷酸甘油酸，所以，在这一过程中，1 分子葡萄糖可产生 2 分子 ATP。ATP 的产生方式是底物水平磷酸化，能量是由底物中的高能磷酸基团直接转移至 ADP 形成 ATP。

(3)3－磷酸甘油酸转变成 2－磷酸甘油酸。

此反应由磷酸甘油酸变位酶催化，磷酸基团由 3 位转至 2 位。

(4)2－磷酸甘油酸脱水生成磷酸烯醇式丙酮酸(phosphoenolpyruvate，PEP)。

此脱水反应由烯醇化酶所催化，Mg^{2+} 作为激活剂。反应过程中，分子内部能量重新分配，形成含有高能磷酸基团的磷酸烯醇式丙酮酸。

(5)磷酸烯醇式丙酮酸转变为丙酮酸。

此反应由丙酮酸激酶催化，Mg^{2+} 作为激活剂，产生 1 分子 ATP，在生理条件下，此反应不可逆，并且丙酮酸激酶也是无氧酵解过程中的关键酶及调节点。这是无氧酵解过程第二次生成 ATP，产生方式也是底物水平磷酸化。由于 1 分子葡萄糖产生 2 分子丙酮酸，所以，在这一过程中，1 分子葡萄糖可产生 2 分子 ATP。

CHO－CHOH－CH_2－O－Ⓟ
3-磷酸甘油醛
⇌ 3-磷酸甘油醛脱氢酶（Pi，NAD^+ → $NADH+H^+$）
O═C－O~Ⓟ／CHOH／CH_2－O－Ⓟ
1,3-二磷酸甘油酸
⇌ 磷酸甘油酸激酶（ADP → ATP）
COOH－CHOH－CH_2－O－P
3-磷酸甘油酸
⇌ 磷酸甘油酸变位酶
COOH／H－C－O－Ⓟ／CH_2－OH
2-磷酸甘油酸
⇌ 烯醇化酶（H_2O）
COOH／C－O~Ⓟ／‖CH_2
磷酸烯醇式丙酮酸
← 丙酮酸激酶（Mg^{2+}，K^+，ADP → ATP）
COOH／C═O／CH_3
丙酮酸

4．第四阶段：2 分子丙酮酸还原为 2 分子乳酸

在无氧条件下，丙酮酸被还原为乳酸。此反应由乳酸脱氢酶催化，还原反应所需的 $NADH+H^+$ 是 3－磷酸甘油醛脱氢时产生的，其作为供氢体脱氢后成为 NAD^+，再作为 3－磷酸甘油醛脱氢酶的辅酶。因此，NAD^+ 来回穿梭，起着递氢作用，使无氧酵解过程持续进行。在有氧的条件下，3－磷酸甘油醛脱氢产生的 $NADH+H^+$ 从细胞质中通过穿梭系统进入线粒体，经电子传递链传递生成水，同时释放出能量。

$$\begin{array}{c} CH_3 \\ | \\ C=O \\ | \\ COOH \end{array} \xrightleftharpoons[NADH+H^+ \quad NAD^+]{\text{乳酸脱氢酶}} \begin{array}{c} CH_3 \\ | \\ H-C-OH \\ | \\ COOH \end{array}$$

丙酮酸　　　　　　　　　　　　乳酸

（二）糖酵解的特点和生理意义

1. 糖酵解的特点

全部反应过程无氧参与，在细胞液中进行，终产物是乳酸；每一分子葡萄糖经糖酵解生成丙酮酸，共生成 4 分子 ATP，扣除反应过程中消耗的 2 分子 ATP，净生成 2 分子 ATP；另外，生成的 2 分子 NADH，在有氧条件下还可生成更多的 ATP；糖原进行无氧氧化时，因少消耗 1 分子的 ATP，故可以生成 3 分子 ATP；反应过程中含有 3 步不可逆反应，涉及 3 个限速酶，即己糖激酶、磷酸果糖激酶和丙酮酸激酶。

2. 糖酵解的生理意义

糖酵解对于人类已不是主要的供能途径，但是对某些组织及在一些特殊的情况下，糖酵解仍具有重要的生理意义。

（1）糖酵解是机体在缺氧状态下供应能量的重要方式。氧供应不足时，如登高、百米短跑等剧烈运动时，机体处于相对缺氧状态，需靠葡萄糖无氧分解迅速补充 ATP 的不足。

（2）某些组织细胞，如皮肤、睾丸、视网膜、肾髓质和白细胞等在氧供应不足时由葡萄糖无氧分解提供部分能量。

（3）糖酵解是红细胞供能的主要方式。成熟的红细胞没有线粒体不能进行有氧氧化，其能量主要来自糖酵解。人体红细胞每天利用葡萄糖约 25 g，其 90% ~95% 通过糖酵解进行代谢。

（4）为体内其他物质的合成提供原料。例如，磷酸二羟丙酮可转变为磷酸甘油，用于脂肪的合成；丙酮酸可经氨基化转变为丙氨酸，进而参与蛋白质的合成。

临床上呼吸衰竭、循环衰竭、急性大失血等情况下，由于机体不能得到充分的氧气供应，糖酵解增强，可引起血液乳酸浓度升高，患者可出现乳酸性酸中毒症状。

（三）糖酵解的调节

1. 激素的调节作用

胰岛素可诱导关键酶合成，提高酶活性。

2. 代谢物对限速酶的变构调节

（1）磷酸果糖激酶 -1：F-1,6-DP、ADP、AMP 等是其变构激活剂；柠檬酸、ATP、长链脂肪酸等为其变构抑制剂。

(2)丙酮酸激酶:受 ATP 抑制和果糖 -1,6 - 二磷酸的激活;也可磷酸化后失活。

(3)己糖激酶或葡萄糖激酶(肝):己糖激酶受葡糖 -6 - 磷酸的反馈抑制,而葡萄糖激酶不受其抑制。

二、糖的有氧氧化

机体在氧供充足的情况下将葡萄糖或糖原彻底氧化分解成 CO_2 和 H_2O 并产生大量能量的过程,称为糖的有氧氧化。糖的有氧氧化先在细胞液中进行,再进入线粒体中进行。

(一)有氧氧化的反应过程

糖的有氧氧化反应过程分为三个阶段:第一个阶段是糖酵解途径,在细胞液中进行;第二个阶段是丙酮酸进入线粒体,然后氧化脱羧生成乙酰辅酶 A;第三个阶段是乙酰辅酶 A 进入三羧酸循环被彻底氧化分解。

1. 葡萄糖生成 2 分子丙酮酸

细胞质中由葡萄糖或糖原经过一系列反应生成的丙酮酸,经线粒体内膜上丙酮酸转运蛋白转运进入线粒体。

2. 丙酮酸氧化脱羧生成乙酰 CoA

丙酮酸在丙酮酸脱氢酶复合体的催化下进行氧化脱羧反应,此反应不可逆。总反应式为:

$$丙酮酸 + NAD^+ + HSCoA \rightarrow 乙酰 CoA + NADH + H^+ + CO_2$$

丙酮酸脱氢酶系是一个多酶复合体,是有氧氧化的关键酶之一,它由 3 个酶和 5 个辅酶组成(见表 7 -1)。如果组成这些辅酶的相应维生素缺乏,将会影响丙酮酸氧化脱羧,进而影响糖类的分解代谢,造成体内能量供应障碍;丙酮酸及乳酸在神经末梢堆积,则可能出现多发性周围神经炎,严重时可影响神经系统和心脏功能而导致脚气病。在临床上,针对高热甲亢及大量输入葡萄糖的患者,应注意适当补充有关维生素,促进糖的氧化分解。

表 7 -1　丙酮酸脱氢酶系的组成

酶	辅酶	所含维生素
丙酮酸脱氢酶	TPP	维生素 B_1
二氢硫辛酰胺转乙酰酶	二氢硫辛酸、辅酶 A	硫辛酸、泛酸
二氢硫辛酰胺脱氢酶	FAD、NAD^+	维生素 B_2、维生素 PP

3. 乙酰辅酶 A 进入三羧酸循环彻底氧化

三羧酸循环,也称为柠檬酸循环,简称 TCA 循环(见图 7 -3)。其详细过程如下。

(1)乙酰 CoA 进入三羧酸循环。乙酰 CoA 具有硫酯键,乙酰基有足够能量与草酰乙酸的羧基进行醛醇型缩合。该反应由柠檬酸合酶催化,是很强的放能反应。由草酰乙酸和乙酰 CoA 合成柠檬酸是三羧酸循环的重要调节点,柠檬酸合酶是一个变构酶,ATP 是柠檬酸合酶的变构抑制剂。此外,α - 酮戊二酸、NADH 能变构抑制其活性,长链脂酰 CoA也可抑制它的活性,AMP 可对抗 ATP 的抑制而起激活作用。

(2)异柠檬酸形成。柠檬酸的叔醇基不易氧化,转变成异柠檬酸而使叔醇变成仲醇,便易于氧化,此反应由顺乌头酸酶催化,为一可逆反应。

(3)第一次氧化脱羧。在异柠檬酸脱氢酶作用下,异柠檬酸的仲醇氧化成羰基,生成草酰琥珀酸的中间产物,后者在同一酶作用下快速脱羧生成 α - 酮戊二酸、NADH 和 CO_2,此反应为 β - 氧化脱羧,该酶需要镁离子作为激活剂。此反应是不可逆的,是三羧酸循环中的限速步骤,ADP 是异柠檬酸脱氢酶的激活剂,而 ATP、NADH 是该酶的抑制剂。

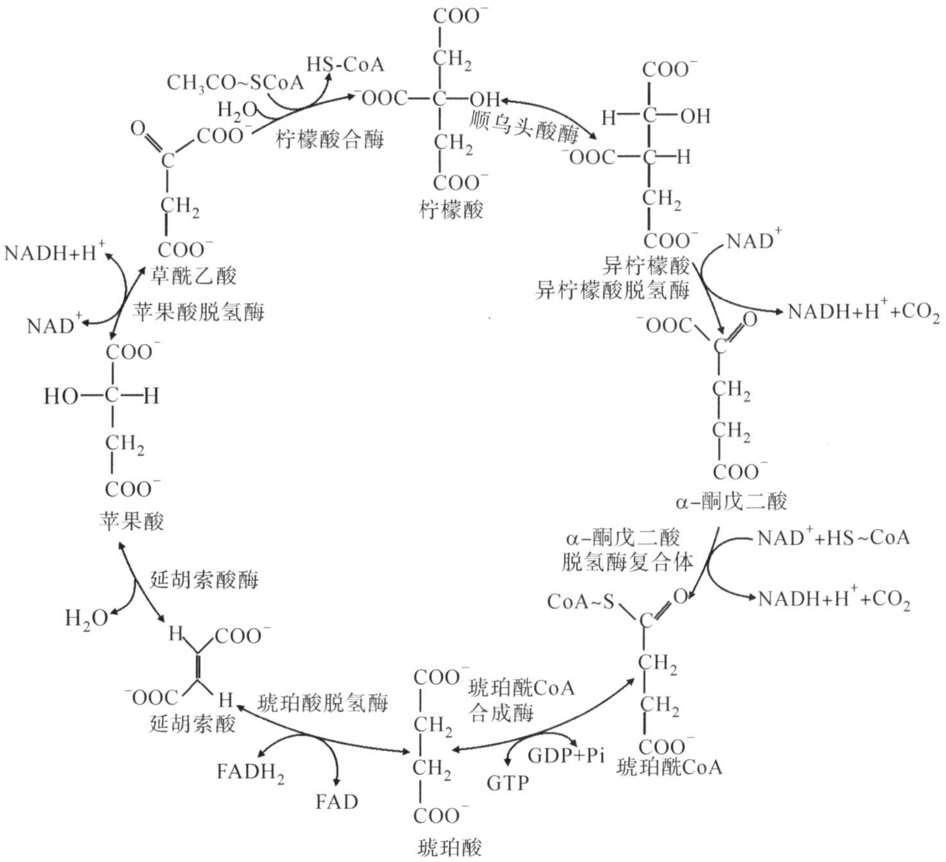

图 7 -3 三羧酸循环

（4）第二次氧化脱羧。在α－酮戊二酸脱氢酶系作用下，α－酮戊二酸氧化脱羧生成琥珀酰 CoA、NADH 和 CO_2，反应过程完全类似于丙酮酸脱氢酶系催化的氧化脱羧，属于α－氧化脱羧，氧化产生的能量中一部分储存于琥珀酰 CoA 的高能硫酯键中。α－酮戊二酸脱氢酶系由 3 个酶（α－酮戊二酸脱羧酶、硫辛酸琥珀酰基转移酶、二氢硫辛酸脱氢酶）和 5 个辅酶（TPP、硫辛酸、CoA、NAD^+、FAD）组成。此反应也是不可逆的。α－酮戊二酸脱氢酶复合体受 ATP、GTP、NADH 和琥珀酰 CoA 抑制，但其不受磷酸化或去磷酸化的调控。

（5）底物磷酸化生成 ATP。在琥珀酸硫激酶的作用下，琥珀酰 CoA 的硫酯键水解，释放的自由能用于合成 GTP，在细菌和高等生物可直接生成 ATP，在哺乳动物中，先生成 GTP，再生成 ATP，此时，琥珀酰 CoA 生成琥珀酸和辅酶 A。

（6）琥珀酸脱氢。琥珀酸脱氢酶催化琥珀酸氧化脱氢成为延胡索酸，脱下的氢被琥珀酸脱氢酶的辅基 FAD 接受，生成 $FADH_2$。

（7）延胡索酸的水化。延胡索酸在延胡索酸酶的催化下加水生成苹果酸。

（8）草酰乙酸再生。在苹果酸脱氢酶作用下，苹果酸脱氢氧化生成草酰乙酸，NAD^+ 是脱氢酶的辅酶，接受氢成为 $NADH + H^+$。

三羧酸循环总反应式：

乙酰 CoA $+ 3\ NAD^+ + FAD + GDP + Pi + 2H_2O \rightarrow 3(NADH + H^+) + FADH_2 + GTP + HS-CoA + 2\ CO_2$

三羧酸循环在细胞的线粒体中进行，从乙酰 CoA 与草酰乙酸缩合开始。经过 1 次底物水平磷酸化（产生 1 分子 GTP）、2 次脱羧（产生 2 分子 CO_2）、3 个不可逆反应、4 次脱氢（其中 3 次以 NAD^+ 为氢受体，1 次以 FAD 为氢受体）等一连串反应，是生物体物质代谢和能量代谢中很重要的一条途径。三羧酸循环是糖有氧分解释放能量生成 ATP 的主要环节，每循环一周产生 10 分子的 ATP。由于柠檬酸合成酶、异柠檬酸脱氢酶、α－酮戊二酸脱氢酶系所催化的 3 步反应均为单向不可逆反应，所以，三羧酸循环反应方向不能逆转。

（二）糖的有氧氧化的生理意义

（1）糖的有氧氧化的基本生理功能是氧化功能。1 分子葡萄糖经无氧酵解净生成 2 个分子 ATP，而有氧氧化可净生成 30 或 32 分子 ATP（见表 7－2）。糖的有氧氧化不但释能效率高，而且逐步释放能量并储存于 ATP 分子中。因此，能量的利用率也很高。

表 7－2　1 mol 葡萄糖有氧氧化所产生的 ATP 的物质的量

反应		辅酶	生成 ATP 数
第一阶段	葡萄糖→葡糖－6－磷酸		－1
	葡糖－6－磷酸→果糖－1,6－二磷酸		－1
	2×3－磷酸甘油醛→2×1,3－二磷酸甘油酸	NAD^+	2×2.5 或 2×1.5
	2×1,3－二磷酸甘油酸→2×3－二磷酸甘油酸		2×1
	2×磷酸烯醇式丙酮酸→2×丙酮酸		2×1
第二阶段	2×丙酮酸→2×乙酰 CoA	NAD^+	2×2.5
第三阶段	2×异柠檬酸→2×α－酮戊二酸	NAD^+	2×2.5
	2×α－酮戊二酸→2×琥珀酰 CoA	NAD^+	2×2.5
	2×琥珀酰 CoA→2×琥珀酸		2×1
	2×琥珀酸→2×延胡索酸	FAD	2×1.5
	2×苹果酸→2×草酰乙酸	NAD^+	2×2.5
净生成	30(或 32)		

(2)三羧酸循环是糖、脂和蛋白质三大类物质代谢与转化的枢纽。一方面，此循环的中间产物(如草酰乙酸、α－酮戊二酸、丙酮酸、乙酰 CoA 等)是合成糖、氨基酸、脂肪等的原料。另一方面，该循环是糖、蛋白质和脂肪彻底氧化分解的共同途径，蛋白质的水解产物(如谷氨酸、天冬氨酸、丙氨酸等脱氨后或转氨后的碳架)要通过三羧酸循环才能被彻底氧化；脂肪酸分解后的产物脂肪酸经 β 氧化后生成乙酰 CoA 及甘油，其也要经过三羧酸循环才可被彻底氧化。因此，三羧酸循环是联系三大物质代谢的枢纽。

(三)有氧氧化的调节

丙酮酸脱氢酶系及三羧酸循环中的柠檬酸合酶、异柠檬酸脱氢酶和 α－酮戊二酸脱氢酶系是 4 个重要的关键酶。

1. 丙酮酸脱氢酶系的调节

乙酰辅酶 A、NADH 对该酶系具有反馈抑制作用。ATP 对该酶系有抑制作用，AMP 则为其激活剂。

2. 三羧酸循环的调节

三羧酸循环速率受多种因素调控。其中异柠檬酸脱氢酶和 α－酮戊二酸脱氢酶系是 2 个重要的调节点。二者在 $NADH/NAD^+$、ATP/ADP(或 AMP)比值高时被反馈抑制，使三羧酸循环速度减慢。ADP 是异柠檬酸脱氢酶的变构激活剂，可加速三羧酸循环的进行。

三、磷酸戊糖途径

(一)磷酸戊糖途径的反应过程

在体内某些代谢比较活跃的组织中,糖在分解代谢的过程中还能产生磷酸戊糖和NADPH,称为磷酸戊糖途径,是糖分解代谢的另一条重要途径。

1. 氧化阶段(包括3步反应)

(1)葡糖-6-磷酸脱氢酶催化葡糖-6-磷酸脱氢生成6-磷酸酸葡萄糖酸-δ-内酯,反应以$NADP^+$为辅酶,生成NADPH。

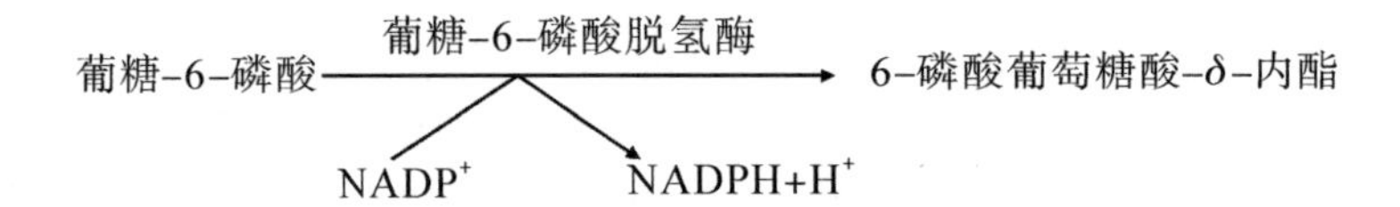

葡糖-6-磷酸脱氢酶是磷酸戊糖途径的限速酶,催化不可逆反应。控制该途径反应速率最重要的调节因子是$NADP^+$/NDPH的比值,$NADP^+$激活该脱氢酶,而NADPH抑制该酶活性。因此,$NADP^+$/NADPH的比值直接影响到葡糖-6-磷酸脱氢酶的活性及整个反应途径的活性。

(2)6-磷酸葡萄酸-δ-内酯被6-磷酸葡萄糖酸-δ-内酯酶水解生成葡萄糖酸-6-磷酸。

(3)在葡萄糖酸-6-磷酸脱氢酶催化下,葡萄糖酸-6-磷酸脱氢脱羧产生核酮糖-5-磷酸,反应仍以$NADP^+$为辅酶,生成NADPH。

2. 基团转移反应阶段

(1)磷酸戊糖异构酶催化核酮糖-5-磷酸同分异构化,形成核糖-5-磷酸;磷酸戊糖差向异构酶催化核酮糖-5-磷酸转化形成木酮糖-5-磷酸。

(2)磷酸戊糖通过转酮基反应及转醛基反应生成果糖-6-磷酸和甘油醛-3-磷酸。

磷酸戊糖途径的非氧化阶段的全部反应均是可逆反应,这保证了细胞能以极大的灵活性满足自身对糖代谢中间产物及大量还原力的需求。磷酸戊糖途径的全部反应过程如图7-4所示。

磷酸戊糖途径总反应式是:

6×葡糖-6-磷酸$+2NADP^+ + 7H_2O \rightarrow 5\times$葡糖-6-磷酸$+6CO_2 + Pi + 12NADPH$

$+12H^+$

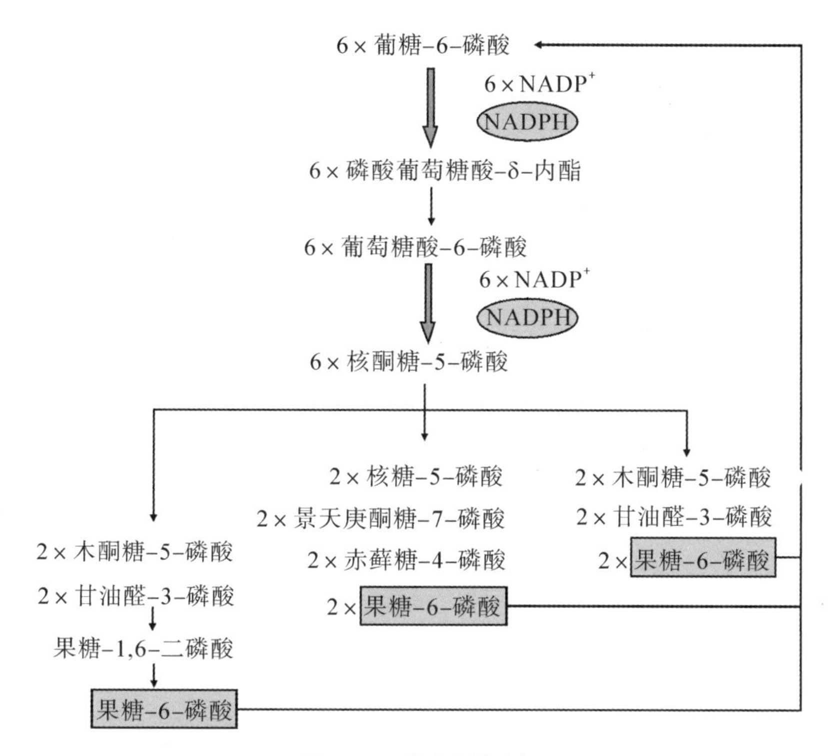

图 7－4　磷酸戊糖途径

（二）磷酸戊糖途径的生理意义

（1）产生大量的 NADPH，为细胞的各种合成反应提供还原剂（力），参与体内许多重要的还原性代谢反应，如参与脂肪酸和固醇类物质的合成。

（2）NADPH 作为谷胱甘肽还原酶的辅酶，对维持细胞中还原性谷胱甘肽（GSH）的正常含量有重要作用。如果先天性缺乏葡糖－6－磷酸脱氢酶，磷酸戊糖途径就不能正常进行，可能出现 NADPH 缺乏、GSH 含量减少、红细胞膜易发生破坏，进而出现溶血性贫血现象，出现溶血性黄疸等疾病。这种患者常在食用蚕豆后患病，故称为蚕豆病。另外，在服用某些药物（如阿司匹林、磺胺类药等）以后也容易发生溶血。

（3）该途径的中间产物为许多物质的合成提供原料，如核糖－5－磷酸和核苷酸。

（三）磷酸戊糖途径的调节

葡糖－6－磷酸脱氢酶催化的反应是此途径的限速反应。磷酸戊糖途径的代谢速度主要受细胞内 $NADPH+H^+$ 需求量的调节。

乳糖是一种双糖，其分子是由葡萄糖和半乳糖组成的，乳糖在人体中不能

直接吸收，需要在乳糖酶的作用下分解才能被吸收，缺少乳糖酶的人群在摄入乳糖后，未被消化的乳糖直接进入大肠，刺激大肠蠕动加快，造成腹鸣、腹泻等症状，称为乳糖不耐受症。食用酸奶、低乳糖奶可以减轻乳糖不耐受症表现。

在缺乏乳糖酶的情况下，人摄入的乳糖不能被消化吸收进血液，而是滞留在肠道。肠道细菌发酵分解乳糖的过程中会产生大量气体，出现腹胀和排气表现。过量的乳糖还会升高肠道内部的渗透压，阻止对水分的吸收而导致腹泻。当未分解吸收的乳糖进入结肠后，被肠道存在的细菌发酵成为小分子的有机酸，如醋酸、丙酸、丁酸等，并产生一些气体如 CH_4、H_2、CO_2 等，这些产物大部分可被结肠重吸收。新生儿小肠黏膜乳糖酶缺乏是乳糖不耐受症的主要病因，部分人群因长期不摄入奶及奶制品也会导致乳糖不耐受症。

第三节　糖原的合成与分解

糖原(glycogen)是体内糖的储存形式，主要以肝糖原、肌糖原形式存在。肝糖原的合成与分解主要是为了维持血糖浓度的相对恒定；肌糖原是肌肉糖酵解的主要来源。糖原是由许多葡萄糖通过糖苷键相连而成的带有分支的多糖(见图 7－5)，其存在于细胞质中。

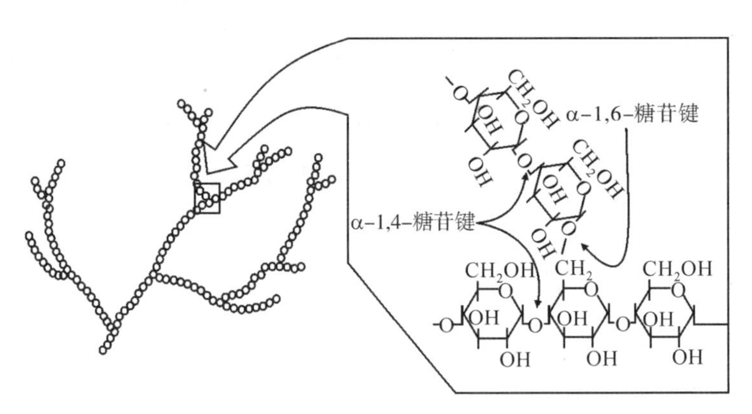

图 7－5　糖原结构

一、糖原的合成

由单糖(主要是葡萄糖)合成糖原的过程，称为糖原的合成。糖原合成是动物细胞贮存能量的一种有效方式，在细胞液中进行。反应可以分为两个阶段(见图 7－6)。

1. 第一阶段:糖链的延长

游离的葡萄糖不能直接合成糖原,它必须先磷酸化为6－磷酸葡萄糖,再转变为1－磷酸葡萄糖,后者与三磷酸尿苷(UTP)作用形成二磷酸尿苷葡萄糖(UDPG)及焦磷酸(PPi)。UDPG是糖原合成的底物、葡萄糖残基的供体,称为活性葡萄糖。UDPG在糖原合酶催化下将葡萄糖残基转移到糖原蛋白中糖原的直链分子非还原端残基上,以α－1,4－糖苷键相连延长糖链。

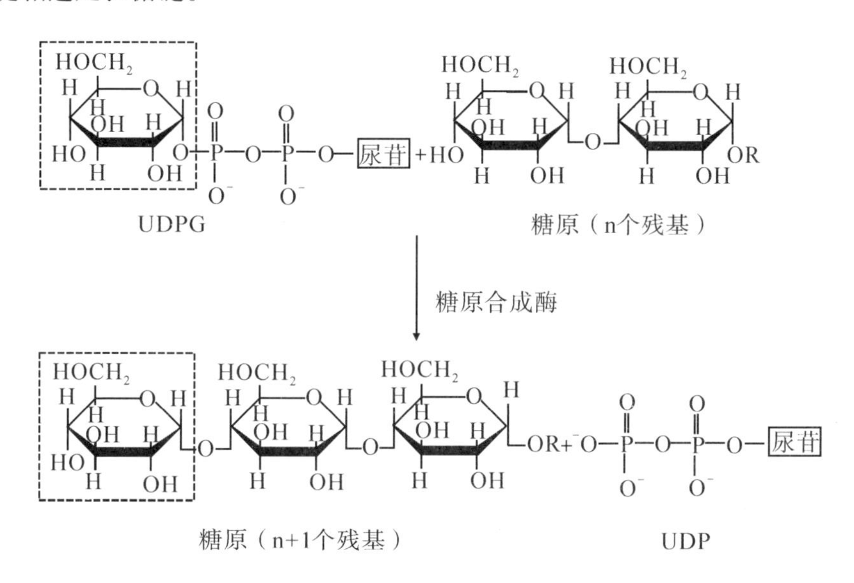

图7－6　糖原的合成

2. 第二阶段:糖链分支

糖原合酶只能延长糖链,不能形成分支。当直链部分不断加长到超过11个葡萄糖残基时,分支酶可将一段糖链(至少含有6个葡萄糖残基)转移到邻近糖链上,以α－1,6－糖苷键相连接,形成新的分支,分支以α－1,4－糖苷键继续延长糖链。

糖原合酶是糖原合成的限速酶,是糖原合成的调节点。糖原蛋白每增加一个葡萄糖残基需消耗2分子ATP(葡萄糖磷酸化及生成UDPG)。

二、糖原的分解

由肝糖原分解成葡萄糖的过程称为糖原的分解。

在限速酶糖原磷酸化酶的催化下,糖原从分支的非还原端开始,逐个分解以α－1,4－糖苷键连接的葡萄糖残基,形成G－1－P。G－1－P转变为G－6－P后,肝脏及肾脏中含有葡糖－6－磷酸酶,使G－6－P水解变成游离葡萄糖,释放到血液中,维持血糖浓度的相对恒定。由于肌肉组织中不含葡糖－6－磷酸酶,肌糖原分解后不能直接转变为血糖，产生的 G－6－P 在有氧的条件下被有氧氧化彻底分解，而在无氧的条件下，糖酵解生成乳酸，后者经血循环运到肝脏进行糖异生，再合成葡萄糖或糖原。

当糖原分子的分支被糖原磷酸化酶作用到距分支点只有 4 个葡萄糖残基时，糖原磷酸化酶不再发挥作用。此时，脱支酶发挥作用，脱支酶具有转寡糖基酶和 α－1，6－葡萄糖苷酶 2 个酶活性，转寡糖基酶将分支上残留的 3 个葡萄糖残基转移到另外分支的末端糖基上，并进行 α－1，4－糖苷键连接，而残留的最后一个葡萄糖残基则通过 α－1，6－葡萄糖苷酶水解，生成游离的葡萄糖。分支去除后，糖原磷酸化酶继续催化分解葡萄糖残基形成 G－1－P（见图 7－7）。

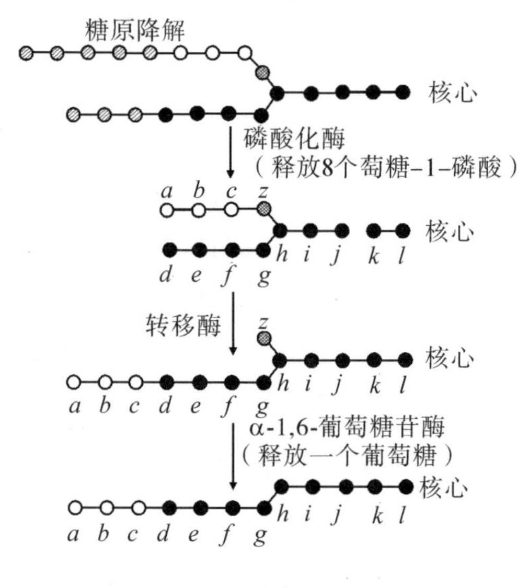

图 7－7 糖原的分解

三、糖原合成与分解的生理意义

糖原是葡萄糖的储存形式。当机体糖供应丰富及细胞中能量充足时，合成糖原，将能量进行储存。当糖的供应不足或能量需求增加时，储存的糖原即分解为葡萄糖，维持血糖浓度并提供能量。

四、糖原合成与糖原分解的调节

在肌肉中，糖原的合成与分解主要是为肌肉提供 ATP；在肝脏中，糖原合成、糖原分解主要是为了维持血糖浓度的相对恒定。它们的作用受到肾上腺素、胰高血糖素、胰岛素等激素的影响：肾上腺素主要作用于肌肉；胰高血糖素、胰岛素主要调节肝脏中糖原合成和分解的平衡。糖原合酶与糖原磷酸化酶分别是糖原合成和糖原分解的限速酶，糖原磷酸化酶和糖原合酶的活性不会同时被激活或同时抑制，它们可以通过变构调节和共价修饰调节 2 种方式进行酶活性的调节。

知识链接

糖原贮积病

糖原贮积病是一类由于先天性酶缺陷所造成的糖原代谢障碍疾病。糖原合成和分解代谢中所必需的各种酶至少有 8 种，由于这些酶缺陷所造成的临床疾病有 12 型，其中Ⅰ、Ⅲ、Ⅳ、Ⅵ、Ⅸ型以肝脏病变为主；Ⅱ、Ⅴ、Ⅶ型以肌肉组织受损为主。这类疾病有一个共同的生化特征，即糖原贮存异常，绝大多数是糖原在肝脏、肌肉、肾脏等组织中贮积量增加。仅少数病种的糖原贮积量正常，而糖原的分子结构异常。

糖原累积病一般为常染色体隐性遗传，磷酸化酶激酶缺乏型则是 X－性连锁遗传。糖原在机体的合成与分解是在一系列的酶的催化下进行的，当这些酶缺乏时，糖原难以正常分解与合成，累及肝脏、肾脏、心、肌肉甚至全身各器官，出现肝大、低血糖、肌无力、心力衰竭等。

第四节　糖异生作用

糖异生作用（gluconeogenesis）是指非糖物质（乳酸、甘油、生糖氨基酸等）转变为葡萄糖或糖原的过程。肝脏是糖异生的主要器官。肾脏在正常情况下的糖异生能力只有肝脏的 1/10，长期饥饿时，肾糖异生能力大大增强。

一、糖异生途径

糖异生途径基本上是糖酵解途径的逆反应。但在糖酵解途径中，由于己糖激酶、磷酸果糖激酶和丙酮酸激酶催化的三步反应不可逆，因此，要完成葡萄糖酵解途径的逆反应，必须使这三步反应能逆向进行。糖异生需要特有的关键酶来催化，所以糖异生不完全是糖酵解的逆过程。其具体反应过程如下。

1. 催化丙酮酸逆向转变为磷酸烯醇式丙酮酸(需两步反应完成)

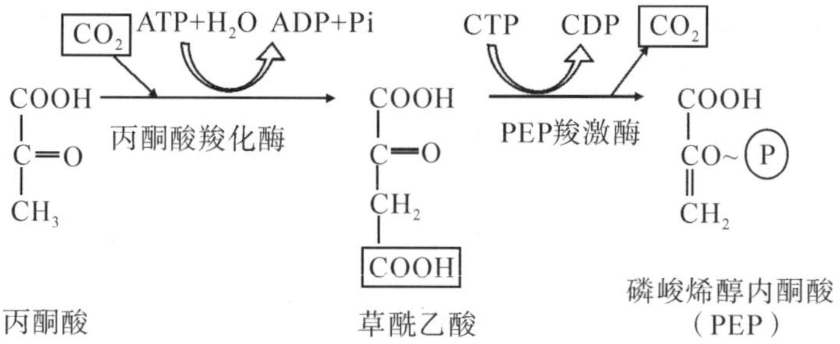

丙酮酸 —(CO_2, $ATP+H_2O$ → $ADP+Pi$;丙酮酸羧化酶)→ 草酰乙酸 —(CTP → CDP, CO_2;PEP羧激酶)→ 磷峻烯醇内酮酸(PEP)

2. 果糖-1,6-二磷酸果糖在果糖二磷酸酶的作用下转变为果糖-6-磷酸

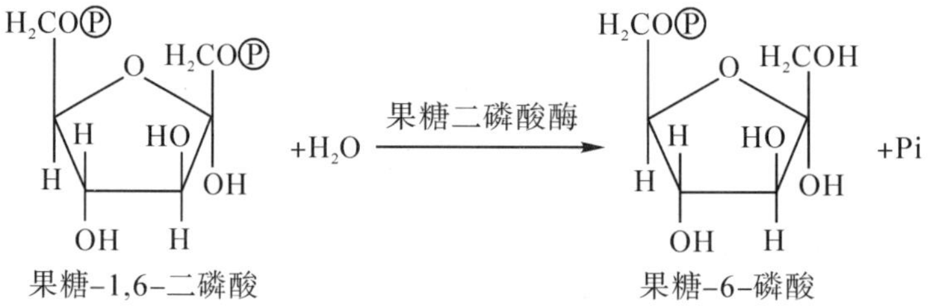

果糖-1,6-二磷酸 + H_2O —果糖二磷酸酶→ 果糖-6-磷酸 + Pi

3. 葡糖-6-磷酸在葡糖-6-磷酸酶的作用下转变为葡萄糖

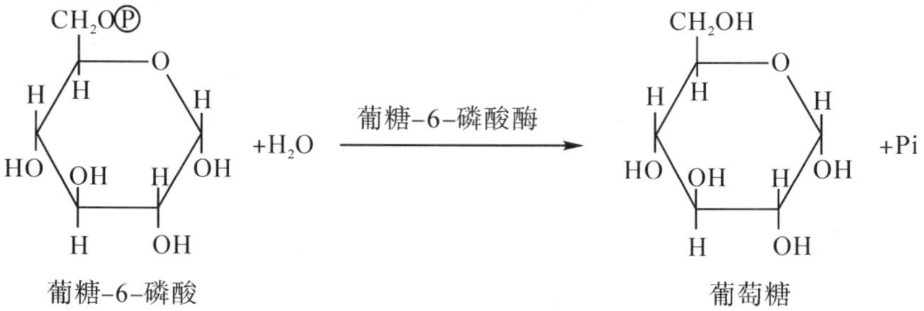

葡糖-6-磷酸 + H_2O —葡糖-6-磷酸酶→ 葡萄糖 + Pi

因此,糖异生的4种关键酶:丙酮酸羧化酶、磷酸烯醇式丙酮酸(PEP)羧激酶、果糖二磷酸酶和葡糖-6-磷酸酶。这4种酶主要存在于肝脏中,肾中含有少量。

糖异生作用过程如图7-8所示。

二、糖异生作用的生理意义

(1)保持空腹或饥饿情况下血糖浓度的相对稳定。糖异生对机体最主要的生理意义是在机体长期空腹或饥饿的状态下,可将体内的非糖物质转变为葡萄糖来补充血糖,以维持血糖浓度的相对稳定。长期饥饿时,糖异生的原料主要来源于脂肪和蛋白质的分解。脂肪水解释放甘油,并由血液运送到肝脏,经磷酸化反应生成磷酸甘再经脱氢氧化生成磷酸二羟丙酮,进入糖异生(糖酵解)途径。禁食时,组织蛋白水解产生的氨基酸,部分氨基酸(生糖氨基酸)进一步转化为α-酮酸(如α-酮戊二酸)进入三酸酸循环,形成草酰乙酸，即酸烯醇式丙酮酸(PEP)的直接前体。

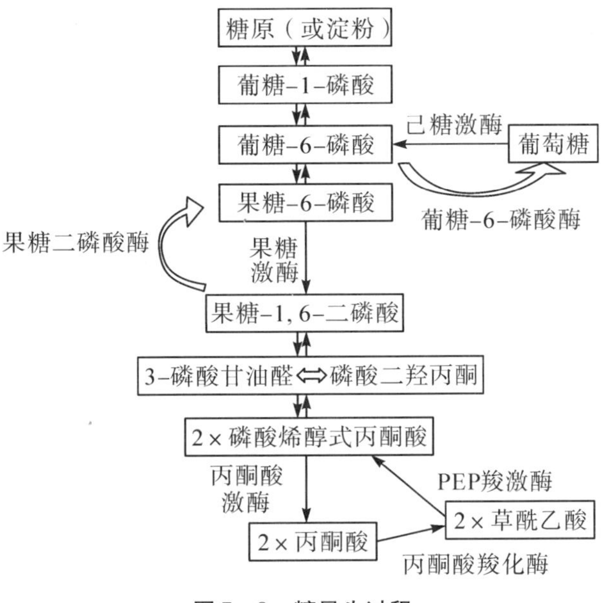

图 7-8　糖异生过程

(2)与乳酸的利用密切相关。在激烈运动时，肌肉糖酵解生成大量乳酸，后者经血液运到肝脏，可再合成肝糖原和血糖，可被肌肉再摄取，如此形成一个循环，称为乳酸循环。因而，使不能直接产生葡萄糖的肌糖原间接变成血糖，并且有利于回收乳酸分子中的能量，更新肌糖原，防止乳酸中毒的发生。

(3)协助氨基酸代谢。实验证实，进食蛋白质后，肝脏中糖原含量增加；禁食晚期、糖尿病或皮质醇过多时，由于组织蛋白质分解，血浆氨基酸增多，糖异生作用增强。因此，氨基酸转变成糖可能是氨基酸代谢的主要途径。

(4)有利于维持酸碱平衡。长期饥饿时，肾脏的异生作用增强，有利于维持酸碱平衡。肾糖异生增强时，有利于肾中 α-酮戊二酸因进行糖异生而含量减少，可促进谷氨酰胺脱氨生成谷氨酸，后者再脱氨基生成 α-酮戊二酸，生成的氨气分泌进入管腔中，与原尿中的氢离子结合，有利于排氢保钠的作用，对于防止酸中毒、维持酸碱平衡有重要作用。

三、糖异生作用的调节

(一)代谢物的调节作用

1. ATP/AMP(或 ADP)的调节作用

ATP 是丙酮酸羧化酶和果糖-1,6-二磷酸的变构激活剂，是丙酮酸激酶和磷酸果糖激酶的变构抑制剂。AMP、ADP是丙酮酸羧化酶和果糖-1,6-二磷酸的变构抑制剂，是丙酮酸激酶和磷酸果糖激酶的变构激活剂。

2. 乙酰辅酶A的调节作用

乙酰辅酶A既是丙酮酸脱氢酶系的变构抑制剂，又是丙酮酸羧化酶的激活剂。

(二)激素的调节作用

(1)胰高血糖素、肾上腺素、肾上腺皮质激素促进糖异生。

(2)胰岛素抑制糖异生。

知识链接

激素对糖异生的调节

激素调节糖异生作用对维持机体的相对稳定状态十分重要，激素对糖异生调节的实质是调节糖异生和糖酵解这两个途径的调节酶及控制供应肝脏的脂肪酸。更大量的脂肪酸的获得使肝脏氧化更多的脂肪酸，也就促进了葡萄糖合成，且胰高血糖素促进脂肪组织分解脂肪，增加血浆脂肪酸，所以促进糖异生；而胰岛素的作用则正相反。

胰高血糖素和胰岛素都可通过影响肝脏酶的磷酸化修饰状态来调节糖异生作用，胰高血糖素激活腺苷酸环化酶以产生cAMP，也就激活了cAMP依赖的蛋白激酶，后者磷酸化丙酮酸激酶而使之抑制，这一酵解途径上的调节酶受抑制，进而刺激糖异生途径，因此阻止磷酸烯醇式丙酮酸向丙酮酸转变。胰高血糖素降低果糖-2,6-二磷酸在肝脏的浓度，进而促进果糖-1,6-二磷酸转变为果糖-6-磷酸，这是由于果糖-2,6-二磷酸既是果糖二磷酸酶的别位抑制物，又是果糖-6-磷酸激酶的别位激活物，胰高血糖素能通过cAMP促进双功能酶磷酸化。这个酶经磷酸化后可灭活激酶部位却活化磷酸酶部位，因而果糖-2,6-二磷酸生成减少而被水解为果糖-6-磷酸增多。这种由胰高血糖素引致的果糖-2,6-二磷酸下降的结果是果糖-6-磷酸激酶的活性下降，果糖二磷酸酶活性增高，果糖二磷酸转变为果糖-6-磷酸的量增多，有利于糖异生，而胰岛素的作用正相反。

除上述胰高血糖素和胰岛素对糖异生和糖酵解的短快调节，它们还分别是诱导或阻遏糖异生和糖酵解的调节酶，胰高血糖素/胰岛素这一比值升高，会诱导大量磷酸烯醇式丙酮酸羧激酶、果糖-6-磷酸酶等糖异生酶合成而阻遏葡萄糖激酶和丙酮酸激酶的合成。

第五节 血 糖

血糖(blood sugar)是指血液中的葡萄糖。人进食后,血糖浓度可一过性升高,饥饿时血糖浓度可略有降低,但正常人安静、空腹时血糖浓度相对恒定,为3.89~6.11 mmol/L,60岁以上老人空腹血糖浓度正常值可略高,为4.4~6.4 mmol/L。肝脏是调节血糖浓度最重要的器官。

一、血糖的来源和去路

(一)血糖的来源

正常人的血糖来源有以下3个方面。

1. 食物中糖类的消化吸收

食物中的糖类为血糖的主要来源。半乳糖与果糖在肝脏中可转变成葡萄糖。

2. 肝糖原分解

肝糖原分解生成葡萄糖释放入血,为空腹时血糖的主要来源。

3. 糖异生作用

糖异生作用是指一些非糖物质可以在体内转变生成糖,如脂肪中甘油、蛋白质中生糖及生糖兼生酮氨基酸。肌肉剧烈运动收缩后产生的乳酸也可在肝脏中转变成糖。

(二)血糖的去路

正常人的血糖去路有以下4个方面。

1. 氧化分解,供应能量

血糖被全身各组织摄取并氧化分解供能,这是血糖的主要代谢去路。

2. 转变成糖原储存

消化吸收的葡萄糖主要在肝脏和肌肉中合成糖原储存。

3. 转变成其他糖类

葡萄糖转变成核酸分子中的核糖或脱氧核糖、乳汁中的乳糖及细胞间质结缔组织中的氨基糖等糖胺聚糖。

4. 转变成非糖物质

当糖摄入增加时,已有大量糖原合成,葡萄糖在体内可转变成脂肪储能。糖也参与转变生成少量非必需氨基酸等。

5. 随尿排出

当血糖浓度高于8.89～10.0 mmol/L(肾糖阈)时,超过肾小管最大吸收的能力,葡萄糖则随尿排出,出现糖尿。尿排糖是血糖的异常去路。

血糖的来源和去路如图7－9所示。

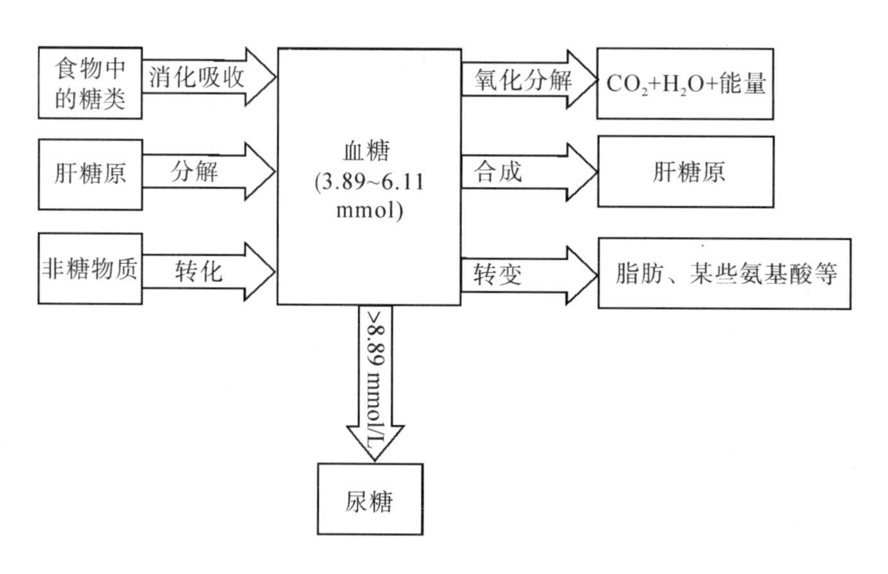

图7－9 血糖的来源与去路

二、血糖的调节

(一)肝脏对血糖的调节

调节血糖浓度的主要器官是肝脏,主要通过肝糖原的合成、分解和糖异生作用来维持血糖浓度的相对恒定。进食后血糖浓度升高,肝糖原的合成和贮存增加。空腹时,肝糖原能直接分解为葡萄糖来补充血糖;饥饿状态下,肝糖原耗尽后,糖异生作用增强,使非糖物质转变为葡萄糖,以维持血糖浓度相对恒定。

(二)激素对血糖的调节

机体内能调节血糖浓度的激素有多种,根据其调节作用的不同,分为升高血糖浓度的激素和降低血糖浓度的激素。升高血糖浓度的激素中,以胰高血糖素为主,在应激情况下,肾上腺素、肾上腺皮质激素,甚至生长激素都有升高血糖的作用。降低血糖浓度的激素为胰岛素。这些激素共同维持血糖浓度的相对恒定。激素对血糖浓度的调节见表7－9。

表 7－9　激素对血糖浓度的调节

激素名称		作用
降低血糖的激素	胰岛素	①促进葡萄糖进入肌肉、脂肪等组织细胞；②加速葡萄糖在肝、肌肉组织合成糖原；③促进糖的有氧氧化；④促进糖转变为脂肪；⑤抑制糖异生作用；⑥抑制肝糖原分解
升高血糖的激素	肾上腺素	①促进肝糖原分解；②促进肌糖原酵解；③促进糖异生作用
	胰高血糖素	①抑制肝糖原合成；②促进糖异生作用
	糖皮质激素	①促进糖异生作用；②促进肝外组织蛋白分解生成氨基酸

三、糖代谢异常

（一）高血糖与糖尿病

1. 概念

空腹血糖水平高于 6.9 mmol/L，称为高血糖（hyperglycemia）。血糖值高于肾糖阈值时，尿中出现糖，称为糖尿。

2. 发生原因及表现

（1）生理性高血糖。在生理情况下，如情绪激动时，交感神经兴奋或一次性大量摄入葡萄糖等均可使血糖浓度暂时性升高。

（2）病理性高血糖。由于胰岛素分泌障碍所引起的高血糖和糖尿，称为糖尿病（glucosuria）。由于肾脏机能先天性不全或肾脏疾病引起的肾糖阈值降低，也可引起糖尿，称为肾性糖尿。

（二）低血糖

1. 概念

空腹血糖水平低于 3.0 mmol/L，称为低血糖（hypoglycemia）。

2. 常见原因

（1）饥饿或不能进食。

（2）胰岛 β－细胞增生（如胰岛肿瘤）。

（3）严重肝脏疾病（如肝癌）。

（4）内分泌功能异常（垂体功能或肾上腺功能低下）。

知识链接

糖尿病是由遗传因素、免疫功能紊乱、微生物感染及其毒素、自由基、精神因素等各种致病因子作用于机体，导致胰岛功能减退、胰岛素抵抗等而引发的糖、蛋白质、脂肪、水和电解质等一系列代谢紊乱综合征，临床上以高血糖为主要特点，典型病例可出现多尿、多饮、多食、消瘦等表现，即“三多一少”症状，糖尿病（血糖）一旦控制不好，就会引发并发症，导致肾脏、眼、足等部位的衰竭病变，且无法治愈。

由于丢失大量尿糖，如每日丢失糖 500 g 以上，机体处于半饥饿状态，因能量缺乏需要补充而引起食欲亢进、食量增加。同时，又因高血糖刺激胰岛素分泌，因而患者易产生饥饿感，食欲亢进，总有吃不饱的感觉，甚至每天吃五六次饭，主食达 1～1.5 kg，副食也比正常人明显增多，但仍不能满足食欲。

思政园地

吴宪与血糖测定

吴宪是中国生物化学学科的奠基人，他在哈佛大学读博士期间，与导师福林合作建立了一种血糖测定的方法。其血糖测定原理是，利用碱性铜试剂与葡萄糖在加热时产生氧化亚铜，进而使磷钼酸还原为蓝色的钼蓝。随后他又独自改进提出了钨酸血滤液法，利用钨酸处理血液，制备无蛋白滤液，有效避免了血液中的蛋白质干扰血糖测定。这种方法被誉为“福林－吴法”，只需一滴血就能检测血糖，在国际上被广泛采用长达 70 年。他为现代临床血液化学分析做出了奠基性的贡献。

尽管当时吴宪的成就已被国外广泛认可，1920 年他还是毅然选择回国工作，为我国生物化学学科的创建和发展付出了毕生心血。

本章小结

糖是自然界一类重要的含碳化合物，是人类食物的必要成分。糖类化合物定义为多羟醛或多羟酮及其缩聚物和某些衍生物的总称，为生命活动提供能量和碳源，也是细胞和组织结构的主要组成部分。

糖在体内分解代谢的途径主要有糖酵解、有氧氧化及磷酸戊糖途径等。

糖酵解全部反应过程无氧参与，在细胞液中进行，终产物是乳酸；每 1 分子葡萄糖经糖酵解生成丙酮酸，共生成 4 分子 ATP，除去反应过程中消耗的 2 分子 ATP，净生成 2 分子 ATP；另外，生成的 2 分子 NADH，在有氧条件下还可生成更多的 ATP；反应过程中含有 3 步不可逆反应，涉及 3 个限速酶，即己糖激酶、磷酸果糖激酶和丙酮酸激酶。

糖的有氧氧化的基本生理功能是氧化功能，1 分子葡萄糖经无氧酵解净生成 2 分子

ATP，而有氧氧化可净生成30或32分子ATP。糖的有氧氧化不但释能效率高，而且逐步释能，并逐步储存于ATP分子中，因此，能量的利用率也很高。

三羧酸循环在细胞的线粒体中进行，从乙酰CoA与草酰乙酸缩合开始。经过1次底物水平磷酸化（产生1分子GTP）、2次脱羧（产生2分子CO_2）、3个不可逆反应、4次脱氢（其中3次以NAD^+为氢受体，1次以FAD为氢受体）等一连串反应，是生物体物质代谢和能量代谢中很重要的一条途径。三羧酸循环是糖有氧分解释放能量生成ATP的主要环节，每循环一周产生10分子的ATP。由柠檬酸合成酶、异柠檬酸脱氢酶、α－酮戊二酸脱氢酶系3种酶所催化的三步反应均为单向不可逆反应，所以，三羧酸循环的反应方向不可逆。

磷酸戊糖途径代谢可生成5－磷酸核糖和$NADPH+H^+$。5－磷酸核糖是合成核苷酸进而合成核酸的重要原料；$NADPH+H^+$作为氢供体参与体内多种代谢反应。磷酸戊糖途径在细胞质内进行，其限速酶是葡糖－6－磷酸脱氢酶。

糖原是体内糖的储存形式，主要以肝糖原、肌糖原形式存在。肝糖原的合成与分解主要是为了维持血糖浓度的相对恒定；肌糖原是肌肉糖酵解的主要来源。糖原是由许多葡萄糖通过糖苷键相连而成的带有分支的多糖，存在于细胞质中。

糖原合成首先以葡萄糖为原料合成尿苷二磷酸葡萄糖（UDP－Glc），在限速酶糖原合酶的作用下，将UDP－Glc转到肝脏、肌肉中的糖原蛋白上，延长糖链合成糖原；其次，糖链在分支酶的作用下再分支合成多支的糖原。糖原合酶是糖原合成的限速酶。

糖异生作用是指非糖物质（乳酸、甘油、生糖氨基酸等）转变为葡萄糖或糖原的过程。肝脏是糖异生的主要器官。肾脏在正常情况下，糖异生能力只有肝脏的1/10；长期饥饿时，肾的糖异生能力大大增强。

血糖是指血液中的葡萄糖。人进食后血糖浓度可一过性升高，饥饿时血糖浓度可略有降低，正常人安静、空腹时，血糖浓度相对恒定，为3.89～6.11 mmol/L。肝脏是调节血糖浓度最重要的器官，胰岛素是唯一的降低血糖浓度的激素。糖代谢异常可引起低血糖或高血糖。

思考题

一、选择题

1. 在厌氧条件下，下列化合物会在哺乳动物肌肉组织中积累的是（　　）

A. 丙酮酸　　B. 乙醇

C. 乳酸　　D. CO_2

E. 水

2. 磷酸戊糖途径的真正意义在于产生(　　)的同时,产生核糖等中间物。

A. $NADPH + H^+$

B. NAD^+

C. ADP

D. CoA - SH

E. ATP

3. 磷酸戊糖途径中需要的酶有(　　)

A. 异柠檬酸脱氢酶

B. 果糖 - 6 - 磷酸激酶

C. 葡糖 - 6 - 磷酸脱氢酶

D. 转氨酶

E. 己糖激酶

4. 下面酶中既在糖酵解中起作用又在糖异生中起作用的是(　　)

A. 丙酮酸激酶

B. 3 - 磷酸甘油醛脱氢酶

C. 果糖 - 1,6 - 二磷酸激酶

D. 己糖激酶

E. 异柠檬酸脱氢酶

5. 生物体内 ATP 最主要的来源是(　　)

A. 糖酵解

B. TCA 循环

C. 磷酸戊糖途径

D. 氧化磷酸化作用

E. 糖异生

6. 在 TCA 循环中,发生底物水平磷酸化的阶段是(　　)

A. 柠檬酸→α - 酮戊二酸

B. α - 酮戊二酸→琥珀酸

C. 琥珀酸→延胡索酸

D. 延胡索酸→苹果酸

E. 丙酮酸→乙酰辅酶 A

7. 丙酮酸脱氢酶系中作为辅酶的因子是(　　)

A. NAD^+

B. $NADP^+$

C. FMN

D. CoA

E. FAD

8. 下列化合物中是琥珀酸脱氢酶的辅酶的是(　　)

A. 生物素

B. FAD

C. $NADP^+$

D. NAD^+

E. FMN

9. 在三羧酸循环中,由 α - 酮戊二酸脱氢酶系所催化的反应需要(　　)

A. NAD^+

B. $NADP^+$

C. CoA - SH

D. ATP

E. FAD

10. 草酰乙酸经转氨酶催化可转变成为(　　)

A. 苯丙氨酸　　B. 天冬氨酸

C. 谷氨酸　　D. 丙氨酸

E. 赖氨酸

11. 糖酵解是在细胞的(　　)进行的。

A. 线粒体基质中　　B. 细胞液中

C. 内质网膜上　　D. 细胞核内

E. 细胞膜上

12. 糖异生途径中代替糖酵解中己糖激酶的酶是(　　)

A. 丙酮酸羧化酶　　B. 磷酸烯醇式丙酮酸羧激酶

C. 葡糖－6－磷酸酯酶　　D. 磷酸化酶

E. 丙酮酸脱氢酶系

二、名词解释

1. 糖酵解

2. 糖异生作用

三、简答题

1. 糖酵解的生理意义是什么？其限速酶有哪几个？

2. 简述血糖的来源和去路。

3. 磷酸戊糖途径有何生理意义？为什么缺乏葡糖－6－磷酸脱氢酶会引起蚕豆病？

在线测试题

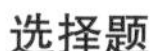

选择题

判断题

第八章　脂类代谢

本章导读

脂质是不溶于水而溶于有机溶剂的一类有机化合物，包括脂肪及类脂2大类。脂肪是3分子脂肪酸和1分子甘油形成的酯，也称三酰甘油或甘油三酯，是机体储存能量的主要形式。类脂包括磷脂、糖脂、胆固醇及胆固醇酯。

脂肪酸包括饱和脂肪酸和不饱和脂肪酸。其中，机体自身不能合成的多不饱和脂肪酸必须由食物提供，这些多不饱和脂肪酸被称为营养必需脂肪酸。

磷脂包括甘油磷脂和鞘磷脂。甘油磷脂是由甘油构成的磷脂，主要有磷脂酰胆碱（卵磷脂）、磷脂酰乙醇胺（脑磷脂）等。鞘磷脂不仅是生物膜的重要组分，而且还具有参与细胞识别及信息传递的功能。

胆固醇虽然不能氧化供能，但能转化成为胆汁酸、类固醇激素以及维生素D，在调节机体物质代谢方面具有重要作用。

血浆脂质不溶于水，与载脂蛋白结合后以脂蛋白形式存在，起着转运血浆脂质的重要作用。

目标透视

1. 了解甘油三酯的合成过程及胆固醇合成的调节。

2. 熟悉脂肪酸的生物氧化，酮体生成和利用，酮体生成的生理意义。

3. 掌握脂肪动员的概念，脂肪酸β-氧化的概念、过程，能量的生成，胆固醇合成的原料、限速酶和胆固醇的转化作用，以及血浆脂蛋白的组成、分类及生理功能。

4. 能够解释并应用本章知识在临床上对脂类代谢紊乱疾病进行防治。

5. 培养学生严谨求实的工作态度和良好的职业素养。

第一节　概　述

脂类(lipids)是脂肪和类脂的总称,是生物体内一类重要的有机物质。脂肪由1分子甘油和3分子脂肪酸组成,故脂肪又称为甘油三酯或三酰甘油。类脂包括磷脂、糖脂、胆固醇及胆固醇酯。

一、脂类的消化与吸收

通常正常人每日从食物中获得的脂类中,甘油三酯占90%以上,除此以外,还有少量的磷脂、胆固醇、胆固醇酯和一些游离脂肪酸。食物中的脂类在成人口腔和胃中不能被消化,这是由于口腔中没有消化脂类的酶,胃中虽有少量脂肪酶,但此酶只有在中性pH时才有活性,因此,在正常胃液中,此酶几乎没有活性。脂类的消化及吸收主要在小肠中进行。

脂类的吸收主要在十二指肠下段和盲肠。甘油及中短链脂肪酸(≤10个C)无须混合微团协助,直接吸收入小肠黏膜细胞后,通过门静脉进入血液。长链脂肪酸及其他脂类消化产物随微团吸收入小肠黏膜细胞。长链脂肪酸在脂酰CoA合成酶催化下,生成脂酰CoA,此反应消耗ATP。脂酰CoA可在转酰基酶作用下,将甘油一酯、溶血磷脂和胆固醇酯化生成相应的甘油三酯、磷脂和胆固醇酯。

二、脂类在体内的分布

脂肪主要储存于脂肪组织,如大网膜、皮下及脏器周围的脂肪细胞内。脂肪约占体重的14%~19%,女性稍多。脂肪含量受营养状况、机体活动以及遗传因素等的影响,变化很大,肥胖者脂肪可占体重的30%,过度肥胖者甚至更高。

类脂(磷脂、胆固醇等)约占体重的5%,分布于全身各组织,特别以脑神经组织为多。类脂尤其是磷脂和胆固醇,是构成生物膜的重要成分,其中,磷脂以双分子层形式构成生物膜的基本结构。类脂的含量恒定,不受营养状况和机体活动的影响,又称固定脂或基本脂。

此外,血浆中还有由磷脂、胆固醇、胆固醇酯、甘油三酯和载脂蛋白组成的血浆脂蛋白,以及与血浆清蛋白结合的游离脂肪酸。它们虽然含量很低,却是机体脂质转运的重要形式。

三、脂类的生理功能

(一)脂肪的生理功能

1. 储能和氧化供能

人体活动所需要的能量20% ~30%由脂肪提供。1 g脂肪完全氧化可释放的能量约37.7 kJ。供能是人体脂肪的主要生理功能。

2. 提供必需脂肪酸

必需脂肪酸是指机体需要但自身不能合成的脂肪酸,必须要靠食物提供,包括亚油酸、亚麻酸、花生四烯酸。植物中含有较多的必需脂肪酸。

3. 维持体温和保护内脏

皮下脂肪可防止热量丧失,有保温作用,能减少振动对生物体脏器间的摩擦而起到缓冲作用。

4. 促进脂溶性维生素吸收

脂肪是脂溶性维生素(维生素 A、维生素 D、维生素 E、维生素 K)的载体,如果摄入食物中缺少脂肪,将影响脂溶性维生素的吸收和利用。

(二)类脂的生理功能

类脂,特别是磷脂和胆固醇,是构成所有生物膜(如细胞膜、线粒体膜、核膜及内质网膜等)的重要组分,也是人体内重要的生理活性物质。胆固醇在体内可转变为胆汁酸、维生素 D_3 和类固醇激素。

第二节　甘油三酯的代谢

一、甘油三酯的分解代谢

(一)脂肪动员

脂肪细胞中储存的甘油三酯经一系列脂肪酶催化,逐步水解释放出甘油和游离脂肪酸,运送到全身各组织利用,此过程称为脂肪动员。脂肪组织中含有的脂肪酶包括甘油三酯脂肪酶、甘油二酯脂肪酶及甘油一酯脂肪酶。其中,脂肪动员的限速酶是甘油三酯脂肪酶。该酶受多种激素的调控,故又称激素敏感性脂肪酶。肾上腺素、去甲肾上腺素、胰高血糖素、ACTH 等能激活细胞膜上的腺苷环化酶，进而激活依赖 cAMP 的蛋白激酶，促进脂肪动员。胰岛素、前列腺素E_2 等能抑制腺苷环化酶活性，抑制甘油三酯脂肪酶的活性，减少脂肪动员。能促进脂肪动员的激素，称为脂解激素；反之，称为抗脂解激素。

$$\text{三酰甘油}\xrightarrow[\text{激素敏感性脂肪酶}]{H_2O\quad R_3COOH}\text{二酰甘油}\xrightarrow[\text{二酰甘油脂肪酶}]{H_2O\quad R_1COOH}\text{一酰甘油}\xrightarrow[\text{一酰甘油脂肪酶}]{H_2O\quad R_2COOH}\text{甘油}$$

三酰甘油：$CH_2-O-CO-R_1$，$R_2-CO-O-CH$，$CH_2-O-CO-R_3$

二酰甘油：$CH_2-O-CO-R_1$，$R_2-CO-O-CH$，CH_2OH

一酰甘油：CH_2OH，$R_2-CO-O-CH$，CH_2OH

甘油：CH_2OH，$CHOH$，CH_2OH

（二）甘油的代谢

脂肪动员产生的甘油释放入血，随血液循环运至肝脏、肾脏等组织被摄取利用。其中，甘油激酶活性很高，可催化甘油转变为 3－磷酸甘油，然后在磷酸甘油脱氢酶的作用下，生成磷酸二羟丙酮，再通过糖异生作用转变为糖或通过糖酵解途径氧化分解。

$$\underset{\text{甘油}}{\begin{matrix}CH_2OH\\HO-CH\\CH_2OH\end{matrix}}\xrightarrow[\text{甘油激酶（肝、肾、肠）}]{ATP\quad ADP}\underset{\text{3-磷酸甘油}}{\begin{matrix}CH_2OH\\HO-CH\\CH_2O-Ⓟ\end{matrix}}\underset{\text{磷酸甘油脱氢酶}}{\overset{NAD^+\quad NADH+H^+}{\rightleftharpoons}}\underset{\text{磷酸二羟丙酮}}{\begin{matrix}CH_2OH\\C=O\\CH_2O-Ⓟ\end{matrix}}\rightarrow\begin{cases}\text{糖酵解}\\\text{糖异生}\end{cases}$$

（三）脂肪酸的氧化分解

在氧气供给充足的条件下，脂肪酸可在体内可彻底氧化分解成 CO_2 和 H_2O，并释放大量能量。除成熟红细胞和脑组织外，体内大多数组织都能氧化脂肪酸，其中以肝脏和肌肉组织中氧化活动最为活跃。

脂肪酸的氧化分解过程大致可以分为脂肪酸的活化、脂酰 CoA 进入线粒体、β－氧化过程及乙酰 CoA 的彻底氧化等 4 个阶段。

1. 脂肪酸的活化

在细胞液中，脂酰 CoA 合成酶催化脂肪酸活化，生成脂酰 CoA 的过程称为脂肪酸的活化，此反应需消耗 1 分子 ATP，相当于消耗 2 个高能磷酸键的能量。

$$\underset{\text{脂肪酸}}{CH_3-(CH_2)_nCOOH}+\underset{\text{辅酶A}}{CoASH}\xrightarrow[\text{脂酰CoA合成酶}]{ATP\ Mg^{2+}\ AMP}\underset{\text{脂酰CoA}}{CH_3-(CH_2)_n-CO\sim SCoA}+\underset{\text{焦磷酸}}{PPi}$$

2. 脂酰 CoA 进入线粒体

由于催化脂酰 CoA 分解的酶存在于线粒体的基质中，故活化的脂酰 CoA 不能直接穿过线粒体膜，需由线粒体膜两侧的载体(如肉毒碱)协助进入线粒体中彻底氧化分解(见图 8－1)。

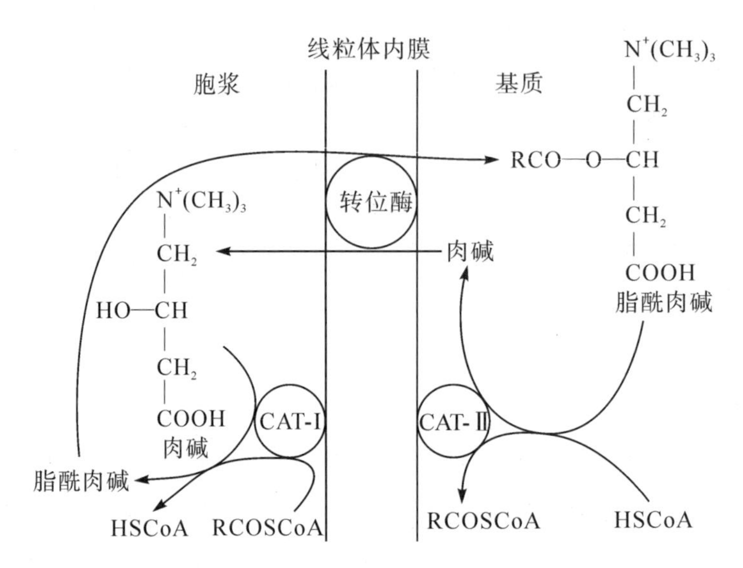

图 8－1　脂酰 CoA 进入线粒体的机制

3. β－氧化

饱和脂肪酸在一系列酶的作用下，羧基端的 β 位 C 原子发生氧化，碳链在 α 位 C 原子与 β 位 C 原子间发生断裂，每次生成 1 个乙酰 CoA 和较原来少 2 个碳单位的脂肪酸，这种不断重复进行的脂肪酸氧化过程称为 β－氧化(见图 8－2)。

脂肪酸 β－氧化过程如下：

(1)脱氢。脂酰 CoA 在脂酰辅酶 CoA 脱氢酶的催化下，α、β 碳原子上各脱去 1 个氢，生成 α，β－烯脂酰 CoA，脱下的 2 个氢由 FAD 接受形成 $FADH_2$，经过呼吸链氧化形成 H_2O，同时产生 1.5 分子 ATP。

(2)加水。α，β－烯脂酰 CoA 在 α，β－烯脂酰 CoA 水化酶的作用下，加上 1 分子水形成 β－羟脂酰 CoA。

(3)再脱氢。β－羟脂酰 CoA 在 β－羟脂酰 CoA 脱氢酶的催化下，β－碳原子上脱去 2H 形成 β－酮脂酰 CoA，脱下的 2H 使 NAD^+ 还原形成 $NADH + H^+$，并经呼吸链氧化形成 H_2O，同时产生 2.5 分子 ATP。

(4)硫解。β－酮脂酰 CoA 在 β－酮脂酰 CoA 硫解酶的催化下，与 1 分子 HSCoA 作用生成 1 分子乙酰 CoA 和比原来少 2 个碳原子的脂酰 CoA。脂酰 CoA 可以再进行下一

次的 β－氧化，如此循环，直至长链的脂酰 CoA 完全分解成乙酰 CoA。

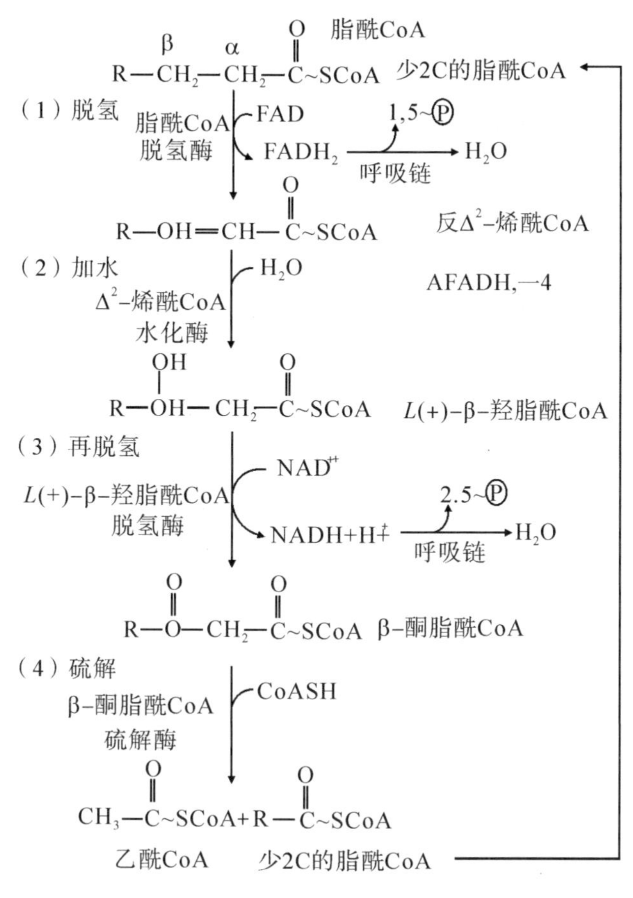

图 8－2　脂肪酸 β－氧化

4. 乙酰 CoA 的彻底氧化

脂肪酸 β－氧化过程中生成的乙酰 CoA 除可在肝细胞线粒体缩合成酮体外，主要通过三羧酸循环彻底氧化成 CO_2 和 H_2O，并释放出能量。除一部分以热能的形式释放外，其余以 ATP 的形式储存，供给机体活动需要。

以 16 碳的软脂酸为例，软脂酸共进行 7 次 β－氧化，生成 7 分子 $FADH_2$、7 分子 $NADH+H^+$ 以及 8 分子乙酰 CoA。每分子 $FADH_2$ 和 NADH 通过呼吸链平均分别产生 1.5 分子 ATP 和 2.5 分子 ATP，每分子乙酰 CoA 通过三羧酸循环氧化产生 10 分子 ATP。因此，1 mol 软脂酸彻底氧化共生成 $(7\times1.5)+(7\times2.5)+(8\times10)=108$ mol ATP，减去脂肪酸活化消耗的 2 个高能键，相当于 2 个 ATP，净生成 106 分子 ATP。由此可见，脂肪酸是机体的重要能源。

知识链接

DHA 其实是二十二碳六烯酸(docosahexaenioc acid)的缩写,俗称脑黄金。而 AA(也常被写作 ARA)则是花生四烯酸(arachidonic acid)的缩写,二者都属于长链不饱和脂肪酸,它们在大脑皮层细胞和视网膜细胞的细胞膜中含量都很高。

许多研究表明,食用添加了 DHA 和 AA 的奶粉的婴儿,其视力敏锐性得到了提高,而且婴儿血液中的脂肪酸成分也更接近母乳喂养的婴儿。而那些用不含 DHA 和 AA 的奶粉喂养的婴儿,其血红细胞膜中 DHA 和 AA 的含量要低于母乳喂养的婴儿。

其实,我们的身体可以利用亚麻酸和 α－亚麻酸来合成 DHA 和 AA,而合成它们的原料也存在于所有婴儿奶粉中。只不过婴儿的这种合成功能比较低下,所以,需要额外摄入。

事实上,母乳中已经含有了这两种物质,而且其中 10% ~20% 是以磷脂的形式存在的,更易于吸收。所以,如果有条件,还是母乳喂养最好。

(四)酮体的生成和利用

脂肪酸的 β－氧化是人体氧化脂肪酸的主要途径。肝外组织(骨骼肌、心肌等)脂肪酸经 β－氧化生成的乙酰 CoA,可以直接进入三羧酸循环氧化分解。但是,肝组织脂肪酸氧化生成的乙酰 CoA,除部分进入三羧酸循环,提供肝组织本身需要的能量外,余下的乙酰 CoA 则转变成一类特殊的中间产物——酮体,酮体包括乙酰乙酸(acetoacetate)、β－羟丁酸(β－hydroxybutyrate)和丙酮(acetone)3 种成分。酮体是脂肪酸在肝脏中氧化不完全的产物,主要是由于肝脏中具有活性较强的合成酮体的酶系。

1. 酮体的生成

酮体是脂肪酸在肝脏中氧化不完全的产物,主要是由于肝脏中具有活性较强的合成酮体的酶系(见图 8－3)。合成原料乙酰 CoA 来自脂肪酸的 β－氧化。

(1)2 分子乙酰 CoA 在乙酰 CoA 硫解酶的催化下,缩合生成乙酰乙酰 CoA,并释放一分子 HSCoA。

(2)乙酰乙酰 CoA 再与 1 分子乙酰 CoA 在 HMG－CoA 合酶催化下,缩合生成 β－羟－β－甲基戊二酸单酰 CoA(HMG－CoA)并释放一分子 HSCoA。HMG－CoA 合酶是酮体生成的限速酶。

(3)HMG－CoA 在 HMG－CoA 裂解酶的催化下,裂解生成乙酰乙酸和乙酰 CoA,后者又可参与酮体的合成。

(4)乙酰乙酸在 β－羟丁酸脱氢酶的催化下还原生成 β－羟丁酸,反应过程中所需要的氢由 NADH + H^+ 提供。少量的乙酰乙酸可以自发生成丙酮。

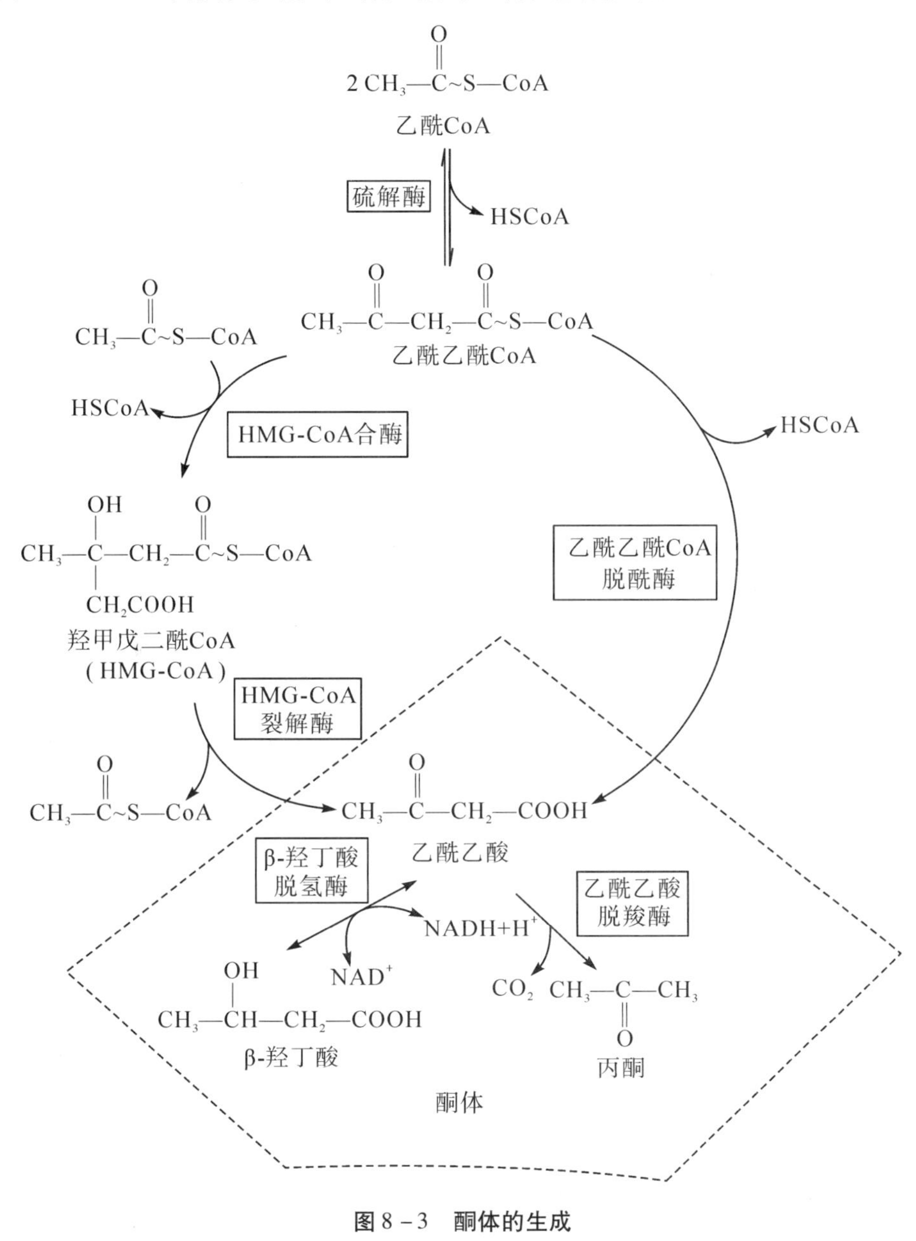

图 8－3　酮体的生成

肝细胞线粒体内含有各种合成酮体的酶类，特别是 HMG－CoA 合酶，因此，生成酮体是肝脏特有的功能。

2. 酮体的利用

肝脏外许多组织具有活性很强的利用酮体的酶类，可以将酮体重新转化成乙酰 CoA，再通过三羧酸循环彻底氧化分解成 CO_2 和 H_2O，并获得能量（见图 8－4）。

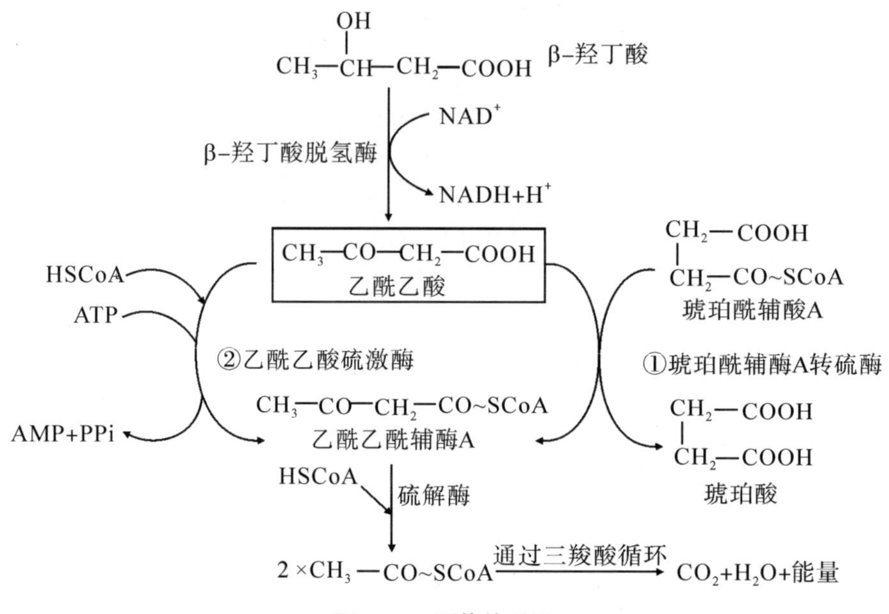

图 8-4　酮体的利用

（1）乙酰乙酸的活化。心、肾、脑及骨骼肌线粒体中含有高活性的琥珀酰 CoA 转硫酶，在此酶的作用下，乙酰乙酸转变为乙酰乙酰 CoA。

$$\underset{\text{乙酰乙酸}}{\begin{matrix}CH_3\\|\\CO\\|\\CH_2\\|\\COOH\end{matrix}} + \underset{\text{琥珀酰 CoA}}{\begin{matrix}COOH\\|\\CH_2\\|\\CH_2\\|\\CO\sim SCoA\end{matrix}} \xrightleftharpoons[\text{（心、肾、脑、骨骼肌）}]{\text{琥珀酰 CoA 转硫酶}} \underset{\text{乙酰乙酰 CoA}}{\begin{matrix}CH_3\\|\\CO\\|\\CH_2\\|\\CO\sim SCoA\end{matrix}} + \underset{\text{琥珀酸}}{\begin{matrix}COOH\\|\\CH_2\\|\\CH_2\\|\\COOH\end{matrix}}$$

此外，肾、心及脑的线粒体内还含有乙酰乙酸硫激酶，可以直接活化乙酰乙酸，生成乙酰乙酰 CoA。

$$\underset{\text{乙酰乙酸}}{\begin{matrix}CH_3\\|\\CO\\|\\CH_2\\|\\COOH\end{matrix}} + \underset{\text{辅酶A}}{CoASH} \xrightarrow[\text{ATP}\quad\text{AMP+PPi}]{\text{乙酰乙酸硫激酶（肾、心、脑）}} \underset{\text{乙酰乙酰CoA}}{\begin{matrix}CH_3\\|\\CO\\|\\CH_2\\|\\CO\sim SCoA\end{matrix}}$$

（2）乙酰乙酸 CoA 硫解生成乙酰 CoA。心、肾、脑及骨骼肌线粒体中的乙酰乙酸 CoA 硫解酶，可以使乙酰乙酸 CoA 硫解，生成 2 分子乙酰 CoA，后者即可进入三羧酸循环彻底氧化分解。

$$\begin{array}{l} CH_3 \\ | \\ CO \\ | \\ CH_2 \\ | \\ CO \sim SCoA \end{array} + CoASH \xrightarrow[\text{（心、肾、脑、骨骼肌）}]{\text{乙酰乙酰 CoA 硫解酶}} 2CH_3CO \sim SCoA$$

乙酰乙酰 CoA　　　　　　　　　　乙酰 CoA

β-羟丁酸在β-羟丁酸脱氢酶的催化下，脱氢生成乙酰乙酸；然后再转变成乙酰CoA而被氧化。正常情况下，酮体中的丙酮含量很少，可以由尿液排出，有一部分直接从肺部呼出。

3. 酮体生成的生理意义

酮体是脂肪酸在肝脏内经β-氧化后产生的正常中间代谢产物，是肝能源输出的重要形式。酮体分子小，溶解性高，易于透过血脑屏障及肌肉毛细血管壁，是脑、心肌和骨骼肌等的重要能源物质。脑组织虽然不能直接氧化脂肪酸，却能利用肝脏所产生的酮体。正常饮食时，脑优先利用葡萄糖，但在糖供应不足或糖利用障碍时，酮体可以替代葡萄糖，成为脑组织的主要能源，甚至75%的能源来自酮体，长期饥饿或糖供给不足的情况下，酮体的利用增加可减少糖的利用，有利于维持血糖浓度的恒定，节省蛋白质的消耗。严重饥饿或糖尿病时，酮体可代替葡萄糖成为脑组织的主要能源。

正常情况下，血中仅含少量酮体，为0.03～0.5 mmol/L。但是在饥饿、高脂低糖膳食及患糖尿病的状况下，脂肪会大量动员，致使酮体的生成增加；并且，此时会因糖氧化分解生成的草酰乙酸量减少，三羧酸循环的速率变慢，乙酰CoA不能迅速氧化分解，造成酮体堆积，从而引起血中酮体升高，导致pH严重下降，造成酮症酸中毒。

知识链接

正确认识饥饿性酮症和糖尿病酮症酸中毒

糖尿病患者每天摄入的蛋白质、碳水化合物、脂肪等都是需要控制的，其目的是从饮食上控制糖分的摄入，从而控制血糖。所以，很多糖尿病患者认为，少吃就能更有效地控制血糖，但是却忽视了一个非常重要的问题：长期处于饥饿状态，极有可能发生饥饿性酮症。饥饿状态，容易使肝脏内糖原逐渐降低而致耗竭。这样，一方面缺乏食物碳水化合物补充，另一方面自身贮存于肝脏的葡萄糖耗竭，机体所需的能源就要另辟“途径”，即由体内储存的脂肪提供。但脂肪分解代谢增强时，往往伴随氧化不全，容易产生过多的中间产物，如丙酮、乙酰乙酸β-羟丁酸等，统称为酮体。正常情况下，血中酮体极微量，若因长期饥饿，血中酮体过高，并出现尿中酮体时，便会发生饥饿性酮症。

饥饿性酮症患者，轻者仅血中酮体增高，尿中出现酮体，临床上可无明显症状。中度、重度患者则由于血中酮体过多积聚而发生代谢性酸中毒，早期出现四肢无力、疲乏、口渴、尿多、食欲不振、恶心呕吐加重等症状。随着病情发展，患者出现头痛，深大呼吸、呼气有烂苹果味，逐渐陷入嗜睡、意识模糊及昏迷。

糖尿病酮症酸中毒（DKA），是糖尿病的一种急性并发症，是血糖急剧升高引起胰岛素严重不足激发的酸中毒。特征为酸中毒、严重失水、电解质平衡紊乱携带氧系统失常、周围循环衰竭和肾功能障碍、中枢神经功能障碍。糖尿病酮症酸中毒是可以预防的一种糖尿病的急性并发症，一旦发现酮症酸中毒，应立即大量饮水并前往医院治疗。

饥饿性酮症是一种类似糖尿病酮症的相关症候群，酮症并不是糖尿病患者的“专利”，正常人长期处于饥饿状态，也会发生饥饿性酮症。和糖尿病酮症酸中毒相比，虽然两者都是酮症，但是饥饿性酮症特点为血糖正常或偏低，有酮症，但酸中毒多不严重；饭后一小时，尿中酮体基本消失。饥饿性酮症和糖尿病酮症酸中毒，两者在中度、重度患者的临床表现上有很多相似之处，所以，糖尿病患者如果出现酮症，一定要分清楚究竟是哪种酮症。

二、甘油三酯的合成代谢

甘油三酯除由食物脂肪水解产物重新合成以外，大部分由糖转化而来。尤其当糖摄入量增多时，葡萄糖氧化产生的乙酰 CoA 可大量合成脂肪酸。甘油三酯合成的原料是 α－磷酸甘油和脂酰辅酶 A，还需要 $NADPH + H^{+}$。人体很多组织都可合成甘油三酯，但肝和脂肪组织的合成最活跃，合成过程主要在细胞质中进行。

（一）α－磷酸甘油的合成

α－磷酸甘油可由糖酵解产生的磷酸二氢丙酮还原而成，亦可由脂肪动员产生的甘油经脂肪组织外的甘油激酶催化与 ATP 作用而成。

（二）脂肪酸的合成

1. 合成部位

肝脏、肾脏、脑、肺、乳腺及脂肪组织等部位脂肪细胞的细胞质均能合成脂肪酸，但肝脏是合成脂肪酸的主要场所。

2. 合成原料

乙酰 CoA 是合成脂肪酸的主要原料，主要来自葡萄糖的有氧氧化。线粒体内生成的乙酰 CoA 通过柠檬酸 – 丙酮酸循环进入细胞液，用于脂肪酸的合成。其他原料包括 ATP、$NADPH + H^+$、HCO_3^-（CO_2）及 Mn^{2+} 等。NADPH 主要来自磷酸戊糖途径。

无论何种来源，乙酰 CoA 主要在线粒体内生成，而脂肪酸的合成酶系存在细胞液。因此，线粒体内生成的乙酰 CoA 须进入细胞液才能用于脂肪酸的合成。研究证实，乙酰 CoA 不能自由通过线粒体内膜进入细胞液，需通过柠檬酸 – 丙酮酸循环（citrate pyruvate cycle）才能将乙酰 CoA 转移到细胞液（见图 8 – 5）。此循环中，乙酰 CoA 首先在线粒体内与草酰乙酸缩合生成柠檬酸，然后通过线粒体内膜上特异载体将柠檬酸转运入细胞液，再由细胞液中的柠檬酸裂解酶催化裂解释放出草酰乙酸和乙酰 CoA。乙酰 CoA 用于脂肪酸的合成，而草酰乙酸则在苹果酸脱氢酶作用下还原生成苹果酸，再经线粒体内膜上的载体制运进入线粒体。苹果酸也可经苹果酸酶的催化分解为丙酮酸，再经载体转运进入线粒体，同时生成 $NADPH + H^+$ 可参与脂肪酸的合成。进入线粒体的苹果酸和丙酮酸最终均可转变成草酰乙酸，再参与乙酰 CoA 的转运。

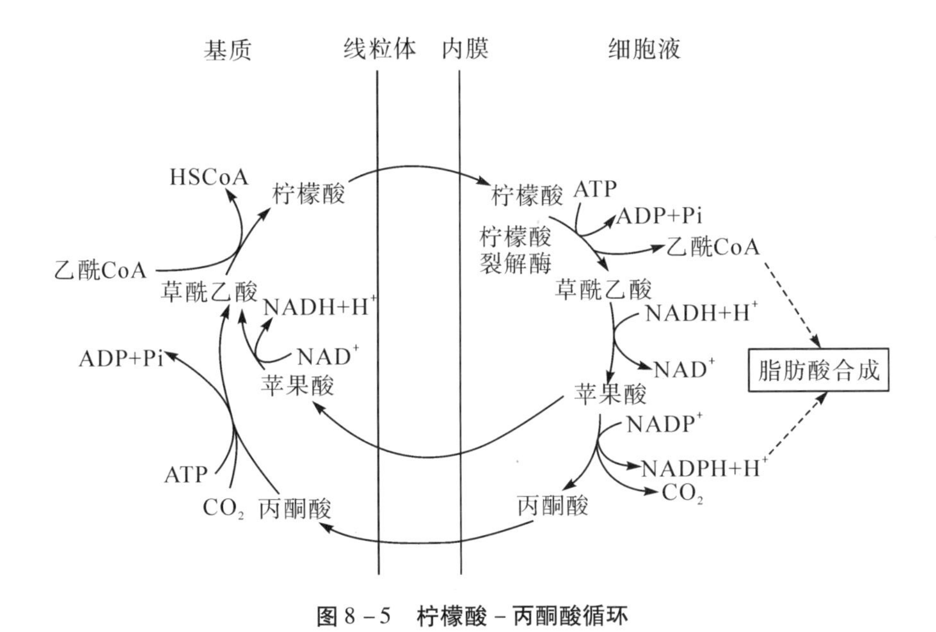

图 8 – 5　柠檬酸 – 丙酮酸循环

3. 合成过程

（1）丙二酸单酰 CoA 的合成。乙酰 CoA 在乙酰 CoA 羧化酶催化下，生成丙二酸单酰 CoA。乙酰 CoA 羧化酶是脂肪酸合成的限速酶，其辅基是生物素，Mn^{2+} 为激活剂，反应为：

$$CH_3-CO\sim SCoA \xrightarrow[\text{ADP+Pi} \leftarrow \text{ATP+}HCO_3^-]{\text{乙酰CoA羧化酶-生物素-}CO_2 \rightleftharpoons \text{乙酰CoA羧化酶-生物素}} HOOC-CH_2-CO\sim SCoA$$

（2）软脂酸的合成。1 分子乙酰 CoA 和 7 分子丙二酸单酰 CoA 在脂肪酸酶系的催化下，由 $NADPH+H^+$ 提供氢合成软脂酸。其总反应方程式为：

$$CH_3COSCoA+7HOOCCH_2COSCoA+14(NADPH+H^+)\rightarrow CH_3(CH_2)_{14}COOH+7CO_2+6H_2O+8CoASH+14NADP^+$$

脂肪酸合成过程不是 β－氧化的逆过程。软脂酸的合成实际上是一个重复循环的过程，由 1 分子乙酰 CoA 与 7 分子丙二酰 CoA 经转移、缩合、加氢、脱水和再加氢，每一次使碳链延长两个碳，共 7 次重复，最终生成含十六碳的软脂酸。

在原核生物（如大肠杆菌）中催化脂肪酸生成的酶是一个由 7 种不同功能的酶与一种酰基载体蛋白（acyl carrier protein，ACP）聚合成的复合体。在真核生物，催化此反应的是一种含有双亚基的酶，每个亚基有 7 个不同催化功能的结构区和一个相当于 ACP 的结构区，因此，这是一种具有多种功能的酶。不同的生物中此酶的结构有差异。

4. 脂肪酸碳链的延长和缩短

碳链的缩短在线粒体内通过 β－氧化进行。在线粒体中，碳链的延长是通过软脂酰 CoA 与乙酰 CoA 缩合，这一延长过程基本上是 β－氧化的逆过程，需 $NADPH+H^+$ 供氢。在内质网，碳链的延长是以丙二酸单酰 CoA 作为二碳单位的供体，使软脂酰 CoA 的碳链延长，其延长过程与脂肪酸合酶系催化的反应过程非常相似。

（三）α－磷酸甘油的来源

体内 α－磷酸甘油的来源有 2 条途径。一条是由糖酵解途径产生的磷酸二羟丙酮还原生成。磷酸二羟丙酮在 α－磷酸甘油脱氢酶的催化下，以 $NADH+H^+$ 为辅酶，还原生成 α－磷酸甘油，这是 α－磷酸甘油的主要来源。另一条途径是由甘油在甘油激酶的催化下，消耗 ATP 生成 α－磷酸甘油。

（四）甘油三酯的合成

甘油三酯是由甘油－α－磷酸和脂酰辅酶 A 缩合而成，人体合成甘油三酯的场所，以肝脏、脂肪组织及小肠为主，其过程如下。

葡萄糖 → 3-磷酸甘油（CH_2OH—HO—CH—CH_2O—Ⓟ）$\xrightarrow[R_1CO\sim SCoA \quad CoASH]{\text{脂酰CoA转移酶}}$ 1-脂酰-3-磷酸甘油（CH_2OCOR_1—HO—CH—CH_2O—Ⓟ）$\xrightarrow[R_2CO\sim SCoA \quad CoASH]{\text{脂酰CoA转移酶}}$ 磷脂酸（CH_2OCO–R_1—R_2COOCH—CH_2O—Ⓟ）

$\xrightarrow[Pi]{\text{磷脂酸磷酸酶}}$ 1,2-二酰甘油（CH_2OCOR_1—R_2COOCH—CH_2OH）$\xrightarrow[R_3CO\sim SCoA \quad CoASH]{\text{脂酰CoA转移酶}}$ 三酰甘油（CH_2OCOR_1—R_2COOCH—CH_2OCOR_3）

甘油三酯的 3 个脂酰基可来自同一脂肪酸，也可来自不同的脂肪酸。甘油三酯中的脂酰基不相同者称为混合甘油三酯。C_1 位上多为饱和脂酰基，C_2 位上多为不饱和脂酰基，C_3 位上为饱和或不饱和脂酰基。人体甘油三酯中所含的脂肪酸有 50% 以上为不饱和脂肪酸。

三、二十碳多不饱和脂肪酸的衍生物

前列腺素（prostaglandin，PG）、血栓素（thromboxane，TX）和白三烯（leukotriene，LT）是体内重要的一类生物活性物质，均由花生四烯酸衍生而来。PG、TX 及 LT 可作为短程信使参与细胞的代谢活动，而且与炎症、免疫、过敏及心血管病等有关。

（一）前列腺素及血栓素的合成

除红细胞外，全身各组织细胞都能合成 PG，血小板还具有 TX 合成酶，在某些刺激因素（如肾上腺素、凝血酶及某些抗原抗体复合物等）作用下，磷脂酶 A_2 被激活，使磷脂水解释放花生四烯酸。花生四烯酸在环加氧酶作用下，生成 PGG_2，后者在过氧化物酶的作用下转变为 PGH_2，PGH_2 在酶的作用下可分别转变为 PGD_2、PGE_2、PGF_2、PGI_2、TXA_2 和 TXB_2。

（二）白三烯的合成

花生四烯酸在 5 - 脂加氧酶作用下，生成 5 - 氢过氧化廿碳四烯酸（5 - HPETE），5 - HPETE经脱水酶催化生成 LTA_4，LTA_4 经水解酶催化生成 LTB_4，再经谷胱甘肽转硫酶催化生成 LTC_4，LTC_4 在 γ - 谷氨酰转肽酶催化下生成 LTD_4，LTD_4 经氨基肽酶催化生成 LTE_4，LTE_4 在 γ - 谷氨酰转肽酶催化下生成 LTF_4。

(三)PG、TX 和 LT 的生理功能

1. PG 的生理功能

PGE_2 能促进局部血管扩张及使毛细血管通透性增加,引起炎症。PGA_2 和 PGE_2 能使动脉平滑肌扩张,从而使血压下降。PGE_2 和 PGI_2 具有抑制胃酸分泌、促进胃肠平滑肌蠕动的作用,PGI_2 还具有扩张血管平滑肌和抑制血小板聚集的作用。PGF_2 可促进卵巢平滑肌收缩引起排卵,增强子宫收缩,促进分娩。

2. TX 的生理功能

TXA_2 主要由血小板合成,可引起血小板聚集和血管收缩,是促进凝血和血栓形成的重要因素,也可引起支气管平滑肌收缩及增加中性粒细胞的化学趋向性。

3. LT 的生理功能

LT 主要由白细胞合成。LT 是一类引起过敏反应的慢反应物质,可使支气管平滑肌收缩。

第三节　磷脂的代谢

含磷酸的脂类称为磷脂,广泛分布于机体各组织细胞,不仅是生物膜的重要组分,而且对脂类的吸收及转运等都起重要作用。通常磷脂包括甘油磷脂和鞘磷脂两类。

一、磷脂的生理功能

磷脂是一类含磷酸的类脂,按其化学组成不同可分为甘油磷脂(glycerophospholipid)与鞘磷脂(sphingomyelin)两大类。体内含量最多的磷脂是甘油磷脂,鞘磷脂主要分布于大脑和神经髓鞘中。磷脂具有以下重要的生物学功能:①磷脂是生物膜的组分;②参与脂蛋白的组成与转运;③磷脂衍生物是激素的第二信使;④组成肺泡表面活性物质;⑤组成血小板活化因子;⑥组成神经鞘磷脂。

二、甘油磷脂的代谢

(一)甘油磷脂的合成

1. 种类

甘油磷脂分子,除甘油、脂肪酸及磷酸外,由于与磷酸相连的取代基团不同,又可分成不同的种类。甘油磷脂可分为磷脂酰胆碱(PC,卵磷脂)、磷脂酰乙醇胺(PE,脑磷脂)、

磷脂酰丝氨酸及磷脂酰肌醇等。体内以卵磷脂和脑磷脂的含量最多，约占总磷脂的75%。

2. 合成部位

全身各组织细胞的内质网中都含有合成甘油磷脂的酶，因此，各组织细胞均可合成甘油磷脂，但肝脏、肾脏及小肠等组织细胞是合成甘油磷脂的主要场所。

3. 合成原料

甘油磷脂的合成原料主要包括甘油、脂肪酸、磷酸盐、胆碱、乙醇胺、丝氨酸及肌醇等物质。甘油和脂肪酸主要由糖代谢转变而来，胆碱和乙醇胺可由食物摄取，也可由丝氨酸在体内转变而来。

4. 合成过程

甘油磷脂的合成过程比较复杂，不同的磷脂需经不同途径合成，不同的途径又可合成同一磷脂，而且，有些磷脂在体内还可以相互转变（见图8－6）。

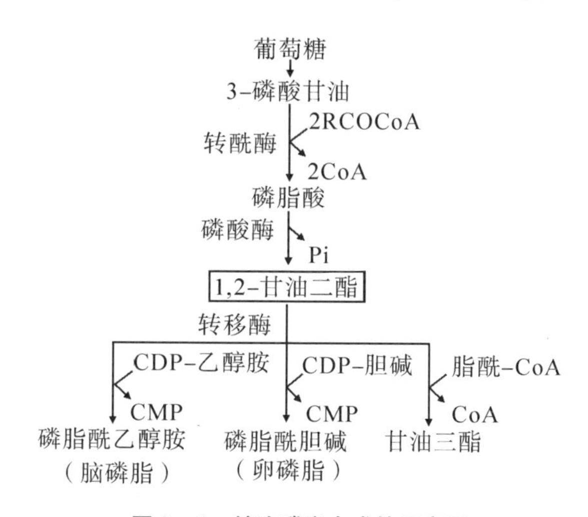

图8－6　甘油磷脂合成的示意图

（1）胆碱和乙醇胺的活化：胆碱和乙醇胺在参与合成代谢之前首先要进行活化，生成胞苷二磷酸胆碱（CDP－胆碱）和胞苷二磷酸乙醇胺（CDP－乙醇胺），其活化过程如图8－7所示。

（2）磷脂酰胆碱与磷脂酰乙醇胺的生成：在转移酶催化下，1，2－甘油二酯分别与CDP－胆碱和CDP－乙醇胺作用生成磷脂酰胆碱与磷脂酰乙醇胺。另外，磷脂酰乙醇胺甲基化也可生成磷脂酰胆碱。

（二）甘油磷脂的分解

甘油磷脂的分解主要是磷脂酶催化的水解过程。磷脂酶根据作用特点分为磷脂酶A_1、磷脂酶A_2、磷脂酶B_1、磷脂酶B_2、磷脂酶C、磷脂酶D（见图8－8），它们分别作用于甘油磷脂的不同酯键，使甘油磷脂逐步水解生成甘油、脂肪酸、磷酸及各种含氮化合物，如胆碱、乙醇胺和丝氨酸等。这些水解产物可被再利用或被氧化分解。

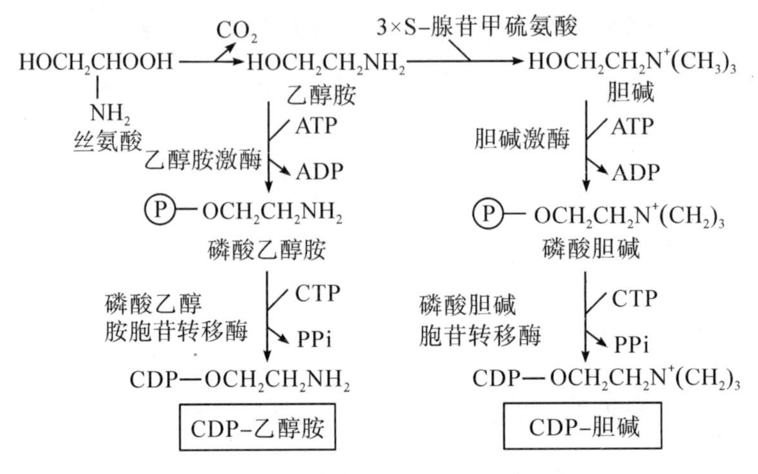

图 8－7　CDP－乙醇胺和 CDP－胆碱的合成

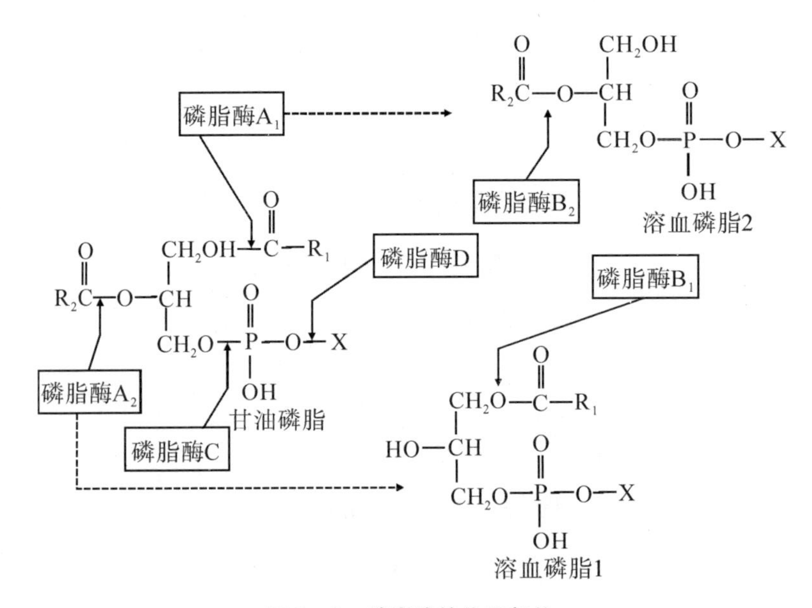

图 8－8　磷脂酶的作用部位

知识链接

甘油磷脂在磷脂酶 A_2 的作用下生成溶血磷脂，溶血磷脂是一种较强的表面活性物质，具有强烈的溶血作用，能使红细胞膜或其他细胞膜破坏引起溶血或细胞坏死。临床上急性胰腺炎的发病，就是由于某种原因使磷脂酶 A_2 激活，导致胰腺细胞膜受损。某些蛇毒含有磷脂酶 A_2，人被毒蛇咬伤后产生大量溶血磷脂而引起溶血，并出现中毒症状。

三、鞘磷脂的代谢

(一)神经鞘磷脂的合成代谢

1. 合成部位

神经鞘磷脂在脑组织中合成最为活跃。

2. 合成原料

脂酰 CoA、丝氨酸、磷酸和胆碱是合成神经鞘磷脂的基本原料。

3. 合成过程

神经鞘磷脂的合成可分为 3 个阶段:

(1)鞘氨醇的合成。软脂酰 CoA 和丝氨酸在鞘氨醇合成酶系催化下,合成鞘氨醇。

(2)神经酰胺(又称 *N* - 脂酰鞘氨醇)的合成。鞘氨醇在脂酰基转移酶的催化下与脂酰 CoA 反应,生成神经酰胺。

(3)神经鞘磷脂的合成。神经酰胺在转移酶的催化下与 CDP - 胆碱反应,合成神经鞘磷脂。

(二)神经鞘磷脂的分解代谢

神经鞘磷脂的分解是在神经鞘磷脂酶的催化下进行的。此酶存在于脑、肝脏、脾脏、肾脏等细胞的溶酶体中,此酶能够水解磷酸酯键,将神经鞘磷脂降解为 N - 脂酰鞘氨醇和磷酸胆碱。先天性缺乏神经鞘磷脂酶的患者,可出现神经鞘磷脂的堆积,造成肝、脾肿大及痴呆等,严重时危及生命。

知识链接

鞘磷脂沉积病

尼曼 - 皮克病(NPD)又称鞘磷脂沉积病,属先天性糖脂代谢性疾病。其特点是全单核巨噬细胞和神经系统有大量的含有神经鞘磷脂的泡沫细胞。NPD 为常染色体隐性遗传,目前至少有 5 种类型。本病为神经鞘磷脂酶缺乏致神经鞘磷脂代谢障碍,导致后者蓄积在单核巨噬细胞系统内,出现肝、脾肿大,中枢神经系统退行性变。本病多见于 2 岁以内婴幼儿,亦有在新生儿期发病的。

1. 急性神经型(A 型或婴儿型)

本型为典型的尼曼 - 皮克病,多在出生后 3 ~ 6 个月内发病。初为食欲不振、呕吐、喂养困难、极度消瘦,皮肤干燥呈蜡黄色,进行性智力、运动减退,肌张力低、软瘫,终成痴呆;半数有眼底樱桃红斑、失明,黄疸伴肝脾大;呈贫血、恶病质表现;多因感染于 4 岁以前死亡。皮肤常出现细小黄色瘤状皮疹,有耳聋。

2. 非神经型(B型或内脏型)

本型多于婴幼儿或儿童期发病,病程进展慢,肝脾肿大突出。患儿智力正常,无神经系统症状;可存活至成人。

3. 幼年型(C型慢性神经型)

本型多于儿童期发病。患儿出生后发育多正常,少数有早期黄疸。常首发肝脾肿大,多数在5~7岁出现神经系统症状。其表现为智力减退、语言障碍、学习困难、感情易变、步态不稳、共济失调、震颤、肌张力及腱反射亢进、惊厥、痴呆,眼底可见樱桃红斑或核上性、垂直性眼肌瘫痪;可存活至5~20岁。

4. Nova - Scotia型(D型)

本型临床经过较幼年型缓慢,有明显黄疸、肝脾肿大和神经症状,患儿多于学龄期死亡。

5. 成年型

本型为成人发病,智力正常,无神经症状,不同程度肝脾肿大;可长期生存。

第四节 胆固醇的代谢

胆固醇是环戊烷多氢菲的衍生物,在体内主要以游离胆固醇和胆固醇酯2种形式存在。

胆固醇是最早从动物胆石中分离出来的具有羟基的固醇类化合物,是人体重要的脂类物质之一。胆固醇不仅是细胞膜的重要成分,也是类固醇激素、胆汁酸盐以及维生素D_3的前体。人体约含140 g胆固醇,分布不均匀,其中,肾上腺、性腺及脑神经组织含量最多,肝脏、肾脏、肠、皮肤以及脂肪组织亦含较多的胆固醇,而肌肉组织中含量较少。动物性食物,如脑髓和内脏、禽蛋黄、鱼子、奶油、肉和软体动物均富含胆固醇。

体内的胆固醇有两个来源。外源性胆固醇主要来自动物性食品;内源性胆固醇由机体自身合成,正常人约占50%。

一、胆固醇的合成代谢

(一)合成部位

全身各组织几乎均可合成胆固醇,但脑组织和成熟红细胞除外。其中,肝脏是主要合成场所,占总合成量的70%~80%,小肠的合成能力次之。胆固醇的合成主要在细胞液及内质网中进行。

（二）合成原料

乙酰 CoA 是合成胆固醇的原料，主要来自糖代谢，少量由脂肪及氨基酸代谢产生，并且需磷酸戊糖途径产生的 NADPH 供氢，ATP 供能。

（三）胆固醇合成的基本过程

胆固醇合成的过程比较复杂，大致可分为 3 个阶段（见图 8－9）。

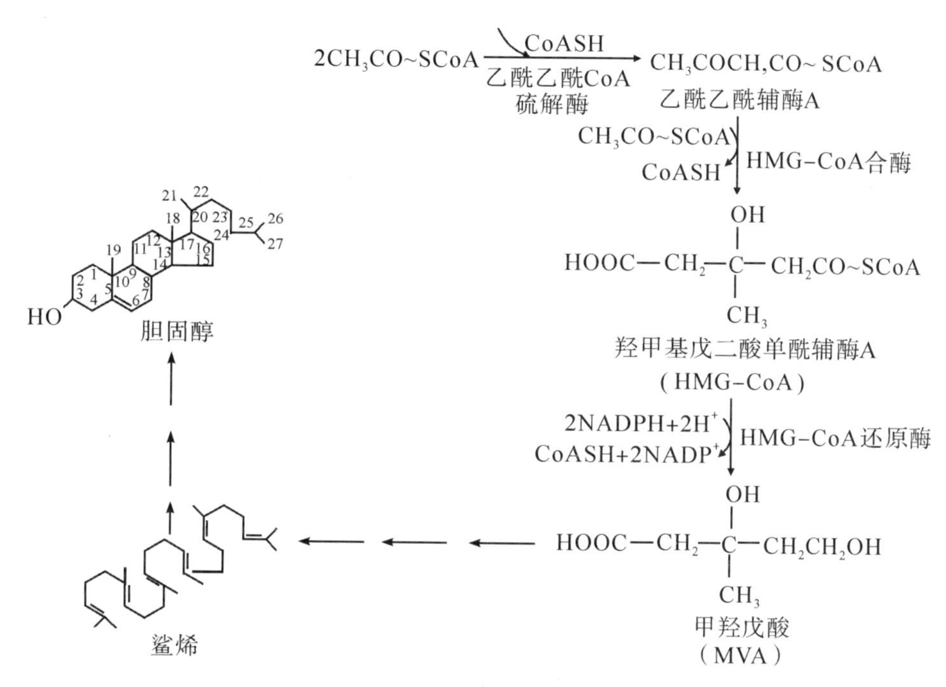

图 8－9 胆固醇的合成

1. 甲羟戊酸的合成

2 分子乙酰 CoA 在硫解酶的催化下缩合成乙酰乙酰 CoA，然后再与 1 分子乙酰 CoA 缩合生成 HMG－CoA，反应由 HMG－CoA 合酶催化。HMG－CoA 在还原酶催化下，生成甲羟戊酸（mevalonicacid，MVA），反应由 NADPH＋H^+ 供氢。HMG－CoA 还原酶是胆固醇生物合成的限速酶。在肝脏和其他组织细胞的细胞液中合成甲羟戊酸。

2. 鲨烯的合成

甲羟戊酸在一系列酶的催化下，先经磷酸化反应，形成活泼的焦磷酸化合物，再相互缩合，增长碳链，生成多烯烃化合物——鲨烯。

3. 胆固醇的合成

鲨烯结合在细胞液中胆固醇载体蛋白上，经过内质网加单氧酶、环化酶等催化，环化生成羊毛脂固醇，再经氧化、脱羧、还原等反应，脱去 3 分子的二氧化碳，形成 27 碳的胆固醇。

(四)胆固醇合成的调节

各种因素对胆固醇生物合成的调节主要通过影响 HMG - CoA 还原酶的活性实现。

1. 激素的调节

调节胆固醇合成的激素主要包括胰高血糖素、皮质激素、胰岛素及甲状腺激素等。胰高血糖素和皮质激素能抑制 HMG - CoA 还原酶的活性,使胆固醇的合成减少。胰岛素能诱导 HMG - CoA 还原酶的合成,从而增加胆固醇的合成。甲状腺激素除可提高 HMG - CoA 还原酶的活性、增加胆固醇的合成外,还可促进胆固醇向胆汁酸的转化。

2. 胆固醇的负反馈调节

体内无论内源性胆固醇还是外源性胆固醇的增多,都可反馈性抑制 HMG - CoA 还原酶的活性,使内源性胆固醇的合成减少,这种负反馈调节主要存在于肝脏。小肠胆固醇的生物合成不受这种负反馈调节的影响。因此,大量进食胆固醇,仍可使血浆胆固醇浓度升高。相反,长期低胆固醇饮食,血浆胆固醇浓度也只能降低 10% ~25% 。因此,仅靠减少胆固醇的摄入,不能使血浆胆固醇浓度明显减低。

3. 药物的作用

某些药物如洛伐他汀(lovastatin)和辛伐他汀(simvastatin),因它们的结构与 HMG - CoA 相似,因此,能够竞争性地抑制 HMG - CoA 还原酶的活性,使体内胆固醇的生物合成减少。另外,有些药物如阴离子交换树脂(消胆胺),可通过干扰肠道胆汁酸盐的重吸收,促使体内胆固醇转变为胆汁酸盐,达到降低血清中胆固醇浓度的作用。

二、胆固醇的酯化

细胞内和血浆中的游离胆固醇可以被酯化成胆固醇酯。

在组织细胞内,游离胆固醇可在脂酰辅酶 A 胆固醇脂酰转移酶(acyl - CoA cholesterol acyl transferase,ACAT)的催化下,接受脂酰辅酶 A 的脂酰基形成胆固醇酯。

血浆中,在卵磷脂胆固醇脂酰转移酶(lecithin cholesterol acyl transferase,LCAT)的催化下,卵磷脂第 2 位碳原子的脂酰基转移至胆固醇第 3 位羟基上,生成胆固醇酯及溶血磷脂酰胆碱。LCAT 由肝细胞合成,分泌入血,发挥催化作用。

三、胆固醇的转化与排泄

胆固醇在体内虽然不能彻底氧化生成 CO_2 和 H_2O,也不能提供能量,但可以转化成多种重要的生理活性物质，参与或调节机体物质代谢。

（一）胆固醇的转化

1. 转化为胆汁酸

胆固醇可在肝细胞内氧化生成胆汁酸。正常人每天合成 1 ~ 1.5 g 胆固醇，其中，大约 40% 转化为胆汁酸，随胆汁排入肠道，胆汁酸能降低油水间的表面张力，在脂类的消化、吸收过程中起着重要的作用。

2. 转化为类固醇激素

肾上腺皮质、睾丸、卵巢等内分泌腺可利用胆固醇合成类固醇激素。肾上腺皮质球状带、束状带及网状带细胞可以分别合成睾酮、皮质醇及雄激素。睾丸间质细胞、卵巢的卵泡内膜细胞和黄体也可以利用胆固醇合成睾酮、雌二醇和孕酮。

3. 转化为 7 – 脱氢胆固醇

皮肤里的胆固醇可被氧化为 7 – 脱氢胆固醇，后者经紫外线照射转变为维生素 D_3。

（二）胆固醇的排泄

在体内胆固醇代谢的去路最主要是转变成胆汁酸盐，以胆汁酸盐的形式随胆汁排泄，还有一部分可直接随胆汁排出，部分随胆汁进入肠道，进入肠道的胆固醇一部分被重吸收，另一部分受肠道细菌作用还原成粪固醇，并随粪便排出体外。

知识链接

胆固醇生物合成的调节

HMG – CoA 还原酶是胆固醇生物合成的限速酶，调节该酶的活性或含量可以维持机体胆固醇代谢平衡。HMG – CoA 还原酶存在于肝脏、肠及其他组织细胞的内质网中，是含 887 个氨基酸残基的糖蛋白，分子量为 97 000。其 N 端含有较多的疏水氨基酸，可以穿过内质网膜而固定在膜上；其 C 端含亲水结构，伸向细胞液，具有催化活性。

胰高血糖素、糖皮质激素可激活腺苷酸环化酶，促进 HMG – CoA 还原酶磷酸化，快速地减少细胞胆固醇的合成。相反，胰岛素可激活磷蛋白磷酸酶，使 HMG – CoA 还原酶脱磷酸，从而起着促进细胞胆固醇合成的作用。

胰岛素、甲状腺素诱导 HMG – CoA 还原酶的合成，从而促进胆固醇的合成。其中，甲状腺素除促使 HMG – CoA 还原酶的合成外，同时还促进胆固醇在肝脏转变为胆汁酸，且作用更强，所以，甲状腺功能亢进时，患者血清胆固醇含量反而有所下降。另外，摄食状况也影响 HMG – CoA 还原酶的合成。在禁食和饥饿状态下，HMG – CoA 还原酶合成减少，活性降低，胆固醇合成受到抑制。同时，乙酰 CoA、ATP、NADPH 的不足也是胆固醇合成减少的重要原因。反之，高糖、高饱和脂肪膳食会使肝 HMG－CoA 还原酶活性增加，胆固醇合成增多。此外，膳食中外源胆固醇含量也会直接影响机体胆固醇的合成。

第五节　血脂和血浆脂蛋白

一、血脂的概念

血脂是血浆中脂质物质的总称，主要包括甘油三酯、磷脂、胆固醇、胆固醇酯以及游离脂肪酸等。其中，磷脂主要有磷脂酰胆碱（约 70%）、神经磷脂（约 20%）及磷脂酰乙醇胺（约 10%）。血浆中游离脂肪酸含量很低，仅 15 mg/dL。血脂来源有外源性及内源性 2 种，食物中的脂质消化吸收后进入血液称外源性脂质，人体组织自身合成或体内各组织分解释放入血称内源性脂质。血脂含量变化范围很大，易受年龄、性别、膳食、运动及代谢等多种因素的影响，远不如血糖含量恒定。

二、血浆脂蛋白的组成与分类

血液中脂质物质不溶于水或微溶于水，除游离脂肪酸与清蛋白结合外，其余都与载脂蛋白（apoprotein，apo）结合形成脂蛋白（lipoprotein，LP），血浆脂蛋白具有亲水性，是血浆脂类的主要存在形式和运输形式。

（一）载脂蛋白

血浆脂蛋白由脂类和蛋白质两类成分构成。脂蛋白中的脂类包括甘油三酯、磷脂、胆固醇及其酯，脂蛋白中的蛋白质部分又称载脂蛋白。目前已发现了十几种载脂蛋白，结构与功能研究得比较清楚的有 apoA、apoB、apoC、apoD、apoE 五大类，每一类又分为不同的亚型。

（二）血浆脂蛋白的组成、分类及功能

由于各种脂蛋白含脂质及蛋白质均不同，因而其密度也各不相同。血浆脂蛋白经超速离心分离后，按其密度大小，可分为乳糜微粒（CM）、极低密度脂蛋白（VLDL）、低密度脂蛋白（LDL）和高密度脂蛋白（HDL）四类。而血浆脂蛋白在电泳时，又可按其电泳速度的不同分为乳糜微粒、β－脂蛋白、前 β－脂蛋白和 α－脂蛋白四类（见表 8－1）。

表 8－1　血浆脂蛋白

<table>
<tr><td rowspan="2">分类</td><td>密度法</td><td>CM</td><td>VLDL</td><td>LDL</td><td>HDL</td></tr>
<tr><td>电泳法</td><td>CM</td><td>pre－β－Lp</td><td>β－Lp</td><td>α－Lp</td></tr>
<tr><td colspan="2">性质</td><td colspan="4">(CM→HDL)密度逐渐升高,Sf 值逐渐降低,颗粒直径逐渐降低</td></tr>
<tr><td colspan="2">电泳位置</td><td>原点</td><td>α_2 球蛋白</td><td>β 球蛋白</td><td>α_1 球蛋白</td></tr>
<tr><td colspan="2">组成(%)</td><td colspan="4">(CM→HDL)TAG 逐渐降低,蛋白质、磷脂逐渐升高。胆固醇先升高(CM→LDL),再降低(LDL→HDL)</td></tr>
<tr><td colspan="2">主要载脂蛋白</td><td>CⅢ、CⅡ、CⅠ、AⅣ、B48、AⅠ、AⅡ</td><td>CⅢ、B100、E、CⅡ、CⅠ</td><td>B100、E</td><td>AⅠ、AⅡ、CⅠ、CⅢ、D、E、CⅡ</td></tr>
<tr><td colspan="2">合成部位</td><td>小肠黏膜细胞</td><td>肝细胞</td><td>血浆</td><td>肝脏、肠、血浆</td></tr>
<tr><td colspan="2">功能</td><td>转运外源性 TAG 及 Ch</td><td>转运内源性 TAG 及 Ch</td><td>转运内源性 Ch</td><td>逆向转运 Ch</td></tr>
</table>

三、血浆脂蛋白代谢状况与生理功能

1. 乳糜微粒(CM)

CM 在四种脂蛋白颗粒中直径最大,由小肠黏膜细胞生成,主要功能是运输食物中消化吸收的外源性三酰甘油及胆固醇等至全身各组织,以供利用。

2. 极低密度脂蛋白(VLDL)

VLDL 主要由肝细胞生成,富含三酰甘油,主要功能是运输肝脏中由糖转变生成的内源性三酰甘油和胆固醇到肝外组织供利用或储存。

3. 低密度脂蛋白(LDL)

人血浆中低密度脂蛋白由极低密度脂蛋白转变生成。正常人空腹时血浆脂蛋白主要是 LDL,约占血浆脂蛋白总量的 2/3。人体各组织细胞表面含有 LDL 受体,能特异识别 LDL 并与之结合,经过细胞内吞噬作用使其进入细胞与溶酶体融合,在溶酶体内分解为胆固醇被利用或被储存。LDL 的主要功能是将肝合成的胆固醇运至肝外组织。血浆中的 LDL 增高者易发生动脉粥样硬化。

4. 高密度脂蛋白(HDL)

HDL 由肝细胞和小肠细胞生成和分泌入血,与乳糜微粒和极低密度脂蛋白交换载脂蛋白而促使其成熟并发挥功能,同时也回收全身各组织衰老死亡后细胞膜上释放出的游离胆固醇,逆向经血液转运回肝脏,进而转变成胆汁酸盐等排出体外。这也是由于肝细胞有识别 HDL 中特殊载脂蛋白的受体,所以,HDL 能最终被肝细胞摄取。因 HDL 能清除血液中多余的胆固醇,故血浆中 HDL 浓度升高者反而不易患高脂血症。

四、高脂血症的定义与分类

血脂水平高于正常范围上限即为高脂血症。目前,在临床实践中,血浆胆固醇或三酰甘油的升高超过正常范围的上限,分别称为高胆固醇血症和高三酰甘油血症。由于脂质在血浆中主要是以脂蛋白的形式存在,因此,高脂血症实际上就是高脂蛋白血症。

高脂血症可分为原发性与继发性两大类。继发性高脂血症继发于其他疾病,如糖尿病、肝病和甲状腺功能减退等。原发性高脂血症是原因不明的高脂血症,已证明有些是由遗传性缺陷所致。

世界卫生组织(WHO)将原发性高脂血症分为五型。我国发病率高的高脂血症主要是Ⅱ型和Ⅳ型。

(一)Ⅰ型高脂蛋白血症(高 CM 血症)

(1)血浆甘油三酯严重增高(可达 11.3 ~45.2 mmol/L),胆固醇轻度升高。

(2)4 ℃过夜的血清中有乳糜微粒。极低密度脂蛋白和低密度脂蛋白值正常或升高。此型临床见于小儿或非肥胖非糖尿病青年。严重高甘油三酯血症患者,可反复发生胰腺炎、肝脾肿大、脂血性视网膜炎及发疹性黄瘤。

(二)Ⅱ型高脂蛋白血症(高 LDL 血症)

(1)胆固醇增高(TC≥5.7 mmol/L)和低密度脂蛋白 - 胆固醇增高(LDL - C >3.90 mmol/L)。

(2)本型多见于家族性高胆固醇血症,少数继发于甲状腺功能低下。

(三)Ⅲ型高脂蛋白血症(高 β - VLDL 血症)

(1)胆固醇和甘油三酯同时增高,且 TC∶TG =1∶1。

(2)患者极低密度脂蛋白 - 胆固醇(VLDL - C)与甘油三酯之比值 >0.3(正常人 <0.25)。

(3)琼脂电泳显示宽 β 带,故本病又称宽 β 病。

(4)本病常见于家族性或未控制的糖尿病,易并发冠心病。

(四)Ⅳ型高脂蛋白血症(高 VLDL 血症)

(1)轻度甘油三酯升高(TG >1.69 mmol/L),而胆固醇正常。

(2)本症患者常肥胖,有糖尿病或高尿酸血症,但无黄瘤。

(五)Ⅴ型高脂蛋白血症

(1)甘油三酯明显升高(TG >4.52 mmol/L,常常大于 11.3 mmol/L),胆固醇中度升高。

(2)4 ℃过夜的血浆中有乳糜微粒,血浆浑浊,VLDL 升高,LDL 下降或正常。

五、动脉粥样硬化

动脉粥样硬化(AS)主要是由于血浆中胆固醇含量过多,沉积于大中动脉内膜上,形成粥样斑块,导致管腔狭窄甚至堵塞,从而影响了受累器官的血液供应。如冠状动脉粥样硬化会引起心肌缺血甚至心肌梗死,称为冠状动脉粥样硬化性心脏病,简称冠心病。大量研究证实,粥样斑块中的胆固醇来自血浆低密度脂蛋白(LDL)。极低密度脂蛋白(VLDL)是 LDL 的前体,所以血浆 LDL 和 VLDL 增高的患者冠心病的发病率显著升高。研究表明,高密度脂蛋白(HDL)的水平与冠心病的发病率呈负相关,HDL 具有抗动脉粥样硬化作用。这是由于 HDL 主要通过参与胆固醇的逆向转运,既能清除外周组织的胆固醇,降低动脉壁胆固醇含量,又能抑制 LDL 氧化作用,保护内膜不受 LDL 损害。总之,凡能增加动脉壁胆固醇内流和沉积的脂蛋白,如 LDL、VLDL、Ox - DL 等,均为致 AS 的因素;凡能促进胆固醇从血管壁外运的脂蛋白(如 HDL),则具有抗 AS 作用,是抗 AS 的因素。故降低 LDL 和 VLDL 的水平和提高 HDL 的水平是防治动脉粥样硬化、冠心病的基本原则。

知识链接

长期高脂血症容易引起脂类浸润,并沉积在大、中动脉管壁,引起动脉粥样硬化。动脉粥样硬化是中老年最常见的循环系统疾病,若硬化部位发生在冠状动脉,会导致患者心绞痛、心肌梗死。而脑血管粥样硬化,易导致脑出血或脑血栓,这也是中老年人最常见的死亡原因,且发病率呈逐年上升的趋势。

思政园地

脂类作为人体内的重要能源物质,其代谢与运动情况有密切关系。同时,脂类的含量与人类身体健康密切相关,脂类在体内的含量被证实是多种疾病的诱发因子,缺乏体力活动或不合理膳食,是超重和肥胖的重要原因。然而,肥胖与超重可以引起许多疾病,如冠心病、高血压、脑卒中、糖尿病、骨质疏松甚至肿瘤等,运动可以很好地改善体内脂类代谢,通过消耗脂类供给能量,减少脂类堆积,达到预防心脑血管疾病的作用。因此,通过对脂类代谢的学习,认识到脂类作为能源物质可以分解供能,从而科学指导运动,改善脂质堆积,增强身体素质。

我国 24 万成人数据汇总分析表明:BMI≥24 kg/m^2 者患高血压的概率是体重正常者的 3 ~4 倍,患糖尿病的概率是体重正常者的 2 ~3 倍;BMI≥28 kg/m^2 的肥胖者中,90%

以上患有上述疾病或有危险因素。男性腰围≥85 cm、女性腰围≥80 cm者患高血压的概率是腰围低于此界线者的3.5倍，其患糖尿病的概率是腰围低于此界线者的2.5倍。基线体重指数每增加3 kg/m^2，其4年内发生高血压的危险女性增加57%，男性增加50%。

本章小结

脂类是脂肪和类脂的总称，是生物体内一类重要的有机物质。脂肪由1分子甘油和3分子脂肪酸组成，故脂肪又称为甘油三酯或三酰甘油。类脂主要包括磷脂、糖脂、胆固醇及胆固醇脂。

脂肪细胞中储存的甘油三酯经一系列脂肪酶催化，逐步水解释放出甘油和游离脂肪酸，运送到全身各组织中利用，此过程称为脂肪动员。脂肪动员的限速酶是甘油三酯脂肪酶。

脂肪动员产生的甘油释放入血，随血液循环运至肝脏、肾脏等组织被摄取利用。其中甘油激酶活性很高，可催化甘油转变为3-磷酸甘油，然后在磷酸甘油脱氢酶的作用下，生成磷酸二羟丙酮，再通过糖异生作用转变为糖或循糖酵解途径氧化分解。产生的饱和脂肪酸在一系列酶的作用下，羧基端的β位C原子发生氧化，碳链在α位C原子与β位C原子间发生断裂，每次生成1个乙酰CoA和较原来少2个碳单位的脂肪酸，这种不断重复进行的脂肪酸氧化过程称为β-氧化。

酮体是脂肪酸在肝脏中氧化不完全的产物，主要是由于肝脏中具有活性较强的合成酮体的酶系。

甘油三酯合成的原料是甘油-α-磷酸和脂酰辅酶A，还需要$NADPH + H^+$。合成过程主要在细胞质中进行。

含磷酸的脂类称为磷脂，广泛分布于机体各组织细胞，其不仅是生物膜的重要组分，而且对脂类的吸收及转运等都起重要作用。通常磷脂包括甘油磷脂和鞘磷脂两类。

胆固醇是环戊烷多氢菲的衍生物，在体内主要以游离胆固醇和胆固醇酯两种形式存在。

血脂是血浆中脂质物质的总称，它包括甘油三酯、磷脂、胆固醇、胆固醇酯以及游离脂肪酸。

思考题

一、选择题

1. 线粒体基质中脂酰CoA脱氢酶的辅酶是(　　)

A. FAD　　　　B. $NADP^+$

C. NAD^+　　D. GS－SG

E. FMN

2. 在脂肪酸的合成中，每次碳链的延长都直接参与的物质是（　　）

A. 乙酰 CoA　　B. 草酰乙酸

C. 丙二酸单酰 CoA　　D. 甲硫氨酸

E. 琥珀酸

3. 下列递氢体中能为合成脂肪酸提供所需的氢的是（　　）

A. $NADP^+$　　B. $NADPH + H^+$

C. $FADH_2$　　D. $NADH + H^+$

E. $FMNH_2$

4. 脂肪酸活化后，β－氧化反复进行，不需要其参与的酶是（　　）

A. 脂酰 CoA 脱氢酶　　B. β－羟脂酰 CoA 脱氢酶

C. 烯脂酰 CoA 水合酶　　D. 硫激酶

E. 烯脂酰 CoA 水化酶

5. 在脂肪酸合成中，将乙酰 CoA 从线粒体内转移到细胞质中的化合物是（　　）

A. 乙酰 CoA　　B. 草酰乙酸

C. 柠檬酸　　D. 琥珀酸

E. 葡萄糖

6. β－氧化的酶促反应顺序为（　　）

A. 脱氢、再脱氢、加水、硫解　　B. 脱氢、加水、再脱氢、硫解

C. 脱氢、脱水、再脱氢、硫解　　D. 加水、脱氢、硫解、再脱氢

E. 脱氢、硫解、再脱氢、加水

7. 细胞质中合成脂肪酸的限速酶是（　　）

A. β－酮酯酰 CoA 合成酶　　B. 水化酶

C. 酯酰转移酶　　D. 乙酰 CoA 羧化酶

E. 己糖激酶

8. 脂肪大量动员肝内生成的乙酰 CoA 主要转变为（　　）

A. 葡萄糖　　B. 酮体

C. 胆固醇　　D. 草酰乙酸

E. 胆汁

9. 乙酰 CoA 羧化酶的变构抑制剂是（　　）

A. 柠檬酸　　B. ATP

C. 长链脂肪酸　　D. CoA

E. 草酰乙酸

10. 脂肪酸合成需要的 $NADPH + H^{+}$ 主要来源于(　　)

A. TCA　　B. EMP

C. 磷酸戊糖途径　　D. 糖的无氧氧化

E. 糖的有氧氧化

11. 生成甘油的前体是(　　)

A. 丙酮酸　　B. 乙醛

C. 磷酸二羟丙酮　　D. 乙酰 CoA

E. 丙酮

12. 卵磷脂中含有的含氮化合物是(　　)

A. 磷酸吡哆醛　　B. 胆胺

C. 胆碱　　D. 谷氨酰胺

E. 磷酸吡哆胺

二、名词解释

1. 脂肪动员

2. 必需脂肪酸

3. β－氧化

三、简答题

1. 简述酮体的生成和利用。

2. 1 mol 软脂酸彻底氧化可净生成多少摩尔 ATP?

3. 脂类有哪些生理功能?

在线测试题

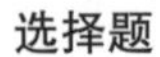

选择题　　判断题

第九章　蛋白质的分解代谢

本章导读

蛋白质作为生命的物质基础，它不仅是组织细胞的基本成分，而且参与各种生命活动。因此，蛋白质对于机体的正常代谢和各种生命活动都是十分重要的。

氨基酸是蛋白质的基本组成单位，蛋白质在体内进行分解代谢时首先分解成氨基酸，然后进一步代谢。所以，氨基酸代谢是蛋白质分解的中心内容。

蛋白质的营养作用是其他物质不能代替的，蛋白质所提供的氨基酸对于合成蛋白质和一些含氮的代谢物等很重要，同时也是能量的重要来源。为此，本章在讨论氨基酸代谢之前首先介绍蛋白质的营养作用。

目标透视

1. 了解 α - 酮酸的代谢途径。
2. 熟悉蛋白质的生理功能，氨基酸的脱羧基、脱氨基的产物和作用。
3. 掌握氨在体内的主要代谢去路。
4. 运用蛋白质的相关知识来认识疾病的发生、诊断和治疗。
5. 培养学生爱岗敬业、自主学习和理论联系实际的能力。

第一节　蛋白质的营养作用

蛋白质既是生物体最基本的有机成分，又是物质代谢及生命活动过程中起重要作用的物质。蛋白质在塑造细胞、组织和器官，以及在催化、运输、运动、兴奋性的表达、生长、分化和调控等方面都有极其重要的功能。同时，蛋白质在体内氧化分解过程中也释放出能量(1 克的蛋白质在体内生理氧化可产生 16.7 kJ 的能量)供机体利用(这一功能可由糖或脂肪来代替)。因此,必须经常从食物中摄入足够的蛋白质,才能维持正常代谢和保证各种生命活动的顺利进行。

一、蛋白质的生理功能

(一)维持细胞组织的生长、更新和修补

蛋白质最重要的功能是作为组织、细胞的结构成分,其约占细胞干重的 50%。人体必须从膳食中摄取足够量的蛋白质,才能满足机体新陈代谢的需要。

(二)参与体内多种重要的生理活动

体内的蛋白质(如酶、多肽类、激素、抗体等)具有多种特殊功能。肌肉的收缩、血液的凝固、物质的运输等生理过程也离不开蛋白质。

(三)氧化功能

体内蛋白质分解成氨基酸后,经过脱氨基作用生成 α-酮酸,可以直接进入三羧酸循环,进而氧化分解。

二、蛋白质的生理需要量

(一)氮平衡

氮平衡是反映机体内蛋白质代谢状况的一项指标,实质上是指蛋白质的每日摄入量与排出量的对比关系。食物中含氮物质主要是蛋白质,蛋白质中氮元素的平均含量为16%,所以,测定食物中的含氮量即可推算出食物中蛋白质大致的含量。蛋白质在体内代谢产生的含氮化合物主要通过尿、粪排出。

1. 氮的总平衡

摄入氮 = 排出氮,即氮的“收支”平衡;见于成人。

2. 氮的正平衡

摄入氮 > 排出氮,部分摄入氮用于合成体内蛋白质;见于儿童、孕妇、青少年及恢复期患者。

3. 氮的负平衡

摄入氮 < 排出氮,即蛋白质摄入量不能满足机体的需要;见于长期饥饿、蛋白质营养不良、出血、大面积烧伤及消耗性疾病患者。

（二）生理需要量

根据氮平衡实验计算，在不进食蛋白质时，成人每天最低分解约 20 g 蛋白质。由于食物的蛋白质与人体的蛋白质组成存在差异，不可能全部被利用，故而成人每天最低需要 30～50 g 蛋白质。为了长期保持总氮平衡，仍须增量才能满足要求。我国营养学会推荐成人每天蛋白质需要量为 80 g。

三、蛋白质的营养价值

组成人体蛋白质的氨基酸有 20 种，其中，有 8 种氨基酸在人体内不能合成，必须由食物蛋白质供给，故称之为必需氨基酸，分别是异亮氨酸、甲硫氨酸、缬氨酸、亮氨酸、色氨酸、苯丙氨酸、苏氨酸和赖氨酸。其他 12 种氨基酸体内能合成，不一定需要从食物中获取，称为非必需氨基酸。

蛋白质的营养价值取决于蛋白质所含必需氨基酸的种类、数量及其比例，一般来说，含有必需氨基酸种类齐全和数量充足的蛋白质，其营养价值高，反之则营养价值低。因动物蛋白质所含的必需氨基酸的种类和数量比较符合人体的需要，故营养价值高。

临床上，对各种原因（如烧伤、摄取困难、严重腹泻或外科手术等）引起的低蛋白质血症患者进行治疗时，常用比例适当的混合氨基酸进行输液，以保证患者体内对氨基酸的需要。

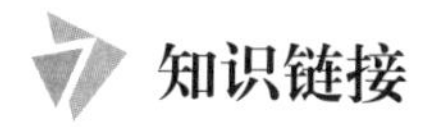

均衡蛋白质饮食，减缓饥饿感

人们一贯认为蛋白质丰富的食物很容易填饱肚子，这似乎是真的。也就是说，如果我们找到蛋白质、碳水化合物和脂肪之间的平衡点，那么便能控制吃得太多的现象。

澳大利亚悉尼大学的研究人员对 22 名男性和女性志愿者进行了测试，他们让志愿者分别进食三种食物，这三种食物均是由同样的饭菜和小吃组成，但它们所含的蛋白质分别是 10%、15%、25%。志愿者进食某种食物的观察时间为 4 天。相比于其余两组的成员，食用 10% 蛋白质含量食物的小组成员表示，在早餐后两小时内，他们就有了饥饿感。这种饮食也造成志愿者食用更多食物。从实验第一天到最后一天，这些参与者每顿进食的食物量比最先增加了 12%。研究结果发表于《美国国家科学院院刊》（PNAS）。

“近几十年来很多国家的饮食逐渐发生了变化，食物中的部分蛋白质被多余的脂肪和碳水化合物所取代，而我们要做的则是保持蛋白质在一个目标水平。”研究的共同作者之一斯蒂芬·辛普森(Stephen Simpson)说道。

“在当前这个饮食环境中,富含脂肪和碳水化合物的食物不仅廉价而且美味,我们的这项发现对当代人们的体重管理有着深远的影响。”另一位共同作者艾丽森·格斯比(Alison Gosby)说道。

第二节　蛋白质的酶促降解

蛋白质的酶促降解过程是在水解酶系的催化下进行的,蛋白质的水解使肽键断裂,最后生成氨基酸。在真核细胞中,水解蛋白质的酶主要存在于溶酶体内,动物的消化道内也有大量蛋白质水解酶类。

一、蛋白质在胃内的消化

胃黏膜主细胞所分泌的胃蛋白酶原(pepsinogen)在胃内经盐酸或胃蛋白酶本身激活而生成胃蛋白酶。胃蛋白酶的最适 pH 为1.5~2.5,pH 为6时失活。胃蛋白酶对肽键作用的特异性较差,主要水解由芳香族氨基酸的羧基所形成的肽键,由于食物在胃中停留时间短,对蛋白质消化不完全,产物主要为多肽及少量氨基酸。胃中酸性环境可使蛋白质变性而有利于水解。此外,胃蛋白酶还具有凝乳作用,使乳中酪蛋白转化并与 Ca^{2+} 凝集成凝块,使乳汁在胃中停留时间延长,有利于乳汁中蛋白质的消化,这对婴幼儿较为重要。

二、蛋白质在肠内的消化

蛋白质在胃内的消化是很不完全的。胃中的蛋白质消化产物及小部分未被消化的蛋白质随食糜流入小肠,小肠是蛋白质消化的主要场所。在小肠内,蛋白质受到来自胰脏的胰蛋白酶和胰凝乳蛋白酶的作用,进一步分解为小的肽链,然后小的肽链又被肠黏膜中的二肽酶、氨肽酶及羧肽酶分解为氨基酸进而直接被吸收利用。

三、氨基酸的吸收和转运

氨基酸、二肽、三肽可直接在小肠内被吸收。关于其吸收机制,目前尚不完全清楚,一般认为主要是主动吸收过程。

四、蛋白质的腐败作用

食物中的蛋白质经胃液、胰液及小肠黏膜细胞各种蛋白水解酶的协同作用，大约有95%可以被消化吸收。在大肠下部，大肠杆菌对没有被消化的蛋白质和没有被吸收的氨基酸继续分解，这一过程称为腐败作用。肠道细菌的蛋白酶可水解蛋白质生成氨基酸，氨基酸再经细菌氨基酸脱羧酶的作用生成有毒的胺类。氨基酸在肠道细菌的作用下还可以生成氨，这是肠道氨的重要来源之一。

（一）胺类的生成

肠道细菌使氨基酸脱羧产生胺（amines）。例如，组氨酸脱羧基生成组胺，赖氨酸脱羧基生成尸胺，色氨酸脱羧基生成5－羟色胺，酪氨酸脱羧基生成酪胺，苯丙氨酸脱羧基生成苯乙胺等。酪胺和苯乙胺在脑组织可形成β－羟酪胺（鳍胺）和苯乙醇胺，后二者的化学结构与儿茶酚胺类似，称为假神经递质。假神经递质增多，可取代儿茶酚胺，影响神经冲动传递，可使大脑发生异常抑制，这可能与肝昏迷的症状有关。

（二）氨的生成

肠道中的氨主要有两个来源：一是未被吸收的氨基酸在肠道细菌作用下通过脱氨基作用生成；二是血液中尿素渗入肠道，被肠道菌尿素酶水解而生成。

（三）其他有害物质的生成

腐败作用还可产生其他有害物质，如苯酚、吲哚、甲基吲哚及硫化氢等。

在正常情况下，上述有害物质大部分能够随粪便排出体外，只有小部分被吸收并经肝脏的代谢转变而解毒。

知识链接

食物蛋白质消化率（digestibility）是反映食物蛋白质在消化道内被分解和吸收程度的一项指标；是指在消化道内被吸收的蛋白质占摄入蛋白质的百分数；是评价食物蛋白质营养价值的生物学指标之一。其一般采用动物或人体实验测定，根据是否考虑内源粪代谢氮因素，可分为表观消化率和真消化率2种。

1. 蛋白质表观消化率［apparent protein（N） digestibility］

不计内源粪的蛋白质消化率，通常以动物或人体为实验对象，在实验期内，测定实验对象摄入的食物氮和从粪便中排出的氮，然后计算：蛋白质表观消化率（%）＝$[(I-F)]\times$

100/*I*(式中 *I* 代表摄入氮,*F* 代表粪氮)。

2. 蛋白质真消化率(true protein digestibility)

考虑粪代谢时的蛋白质消化率,粪中排出的氮实际上有2个来源。一是来自未被消化吸收的食物蛋白质;二是来自脱落的肠黏膜细胞以及肠道细菌等所含的氮。通常以动物或人体为实验对象,首先设置无氮膳食期,即在实验期内给予无氮膳食。成人24小时内粪代谢氮一般为0.9~1.2 g,然后再设置被测食物蛋白质实验期,实验期内摄取被测食物,再分别测定摄入氮和粪氮。从被测食物蛋白质实验期的粪氮中减去无氮膳食期的粪代谢氮,才是摄入氮和粪氮。从被测食物蛋白质实验期的粪氮中减去无氮膳食期的粪代谢氮,才是摄入食物蛋白质中真正未被消化的部分,故称为蛋白质真消化率。计算如下:蛋白质真消化率(%)= $[I-(F-F_k)]\times 100/I$(式中 *I* 为摄入氮,*F* 代表粪氮,F_k 代表粪代谢氮)。

第三节　氨基酸的分解代谢

膳食中的蛋白质经消化、吸收后,以氨基酸的形式经血液循环进入全身各组织,用以合成组织蛋白质。组织中原有的蛋白质又经常被降解为氨基酸,人体内还可合成一部分非必需氨基酸。这两种不同来源的氨基酸(外源性的和内源性的)混合,存在于细胞内液和细胞外液等各种体液中,称为氨基酸的代谢库。氨基酸的主要功能是合成蛋白质和肽类,以及转变成某些含氮物质。此外,一部分氨基酸可转变为糖、脂肪和彻底分解氧化供能。氨基酸有共同的代谢方式,即本节所述氨基酸的一般代谢。但因氨基酸结构的差异,也有个别的代谢方式。氨基酸的代谢概况如图9-1所示。

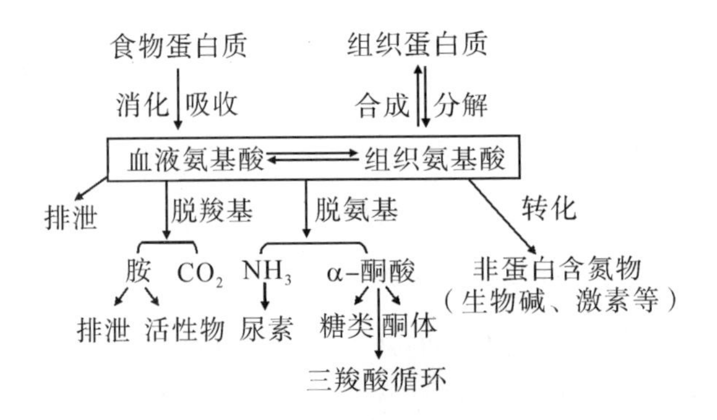

图9-1　氨基酸的代谢概况

一、氨基酸的脱氨基作用

氨基酸分解代谢最首要的反应是脱氨基作用(deamination),此反应在体内大多数组织细胞内均可进行。氨基酸可以通过氧化脱氨基、转氨基、联合脱氨基及嘌呤核苷酸循环等方式脱去氨基而生成α-酮酸,然后进一步代谢,其中,以联合脱氨基作用最重要。

(一)氧化脱氨基作用

氨基酸先经脱氢生成不稳定的亚氨基酸,然后再被水解而产生α-酮酸和氨,此反应称为氧化脱氨基作用。催化氧化脱氨基作用的酶有氨基酸氧化酶和谷氨酸脱氢酶,其中,以谷氨酸脱氢酶最为重要。

谷氨酸脱氢酶是以 NAD^+(或 $NADP^+$)为辅酶的不需氧脱氢酶。在体内分布广泛,活性强,它催化谷氨酸脱氢生成α-酮戊二酸和氨,反应过程如下:

$$\underset{L\text{-谷氨酸}}{\begin{array}{l}NH_2\\|\\CH—COOH\\|\\(CH_2)_2COOH\end{array}} \xrightleftharpoons[L\text{-谷氨酸脱氢酶}]{NAD^+\ \ NADH+H^+} \left[\begin{array}{l}NH\\\|\\C—COOH\\|\\(CH_2)_2COOH\end{array}\right] \xrightleftharpoons{H_2O} \underset{\alpha\text{-酮戊二酸}}{\begin{array}{l}O\\\|\\C—COOH\\|\\(CH_2)_2COOH\end{array}} + \underset{\text{氨}}{NH_3}$$

(二)转氨基作用

转氨基作用是指在氨基转移酶(转氨酶)的作用下,氨基酸的α-氨基转移到另一个α-酮酸的酮基上,生成相应的α-氨基酸,而原来的氨基酸则转变为相应的α-酮酸。

$$\begin{array}{c}R_1\\|\\H—C—NH_2\\|\\COOH\end{array} + \begin{array}{c}R_2\\|\\C=O\\|\\COOH\end{array} \xrightleftharpoons{\text{转氨酶}} \begin{array}{c}R_1\\|\\C=O\\|\\COOH\end{array} + \begin{array}{c}R_2\\|\\H—C—NH_2\\|\\COOH\end{array}$$

转氨酶所催化的反应是可逆的。其可促使氨基酸转移出氨基,同时,α-酮酸可通过此酶的作用接受氨基酸转出的氨基而合成相应的氨基酸,这是体内合成氨基酸的重要途径。

人体内存在多种氨基转移酶,除赖氨酸、脯氨酸和羟脯氨酸外,大多数氨基酸能够在特异的氨基转移酶催化下与专一的酮酸之间进行氨基再转移,但最重要的是丙氨酸氨基转移酶(ALT,又称为谷丙转氨酶,GPT)和天冬氨酸氨基转移酶(AST,又称为谷草转氨酶,GOT),它们催化的反应分别是:

$$\underset{\text{丙氨酸}}{\begin{array}{l}CH_3\\|\\CHNH_2\\|\\COOH\end{array}} + \underset{\alpha\text{-酮戊二酸}}{\begin{array}{l}COOH\\|\\(CH_2)_2\\|\\C=O\\|\\COOH\end{array}} \xrightleftharpoons{ALT} \underset{\text{丙酮酸}}{\begin{array}{l}CH_3\\|\\C=O\\|\\COOH\end{array}} + \underset{\alpha\text{-谷氨酸}}{\begin{array}{l}COOH\\|\\(CH_2)_2\\|\\CHNH_2\\|\\COOH\end{array}}$$

$$\begin{array}{ccccccc} \mathrm{COOH} & & \mathrm{COOH} & & \mathrm{COOH} & & \mathrm{COOH} \\ | & & | & \mathrm{AST} & | & & | \\ \mathrm{CH_2} & + & \mathrm{(CH_2)_2} & \rightleftharpoons & \mathrm{CH_2} & + & \mathrm{(CH_2)_2} \\ | & & | & & | & & | \\ \mathrm{CHNH_2} & & \mathrm{C=O} & & \mathrm{C=O} & & \mathrm{CHNH_2} \\ | & & | & & | & & | \\ \mathrm{COOH} & & \mathrm{COOH} & & \mathrm{COOH} & & \mathrm{COOH} \end{array}$$

天冬氨酸　α－酮戊二酸　草酰乙酸　谷氨酸

丙氨酸氨基转移酶和天冬氨酸氨基转移酶在体内广泛分布，但是在各个组织中含量不一，其分布状况如表9－1所示。

表9－1　正常成人某些组织中AST、ALT的含量

组织	AST单位/g湿组织	ALT单位/g湿组织
心	156 000	7 100
肝脏	142 000	44 000
骨骼肌	99 000	4 800
肾脏	91 000	19 000
胰腺	28 000	2 000
脾	14 000	1 200
肺	10 000	700
血清	20	16

转氨酶只分布在细胞内，正常血清中含量很少。肝脏富含谷丙转氨酶（又称丙氨酸转氨酶）。但肝细胞病变时，如急性肝炎，因细胞通透性增大或组织坏死，谷丙转氨酶大量释放入血，造成血清中转氨酶活性明显升高，而心肌梗死时，血清中谷草转氨酶明显上升。因此，在临床上，测定血清中的谷丙转氨酶和谷草转氨酶活性有助于疾病的诊断。

转氨酶的辅酶是磷酸吡哆醛（维生素B_6的磷酸酯），在转氨基过程中，磷酸吡哆醛和磷酸吡哆胺通过互变，可起到传递氨基的作用。

知识链接

谷丙转氨酶偏高的危害主要是对患者肝脏的损害。谷丙转氨酶偏高导致肝细胞不断损伤，使肝脏的代谢和解毒能力降低，药物代谢和身体毒素不能及时排出又进一步加重了肝脏的负担。可以说这是一种恶性循环，如果不加阻止，其病情发展的后果是相当严重的。

谷丙转氨酶主要存在于肝脏、心脏和骨骼肌中。肝细胞或某些组织损伤、坏死，都会使血液中的谷丙转氨酶升高。谷丙转氨酶高的症状一般可有食欲减退、恶心、呕吐、黄疸、肝区疼痛等。

谷丙转氨酶的正常参考值为0～40 U/L，谷丙转氨酶偏高在临床是很常见的现象。谷丙转氨酶升高是肝脏功能出现问题的一个重要指标。肝脏是人体最大的解毒器官，肝脏是否正常，对人体来说是非常重要的。

（三）联合脱氨基作用

将氨基酸转氨基作用和谷氨酸氧化脱氨基作用偶联起来的脱氨基方式称为联合脱氨基作用。它是体内各种氨基酸脱氨基的主要方式。在人体内，*L*－谷氨酸脱氢酶的特异性很强，只能催化*L*－谷氨酸脱氨基。虽然大多数氨基酸可以进行转氨基作用，但是实际发生的只是氨基的转移，并没有氨基的真正脱落。事实上，人体内绝大多数氨基酸的脱氨基作用，是上述两种方式联合作用的结果。

1．转氨基作用与氧化脱氨基作用的联合

首先，氨基酸与α－酮戊二酸在转氨酶催化下，生成相应的α－酮酸和谷氨酸，然后谷氨酸又在*L*－谷氨酸脱氢酶作用下，脱去氨基又转变为α－酮戊二酸，并释放出NH_3（见图9－2）。

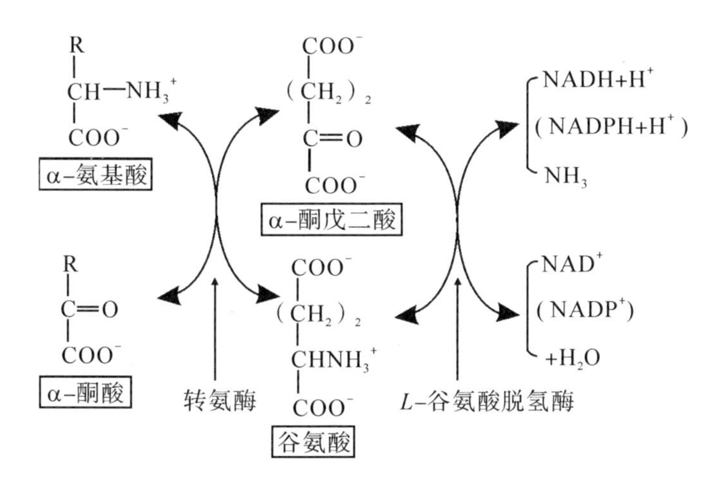

图9－2　转氨基作用与氧化脱氨基作用的联合

联合脱氨基作用有以下特点：

（1）联合脱氨基作用的顺序，一般是先进行转氨基作用，再进行氧化脱氨基作用。

（2）转氨基作用的氨基受体是α－酮戊二酸。由于氧化脱氨基时，*L*－谷氨酸的活性高，并且特异性强，只有α－酮戊二酸作为转氨基作用的氨基受体，才能生成谷氨酸。

（3）该作用主要存在于肝脏、肾脏及脑组织。

2. 转氨基作用与嘌呤核苷酸循环的联合

在骨骼肌和心肌中,*L*－谷氨酸脱氢酶的活性低,这些组织的氨基酸难以进行联合脱氨基作用,一般通过嘌呤核苷酸循环脱去氨基。其具体步骤是:肌肉等组织中的氨基酸通过转氨基作用,使草酰乙酸生成天冬氨酸。天冬氨酸与次黄嘌呤核苷酸(IMP)反应生成腺苷酸代琥珀酸,后者在裂解酶的作用下生成延胡索酸、腺嘌呤核苷酸(AMP)。AMP 又在腺苷酸脱氨酶催化下脱去氨基再生成 IMP,最终完成了氨基酸的脱氨基。IMP 再参与下一轮循环(见图 9－3)。

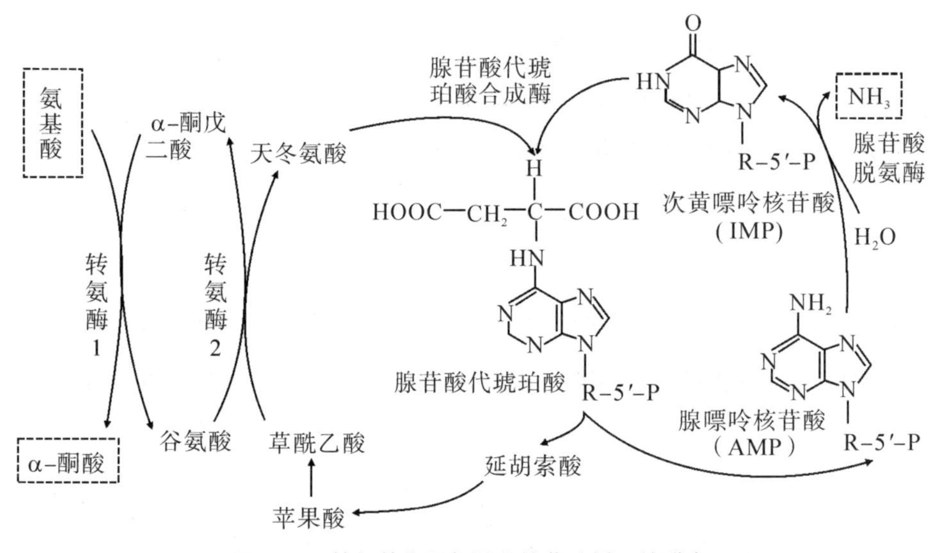

图 9－3　转氨基作用与嘌呤核苷酸循环的联合

二、氨基酸的脱羧基作用

氨基酸在脱羧酶的作用下,通过脱羧反应生成相应的胺类化合物的过程,称为脱羧作用。氨基酸脱羧酶广泛存在于动植物和微生物体内。氨基酸脱羧酶的专一性很强,与转氨酶相同,其辅酶也是磷酸吡哆醛。磷酸吡哆醛以其醛基与氨基酸的氨基结合生成亚胺形式的中间产物,再经脱羧、水解产生胺,并重新生成磷酸吡哆醛。

不同氨基酸需特异脱羧酶催化,生成的胺类也各不相同。如果这些物质在体内蓄积过多,则会引起神经系统及心血管系统的功能紊乱。因体内广泛存在着胺氧化酶,能够催化胺类物质氧化成醛,醛继续氧化成酸,酸再氧化为 H_2O、CO_2 或随尿液排出体外,所以能避免胺类的蓄积。

$$\underset{\text{氨基酸}}{HOOC—\overset{R}{\overset{|}{C}}H—NH_2} \xrightarrow[\text{脱羧酶}]{CO_2} \underset{\text{胺}}{R—CH_2—NH_2} \xrightarrow[\text{单胺氧化酶}]{O_2\ H_2O \quad H_2O_2\ NH_3} \underset{\text{醛}}{RCHO} \xrightarrow{+\frac{1}{2}O_2} \underset{\text{羧酸}}{RCOOH}$$

知识链接

几种重要的胺类物质

1. γ－氨基丁酸(γ－aminobutyric acid,GABA)

GABA由谷氨酸脱羧生成。催化此反应的酶为谷氨酸脱羧酶,此酶在脑及肾组织中活性强,因而γ－氨基丁酸在脑中的浓度较高。其作用是抑制突触传导。

2. 组胺(histamine)

组胺由组氨酸经组氨酸脱羧酶催化脱羧生成。体内许多组织的肥大细胞及嗜碱性细胞在过敏反应、创伤等情况下产生组胺。组胺是一种强血管扩张剂,可引起血管扩张,毛细血管通透性增加,造成血压下降,甚至休克。组胺可使平滑肌收缩,引起支气管痉挛而发生哮喘。组胺还能促进胃黏膜细胞分泌胃蛋白酶及胃酸,故可用于研究胃分泌功能。组胺可经氧化或甲基化而灭活。

HN　N　$-CH_2-CH(NH_2)-COOH$ —组氨酸脱羧酶→ CO_2 + HN　N　$-CH_2-CH_2-NH_2$

组氨酸　　　　组胺

3. 5－羟色胺(5－hydroxytryptamine,5－HT)

色氨酸在脑组织中经色氨酸羟化酶催化生成5－羟色氨酸,然后再经5－羟色氨酸脱羧酶的作用生成5－HT,又称为血清素。它是一种神经递质,直接影响神经传导。

$-CH_2CH(NH_2)COOH$ (N H) —色氨酸羟化酶→ HO－ $-CH_2CH(NH_2)COOH$ (N H) —5-羟色氨酸脱酸酶→ CO_2 + HO－ $-CH_2CH_2NH_2$ (N H)

色氨酸　　　　5-羟色氨酸　　　　5-羟色胺

4. 多胺(polyamine)

有些氨基酸在体内经脱羧作用尚可产生多胺,例如,精氨酸水解生成的鸟氨酸经脱羧作用生成腐胺,它是亚精胺及精胺的前体。

人们发现多胺经常与核酸并存,而且在精液中含量很多。精胺与亚精胺(精咪)是调节细胞生长的重要物质。凡属生长旺盛的组织,如胚胎、再生肝、肿瘤组织或给予生长素后的实验动物,其鸟氨酸脱羧酶的活性和多胺的含量都有所增加。多胺因带正电荷,可与带负电荷物质,如DNA、RNA结合,从而促进核酸及蛋白质的生物合成,具有促进细胞增殖的作用。人体每日合成约0.5 mmol多胺。在人体内,小部分多胺氧化为NH_3及CO_2,大部分多胺与乙酰基结合通过尿液排出。目前,临床上用测定患者血液或尿液中多胺的水平来作为肿瘤辅助诊断及病情变化的生化指标之一。

三、α－酮酸的代谢

氨基酸经脱氨基后生成的α－酮酸在体内的代谢途径主要有以下3种。

1. 经氨基化作用生成非必需氨基酸

α－酮酸可以经过脱氨基作用的逆过程氨基化,生成相应的氨基酸。这是体内合成非必需氨基酸的重要途径。

2. 转变成脂肪或糖

组成人体蛋白质的20种氨基酸脱去氨基后生成的α－酮酸经转变,形成7种主要代谢中间物质:丙酮酸,乙酰CoA,乙酰乙酰CoA,以及三羧酸循环中的α－酮戊二酸、琥珀酰CoA、延胡索酸和草酰乙酸。其中,能转变为三羧酸循环的中间产物(如丙酮酸),可经糖异生途径转变为糖的氨基酸,称为生糖氨基酸,共有14种。降解只能生成乙酰CoA或乙酰乙酰CoA,并转变成酮体和脂肪酸的氨基酸,称为生酮氨基酸,只有亮氨酸和赖氨酸2种。降解既能生酮又能生糖,称为生糖兼生酮氨基酸,包括异亮氨酸、苯丙氨酸、色氨酸和酪氨酸4种氨基酸。

3. 氧化供能

不同的α－酮酸在体内可以通过三羧酸循环与氧化磷酸化作用,彻底氧化成CO_2及H_2O,同时释放出能量供机体活动需要。

各种氨基酸脱氨形成α－酮酸的分解途径如图9－4所示。

四、氨的代谢

(一)氨的来源

1. 氨基酸脱氨

氨基酸脱氨基作用产生氨,这是体内氨的主要来源。

2. 肠道吸收

肠道吸收的氨主要来自两种途径:一是肠道内蛋白质的腐败作用产生氨;二是肠道尿素经肠道细菌脲酶水解产生氨。肠道产氨的量较多,每天约4 g,肠道内腐败作用增强时,氨的产生量增多。肠道氨吸收多少与肠内pH有关,肠道pH偏碱时,氨的吸收增加。临床上对高血氨患者禁用碱性肥皂水灌肠。

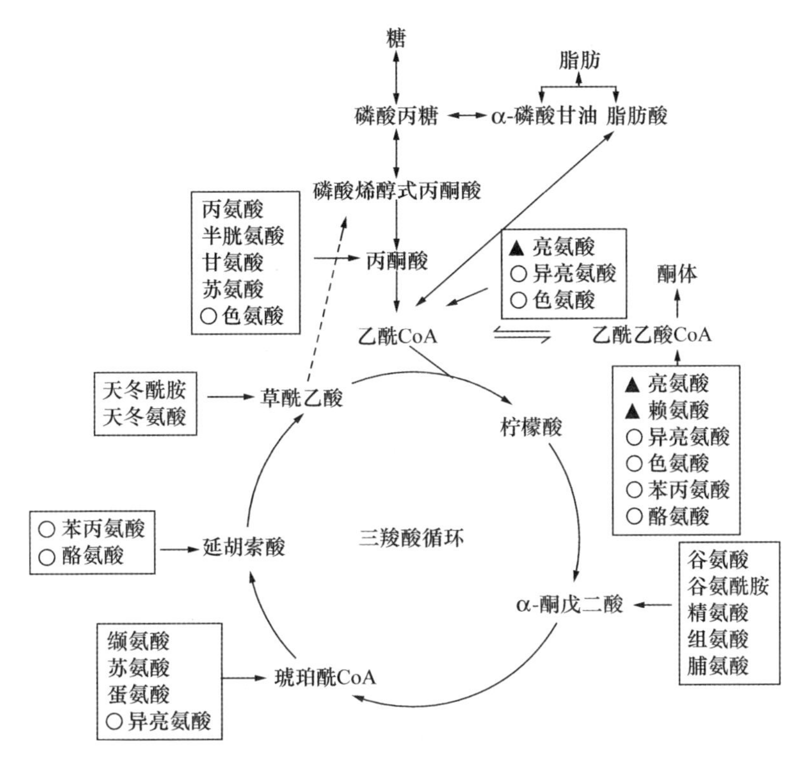

（▲生酮氨基酸　○生糖兼生酮氨基酸　未标记的为生糖氨基酸）

图 9－4　各种氨基酸脱氨形成 α－酮酸的分解途径

3. 肾小管上皮细胞泌氨

在肾远曲小管上皮细胞内，谷氨酰胺在肾小管上皮细胞中的谷氨酰胺酶催化下，可水解成谷氨酸和氨。后者被分泌到肾小管管腔中，与 H^+ 结合成 NH_4^+，并以铵盐的形式由尿液排出。

酸性尿可促使 NH_3 形成 NH_4^+，有利于肾小管细胞的氨扩散入尿；相反，碱性尿则不利于氨的排出，氨可被吸收入血，引起血氨升高。

4. 其他来源

其他含氮物质（如胺类、嘌呤、嘧啶等）分解时亦可产生少量氨。

（二）氨的转运

有毒的氨必须以无毒的方式经血液运输到肝脏合成尿素或运至肾脏以铵盐形式排出。其转运方式有下述 2 种。

1. 丙氨酸－葡萄糖循环

肌肉中的氨可以丙酮酸作为氨基受体经转氨生成丙氨酸，再经血液循环运送至肝脏。在肝脏中，丙氨酸经联合脱氨基作用重新生成氨和丙酮酸。氨可以合成尿素，丙酮酸经糖异生途径转变成葡萄糖，葡萄糖由血液循环送回肌肉组织，通过糖酵解再生成丙酮酸,后者接受氨基又转变为丙氨酸。丙氨酸和葡萄糖在肌肉和肝脏之间进行氨的转运,称为丙氨酸－葡萄糖循环。

2. 谷氨酰胺的运氨作用

在脑、肌肉等组织中产生的氨和谷氨酸在谷氨酰胺合成酶催化下,由 ATP 分解供能合成谷氨酰胺,并由血液运送至肝脏或肾脏,再经谷氨酰胺酶水解释放出氨,再形成谷氨酸。谷氨酰胺的合成和分解是由不同的酶催化的不可逆反应。谷氨酰胺既是氨的解毒产物,又是氨的储存和运输形式。

(三)氨的去路

机体的氨的去路:一是氨在肾脏与谷氨酸生成谷氨酰胺,作为氨的储存及运输形式;二是氨基参与 α－酮酸氨基化生成非必需氨基酸及其他含氮化合物;三是合成尿素,是体内解氨毒的主要方式,人体内 80% ~90% 的氨以尿素的形式排出。

尿素是无毒性、水溶性强的物质,可由肾脏排出。正常情况下,体内尿素的合成在肝脏中进行,其他器官如肾与脑组织也可合成尿素,但其量甚微。尿素在体内的合成途径称为鸟氨酸循环,又称为尿素循环(见图 9－5)。

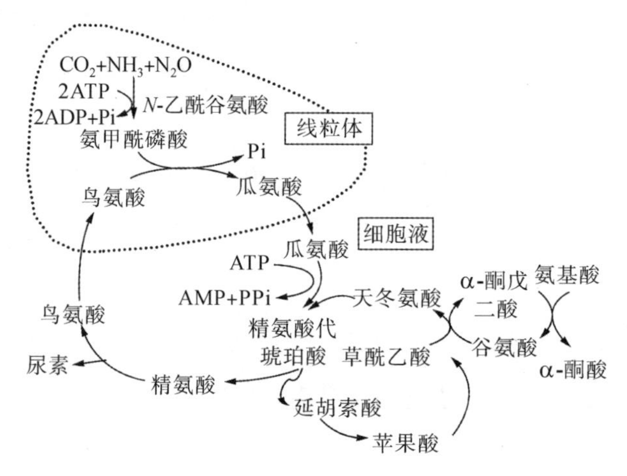

图 9－5　尿素的合成过程(鸟氨酸循环)

1. 氨基甲酰磷酸的合成

在干细胞线粒体内,代谢中产生的氨及 CO_2 在氨基甲酰磷酸合成酶Ⅰ(CPS－Ⅰ)催化下,合成氨基甲酰磷酸。

$$NH_2+CO_2 \xrightarrow[\text{AGA, }Mg^{2+};\ H_2O+2ATP \rightarrow 2ADP+Pi]{\text{氨基甲酰磷酸合成酶 I}} NH_2-\underset{\displaystyle O\sim PO_3^{2-}}{C}=O$$

上述反应不可逆，消耗 2 分子 ATP。氨基甲酰磷酸是高能化合物，性质活泼，在酶的催化作用下容易与鸟氨酸反应。

2. 瓜氨酸的合成

氨基甲酰磷酸在线粒体内经鸟氨酸氨基甲酰转移酶（OCT）的催化下将氨基甲酰基转移至鸟氨酸而合成瓜氨酸，此反应不可逆。其中所需的鸟氨酸是由细胞液进入线粒体，瓜氨酸合成后又由线粒体转运至细胞液。

$$\underset{\text{氨基甲酰磷酸}}{NH_2-C(=O)-O\sim PO_3^{2-}} + \underset{\text{鸟氨酸}}{NH_2-(CH_2)_3-CH(NH_2)-COOH} \xrightarrow{\text{鸟氨酸氨基甲酰转移酶}} \underset{\text{瓜氨酸}}{NH_2-C(=O)-NH-(CH_2)_3-CH(NH_2)-COOH} + H_3PO_4$$

3. 精氨酸的合成

瓜氨酸自线粒体转运到细胞液，在精氨酸代琥珀酸合成酶（ASAS）催化下，与天冬氨酸反应生成精氨酸代琥珀酸，此反应由 ATP 供能。其后产物再经精氨酸代琥珀酸裂解酶（ASAL）催化，分解为精氨酸及延胡索酸。

$$\underset{\text{瓜氨酸}}{NH_2-C(=O)-NH-(CH_2)_3-CH(NH_2)-COOH} + \underset{\text{天冬氨酸}}{H_2N-CH(COOH)-CH_2-COOH} \xrightarrow[\text{ATP} \rightarrow \text{AMP+PPi} + H_2O]{\text{精氨酸代琥珀酸合成酶}} \underset{\text{精氨酸代琥珀酸}}{NH_2-C(=N-CH(COOH)-CH_2-COOH)-NH-(CH_2)_3-CH(NH_2)-COOH}$$

$$\underset{\text{精氨酸代琥珀酸}}{NH_2-C(=N-CH(COOH)-CH_2-COOH)-NH-(CH_2)_3-CH(NH_2)-COOH} \xrightarrow{\text{精氨酸代琥珀酸裂解酶}} \underset{\text{精氨酸}}{NH_2-C(=NH)-NH-(CH_2)_3-CH(NH_2)-COOH} + \underset{\text{延胡索酸}}{HOOC-CH=CH-COOH}$$

4. 精氨酸水解生成尿素

在细胞液中，精氨酸由精氨酸酶催化，水解生成尿素和鸟氨酸。鸟氨酸经线粒体膜上的载体转运可重新进入线粒体，开始下一轮循环。

$$\underset{\text{精氨酸}}{\boxed{NH_2-C{=}NH}-NH-(CH_2)_3-CH(NH_2)-COOH}\xrightarrow[H_2O]{\text{精氨酸酶}}\underset{\text{鸟氨酸}}{NH_2-(CH_2)_3-CH(NH_2)-COOH}+\underset{\text{尿素}}{\boxed{H_2N-\overset{O}{\overset{\|}{C}}-NH_2}}$$

在尿素合成的酶系中，精氨酸代琥珀酸合成酶的活性最低，是尿素合成的限速酶。

在上述反应中，尿素分子中的两个氮原子，一个来自氨，另一个来自天冬氨酸，而天冬氨酸又可以由其他氨基酸经过转氨基作用生成，可见，尿素分子中的 2 个氮原子来源不同。另外，尿素的合成过程是一个耗能过程，合成 1 分子的尿素需要消耗 3 分子 ATP、4 个高能键。

尿素生成的总反应为：

$$2NH_3+CO_2+3ATP+3H_2O \rightarrow H_2N—CO—NH_2+2ADP+AMP+4Pi$$

（四）尿素合成的调节

1. 食物的影响

高蛋白膳食或严重饥饿情况下使尿素合成速度加快，排泄的含氮物中尿素约占 90%，低蛋白膳食或高碳水化合物膳食使尿素合成速度减慢，排泄的含氮物中尿素可低至 60%。

2. AGA 的调节

AGA 是 CPS-I 的变构激活剂，它由乙酰辅酶 A 与谷氨酸在 AGA 合成酶的催化下合成，而精氨酸又是 AGA 合成酶的激活剂。因此，肝脏中精氨酸浓度增高时，尿素合成加速。这是临床上用精氨酸治疗高血氨症的依据。

3. 鸟氨酸循环中间产物的影响

循环的中间产物，如鸟氨酸、瓜氨酸、精氨酸，其浓度增加可加速尿素的合成。

4. 鸟氨酸循环中酶系的影响

循环中的各种酶系以精氨酸代琥珀酸合成酶的活性最低，因此是尿素合成的限速酶，可调节尿素的合成速度。

（五）高血氨症与氨中毒

正常生理情况下，血氨的来源、运输与去路保持动态平衡，血氨的浓度在较低水平维持恒定。由于氨在体内的主要去路是在肝脏合成尿素，所以，当肝功能严重损伤时，尿素合成发生障碍，血氨浓度增高，称为高血氨症。氨进入脑组织，可与脑中的α-酮戊二酸经还原氨基化而合成谷氨酸，氨还可进一步与脑中的谷氨酸结合生成谷氨酰胺。这两步反应需消耗 $NADH + H^+$ 和 ATP，并使脑细胞中的α-酮戊二酸减少，导致三羧酸循环和氧化磷酸化作用减弱，从而使脑组织中 ATP 生成减少，引起大脑功能障碍，严重时可产生昏迷，这就是肝昏迷的氨中毒学说。

第四节　氨基酸的合成代谢

一、一碳单位的代谢

(一)一碳单位的概念及存在形式

一碳单位又称为一碳基团，是指某些氨基酸在分解代谢中产生的含有一个碳原子的有机基团，如甲基（$—CH_3$）、亚甲基（$—CH_2—$）、甲炔基（$—CH=$）、甲酰基（$O=CH—$）和亚氨甲基（$HN=CH—$）等。一碳单位不能游离存在，四氢叶酸（FH_4）是这类基团的载体或传递体。FH_4 是由叶酸经二氧叶酸还原酶催化经两步还原反应生成的。FH_4 的结构如图9-6所示。

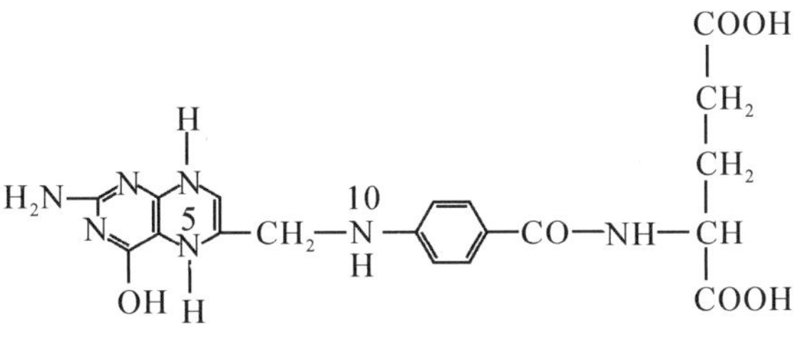

图9-6　FH_4 的结构

FH_4 将体内的一碳单位结合在分子的 N-5、N-10 的位置上，使一碳单位被运输并参与代谢。

(二)一碳单位的来源

体内一些重要的一碳单位来自不同的氨基酸。它们是甘氨酸、色氨酸、组氨酸、丝氨酸和甲硫氨酸。一碳单位生成的方式有以下几种。

1. 由丝氨酸和甘氨酸生成

$$HO—CH_2—\underset{\text{丝氨酸}}{\overset{NH_2}{\overset{|}{CH}}}—COOH + FH_4 \xrightarrow{\text{羟甲基转移酶}} \underset{N^5,N^{10}\text{-亚甲基四氢叶酸}}{N^5,N^{10}—CH_2—FH_4} + \underset{\text{甘氨酸}}{H_2N—CH_2—COOH}$$

$$H_2N—CH_2—COOH + FH_4 + NAD^+ \xrightarrow{\text{甘氨酸裂解酶系}} NH_3 + CO_2 + N^5,N^{10}—CH_2—FH_4 + NADH + H^+$$

甘氨酸　　　　N^5,N^{10}-亚甲基四氢叶酸

2. 由色氨酸代谢生成

$$\text{色氨酸}\ (CH_2CHCOOH,\ NH_2) \longrightarrow HCOOH\ (+\text{犬尿氨酸}) \xrightarrow{FH_4,ATP} N^{10}—CHO—FH_4$$

3. 由组氨酸代谢生成

$$\text{组氨酸}\ (—CH_2—CH(NH_2)—COOH) \xrightarrow[2H_2O \quad NH_3]{\text{组氨酸酶}} HOOC—CH(NH—CH{=}NH)—(CH_2)_2COOH\ (\text{亚氨甲基谷氨酸})$$

$$\text{亚氨甲基谷氨酸} + FH_4 \longrightarrow HOOC—CH(NH_2)—(CH_2)_2COOH\ (\text{谷氨酸}) + N^5\text{-亚氨甲基四氢叶酸}$$

$$N^5\text{-亚氨甲基四氢叶酸} \xrightarrow{-NH_3} N^5,N^{10}\text{-次甲基四氢叶酸}$$

(三)一碳单位的生物学作用

一碳单位的主要功能是作为嘌呤和嘧啶合成的原料,直接参与嘌呤、嘧啶等物质的生物合成。如 $N^5—CHO—FH_4$ 为嘌呤提供了第 2 位上的碳原子;$N^5,N^{10}{=}CH—FH_4$ 为嘌呤提供了第 8 位上的碳原子;$N^5,N^{10}—CH_2—FH_4$ 为胸腺嘧啶提供了第 5 位上的甲基等。

一碳单位在核酸生物合成中有重要的作用,它直接参与核酸代谢,进而影响蛋白质的生物合成,与生长、发育、繁殖和遗传等重要生命活动密切相关。一碳单位代谢障碍或 FH_4 不足,可引起巨幼红细胞性贫血等疾病。也可利用磺胺类药物干扰细菌 FH_4 的合成而抑菌。应用叶酸类似物如甲氨蝶呤等可抑制 FH_4 生成,从而抑制核酸生成,达到抗癌作用。

一碳单位直接参与 S-腺苷甲硫氨酸(SAM)的合成。SAM 为体内许多重要生理活性物质的合成提供甲基。

二、氨基酸合成途径的类型

不同生物合成氨基酸的能力有所不同。动物不能合成全部的 20 种氨基酸。例如,人和大鼠只能合成 10 种氨基酸,其余 10 种自身无法合成,必须由食物供给。这种必须由

食物供给的氨基酸称为必需氨基酸,它们是赖氨酸、色氨酸、苯丙氨酸、缬氨酸、甲硫氨酸、亮氨酸、苏氨酸、异亮氨酸、精氨酸和组氨酸。其中,精氨酸和组氨酸对幼儿来说体内可以合成,但合成的速度不快,不能满足需要,等成年以后可满足需求,故也有将这2种氨基酸称为半必需氨基酸。自身能合成的氨基酸称为非必需氨基酸。植物和绝大多数微生物能合成全部氨基酸。

不同氨基酸生物合成途径不同,但许多氨基酸的生物合成都与机体内的几个主要代谢途径相关。因此,可将氨基酸生物合成相关代谢途径的中间产物,看作氨基酸生物合成的起始物,并以此起始物不同将氨基酸划分为六大类型。

1. 酮戊二酸衍生型

α-酮戊二酸与NH_3在*L*-谷氨酸脱氢酶(辅酶为NADPH)催化下,还原氨基化生成*L*-谷氨酸;*L*-谷氨酸与NH_3在谷氨酰胺合成酶催化下,消耗ATP而形成谷氨酰胺;*L*-谷氨酸γ-羧基还原成谷氨酸半醛,然后环化成二氢吡咯-5-羧酸,再由二氢吡咯还原酶作用还原成*L*-脯氨酸。*L*-谷氨酸也可在转乙酰基酶催化下生成*N*-乙酰谷氨酸,再在激酶作用下,消耗ATP后转变成*N*-乙酰-γ-谷氨酰磷酸,然后在还原酶催化下由NADP提供氢而还原成*N*-乙酰谷氨酸γ-半醛;再经转氨酶作用,谷氨酸提供α-氨基而生成*N*-乙酰鸟氨酸,经去乙酰基后转变成鸟氨酸;最后通过鸟氨酸循环而生成精氨酸。

综上所述,α-酮戊二酸衍生型可合成谷氨酸、谷氨酰胺、脯氨酸和精氨酸等非必需氨基酸。

2. 草酰乙酸衍生型

在谷草转氨酶催化下,草酰乙酸与谷氨酸反应生成*L*-天冬氨酸;天冬氨酸经天冬酰胺合成酶催化,在谷氨酰胺和ATP的参与下,从谷氨酰胺上获取酰胺基而形成*L*-天冬酰胺;细菌和植物还可以*L*-天冬氨酸为起始物合成赖氨酸或转变成甲硫氨酸。另外,可以*L*-天冬氨酸为起始物合成*L*-高丝氨酸,再转变成苏氨酸(苏氨酸合成酶催化)。*L*-天冬氨酸与丙酮酸作用进而合成异亮氨酸。

由此可见,草酰乙酸衍生型可合成*L*-天冬氨酸、天冬酰胺、赖氨酸、甲硫氨酸、苏氨酸。

3. 丙酮酸衍生型

以丙酮酸为起始物可合成*L*-丙氨酸、*L*-缬氨酸和*L*-亮氨酸,它们的共同碳骨架来源是糖酵解生成的丙酮酸。

4. 甘油酸 –3 – 磷酸衍生型

由甘油酸 –3 – 磷酸起始，经酶促可分别合成丝氨酸、甘氨酸和半胱氨酸。甘油酸 –3 – 磷酸酶促脱氢生成羟基丙酮酸 –3 – 磷酸，经丝氨酸磷酸转氨酶作用，*L* – 谷氨酸提供 α – 氨基而形成丝氨酸 –3 – 磷酸。它在丝氨酸磷酸酶作用下去磷酸生成 *L* – 丝氨酸。*L* – 丝氨酸在丝氨酸转羟甲基酶作用下，脱去羟甲基后生成甘氨酸。

5. 赤藓糖 –4 – 磷酸和烯醇丙酮酸磷酸衍生型

芳香族氨基酸中苯丙氨酸、酪氨酸和色氨酸可以赤藓糖 –4 – 磷酸为起始物在有烯醇或丙酮酸磷酸条件下酶促合成分支酸，再经氨基苯甲酸合成酶作用可转变成邻氨基苯甲酸，最后生成色氨酸；分支酸还可以转变成预苯酸，在预苯酸脱氢酶作用下生成对羟基丙酮酸，最后生成酪氨酸；或在预苯酸脱水酶作用下转变成苯丙酮酸，最后形成苯丙氨酸。

6. 组氨酸酶促生物合成途径

组氨酸酶促生物合成途径非常复杂，是来自磷酸戊糖途径形成的中间产物 5 – 磷酸核糖在 ATP、谷氨酰胺的参与下，经过一系列复杂的过程，最后生成谷氨酸。

从以上各种氨基酸的生物合成途径可以看出，虽然合成途径不同，但都与机体的几条中心代谢途径密切相关，即将糖酵解、磷酸戊糖途径和三羧酸循环的代谢中间产物作为氨基酸生物合成的起始物，再经过不同的途径合成不同的氨基酸。

三、含硫氨基酸的代谢

含硫氨基酸共有蛋氨酸、半胱氨酸和胱氨酸 3 种，蛋氨酸可转变为半胱氨酸和胱氨酸，后两者也可以互变，但不能变成蛋氨酸，所以，蛋氨酸是必需氨基酸。

（一）蛋氨酸（甲硫氨酸）代谢

1. 转甲基作用与蛋氨酸循环

蛋氨酸中含有 S 甲基，可参与多种转甲基的反应，生成多种含甲基的生理活性物质。在腺苷转移酶催化下与 ATP 反应生成 S – 腺苷蛋氨酸（S – adenosgl methiomine，SAM）。SAM 中的甲基是高度活化的，称为活性甲基，SAM 称为活性蛋氨酸。

SAM 可在不同甲基转移酶（methyl transferase）的催化下，将甲基转移给各种甲基受体而形成许多甲基化合物，如肾上腺素、胆碱、甜菜碱、肉毒碱、肌酸等。SAM 是体内最主要的甲基供体。

SAM 转出甲基后形成 S – 腺苷同型半胱氨酸（S – adenosyl homocystine，SAH），SAH

水解释放出腺苷变为同型半胱氨酸。同型半胱氨酸可以接受 $N^5-CH_3-FH_4$ 提供的甲基再生成蛋氨酸，形成一个循环过程，称为蛋氨酸循环（见图 9－7）。

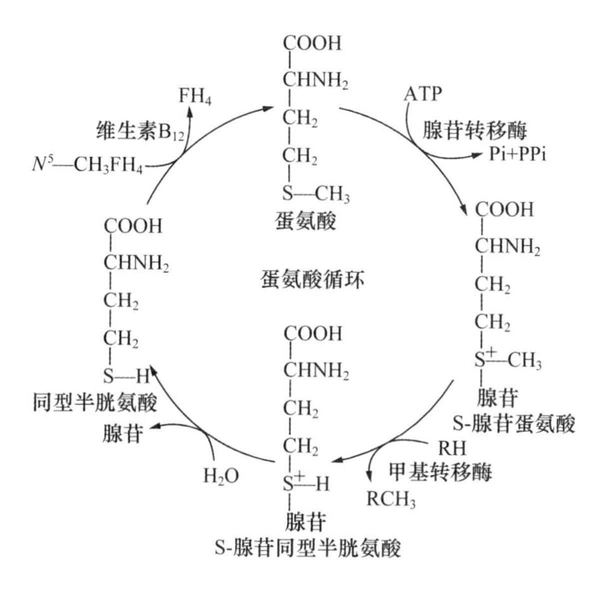

图 9－7　蛋氨酸循环

2. 肌酸的合成

肌酸（creatine）和磷酸肌酸（creatine phosphate）在能量储存及利用中起重要作用。二者互变使体内 ATP 供应具有后备潜力。肌酸在肝脏和肾脏中合成，广泛分布于骨骼肌、心肌、大脑等组织中。肌酸以甘氨酸为骨架，精氨酸提供脒基，SAM 供给甲基，在脒基转移酶和甲基转移酶的催化下合成。在肌酸激酶（creatine phosphokinase，CPK）催化下，将 ATP 中的磷酸基转移至肌酸分子中形成磷酸肌酸进行储备。

（二）半胱氨酸与胱氨酸的代谢

1. 半胱氨酸与胱氨酸的互变

2 分子半胱氨酸可氧化成胱氨酸，胱氨酸亦可还原成半胱氨酸。

$$2\ \begin{array}{l}CH_2SH\\ |\\ CH—NH_2\\ |\\ COOH\end{array} \underset{+2H}{\overset{-2H}{\rightleftharpoons}} \begin{array}{l}CH_2—S—S—CH_2\\ |\qquad\qquad\quad |\\ CH—NH_2\quad CH—NH_2\\ |\qquad\qquad\quad |\\ COOH\qquad\quad COOH\end{array}$$

L－半胱氨酸　　　　　　　　胱氨酸

半胱氨酸和胱氨酸存在于蛋白质中。许多酶的活性与半胱氨酸残基的巯基有关，也被称为巯基酶。许多毒物，如碘乙酸、对氯苯甲酸、芥子气、重金属离子等，都可使含巯基的蛋白质或酶（如琥珀酸脱氢酶、乳酸脱氢酶等）氧化失去活性，能与酶的巯基结合而抑制酶的活性，表现出毒性。

2. 牛磺酸的生成

半胱氨酸侧链经氧化生成半胱亚磺酸，进一步氧化生成磺基丙氨酸，脱去羧基而生成牛磺酸。牛磺酸是构成胆汁酸的重要成分。

$$\begin{array}{l}CH_2SH\\ |\\ CH—NH_2\\ |\\ COOH\end{array} \xrightarrow{3[O]} \begin{array}{l}CH_2SO_3H\\ |\\ CH—NH_2\\ |\\ COOH\end{array} \xrightarrow[-CO_2]{\text{磺基丙氨酸脱羧酶}} \begin{array}{l}CH_2SO_3H\\ |\\ CH_2—NH_2\end{array}$$

L-半胱氨酸　　磺基丙氨酸　　　　　　牛磺酸

3. 谷胱甘肽的生成

半胱氨酸、谷氨酸和甘氨酸在体内合成谷胱甘肽。还原型谷胱甘肽(GSH)有保护酶分子上巯基及抗氧化的作用。例如，红细胞中含高浓度 GSH，可保护运氧过程中亚铁血红蛋白不被氧化为高铁血红蛋白，确保其发挥运氧功能。

四、芳香族氨基酸的代谢

芳香族氨基酸包括苯丙氨酸、酪氨酸和色氨酸。

(一)苯丙氨酸和酪氨酸的代谢

苯丙氨酸和酪氨酸的结构相似，丙氨酸在体内经苯丙氨酸羧化酶催化生成酪氨酸，然后再生成一系列代谢产物。这一反应是不可逆的，因而酪氨酸不能转变为苯丙氨酸。

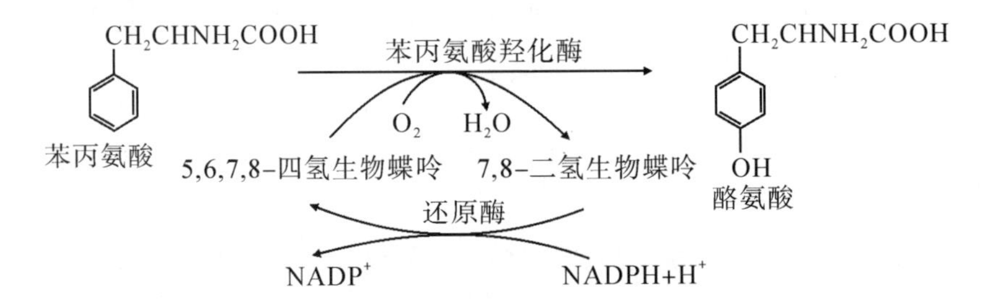

酪氨酸的进一步代谢涉及某些神经递质、激素及黑色素的合成。例如，酪氨酸是合成儿茶酚胺类激素(去肾上腺激素和肾上腺激素)及甲状腺激素的原料。

酪氨酸还可以转氨生成对羟苯丙酮酸，再转变成尿黑酸，最后氧化分解生成乙酰乙酸和延胡索酸，所以酪氨酸和苯丙氨酸都是生糖兼生酮氨基酸(见图9-8)。酪氨酸的另一代谢途径是生成黑色素。人体皮肤、毛发中含有由酪氨酸转变的黑色素颗粒，这是酪氨酸在表皮黑色素细胞中受酪氨酸酶催化的结果。白化病患者先天性酪氨酸酶缺乏，不能产生黑色素，皮肤及毛发呈白色，对阳光敏感，易患皮肤癌。

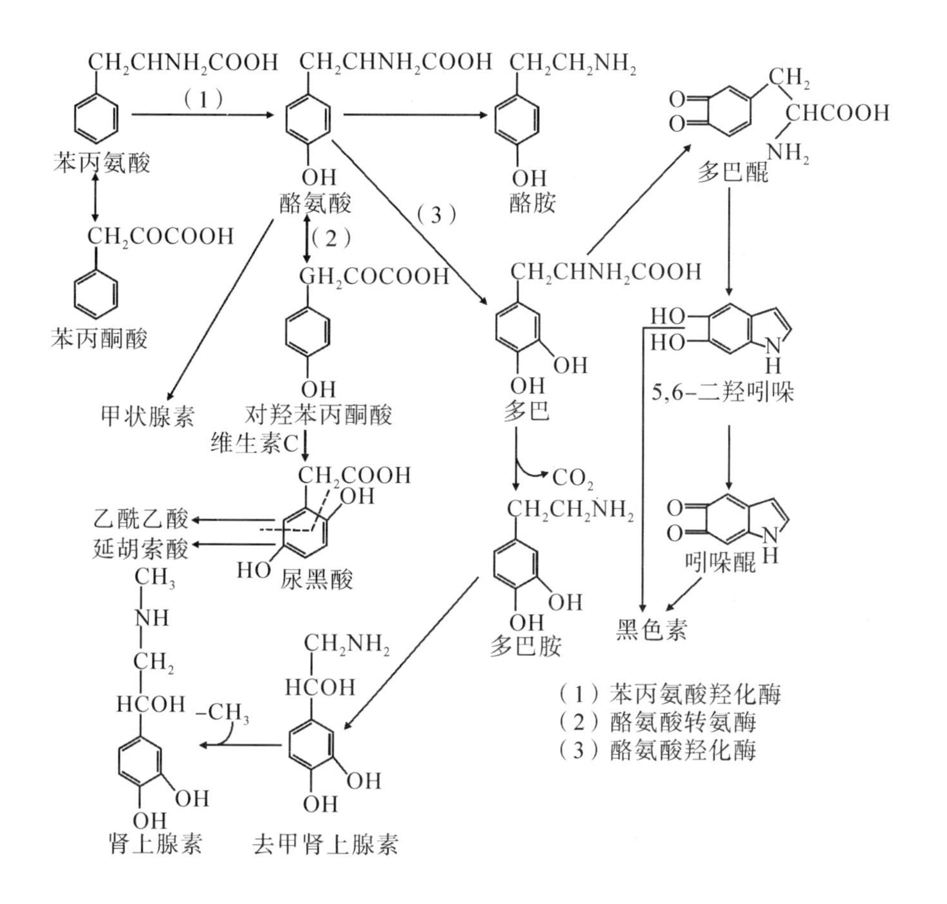

图 9-8　苯丙氨酸和酪氨酸的代谢

（二）色氨酸代谢

色氨酸除合成 5-羟色胺及提供一碳单位外，本身还可分解代谢，其主要降解部位在肝脏。首先由色氨酸加氧酶（又称为吡咯酶）催化，开环转变为多种作用不明的酸性中间代谢物，少量直接由尿液排出，大部分最后生成乙酰乙酰 CoA 及丙酮酸，故色氨酸为生糖兼生酮氨基酸。少部分色氨酸转变为烟酸，但其合成量少，不能满足机体的需要。在色氨酸代谢过程中，有多种维生素（维生素 B_1、维生素 B_2、维生素 B_6 等）参与，这些维生素缺乏时，可引起色氨酸代谢障碍。

知识链接

白化病为一种遗传性白斑病，是酪氨酸酶缺乏或功能减退引起皮肤及附属器官黑色素缺乏或合成障碍所导致的。患者视网膜无色素，虹膜和瞳孔呈现淡粉色，畏光。皮肤、眉毛、头发及其他体毛都呈白色或黄白色。白化病属于家族遗传性疾病，为常染色体隐性遗传，常发生于近亲结婚的人群中。患者双亲均携带白化病基因，本身不发病。如果夫妇双方同时将所携带的致病基因传给子女,子女就会患病。眼白化病为X连锁隐性遗传,是由母亲所携带的白化病基因传给儿子时才患病,传给女儿一般不患病。

第五节　糖、脂类、蛋白质代谢的联系及调节

一、糖、脂类和蛋白质代谢之间的相互联系

(一)糖代谢与脂类代谢的相互联系

当摄入的糖量超过人体内能量消耗时,除合成糖原储存外,生成的柠檬酸和ATP可激活乙酰辅酶A羧化酶,促进脂肪酸的合成,进而合成脂肪,储存在脂肪组织中,即糖可以转变为脂肪。

脂肪绝大部分不能在人体内转变为糖,这是因为脂肪酸分解生成的乙酰辅酶A不能转变为丙酮酸。尽管脂肪分解产生的甘油可以异生为糖,但其量很少。

(二)糖代谢与氨基酸代谢的相互联系

生糖氨基酸可通过脱氨作用,生成相应的α-酮酸,然后经糖异生途径转变为糖。

糖代谢的中间代谢物,如丙酮酸、α-酮戊二酸、草酰乙酸等,也可氨基化成某些非必需氨基酸。

(三)脂类代谢与氨基酸代谢的相互联系

脂类和蛋白质之间可以相互转变,但脂类合成蛋白质的可能性是有限的。脂类水解所形成的脂肪酸经β-氧化作用生成乙酰CoA,乙酰CoA与草酰乙酸缩合后,经三羧酸循环转变成α-酮戊二酸,α-酮戊二酸可经氨基化或转氨作用生成谷氨酸。这种脂肪酸转变成氨基酸的途径,实际仅限于谷氨酸,还需草酰乙酸的存在。

蛋白质可以转变为脂类。在动物体内的生酮氨基酸、生酮兼生糖氨基酸,在代谢过程中能生成乙酰乙酸,然后生成乙酰CoA,再进一步合成脂肪酸。生糖氨基酸通过直接或间接生成丙酮酸,可以转变为甘油,也可以在氧化脱羧后转变为乙酰CoA合成胆固醇,或者经丙二酸单酰CoA用于脂肪酸合成。

二、代谢调节

代谢调节包括细胞水平代谢调节、激素水平代谢调节及整体水平代谢调节,其中细

胞水平代谢调节是基础，激素及神经对代谢的调节都是通过细胞水平的代谢调节实现的。

（一）细胞水平的调节

代谢速度和方向主要由关键酶的活性所决定。这些调节代谢的酶称为调节酶（regulatory enzyme）或关键酶（key enzyme）。

调节酶的特点：①催化的反应速度最慢，因此又称为限速酶，它的活性决定整个代谢途径的总速度；②催化单向反应或非平衡反应；③酶活性除受底物控制外，还受多种代谢物或效应剂的调节。因此，调节某些关键酶的活性是细胞代谢调节的重要方式。

1. 酶的变构调节

（1）变构调节的机制：变构酶多为 2 个以上的亚基组成的聚合体。在变构酶分子中有的亚基能与底物结合，起催化作用，称为催化亚基；有的亚基能与变构效应剂结合而起调节作用，称为调节亚基。使酶发生变构效应的物质称为变构效应剂（allosteric effector）；能引起酶活性增加的物质称为变构激活剂；引起酶活性降低的则称为变构抑制剂。变构效应剂是通过非共价键与调节亚基结合，引起酶的构象改变，从而影响酶与底物的结合，使酶的活性受到抑制或激活。

（2）变构调节的生理意义：①通过变构调节可使代谢物的生成不致过多。例如，长链脂酰辅酶 A 可反馈抑制乙酰辅酶 A 羧化酶，从而抑制脂酸的合成。②变构调节还可使能量得以有效利用，不致浪费。例如，G－6－P 抑制糖原磷酸化酶以阻断糖酵解及糖的氧化，使 ATP 不致产生过多。③变构调节还可使不同代谢途径相互协调。例如，柠檬酸既可变构抑制磷酸果糖激酶－1，又可变构激活乙酰辅酶 A 羧化酶，使多余的乙酰辅酶 A 合成脂酸。

2. 酶的化学修饰调节

（1）化学修饰调节的机制：酶的化学修饰以磷酸化与脱磷酸在代谢调节中最为多见。

酶蛋白分子中丝氨酸、苏氨酸及酪氨酸的羟基是磷酸化修饰的位点。酶蛋白的磷酸化是在蛋白激酶的催化下完成的，而脱磷酸则是由磷蛋白磷酸酶催化的水解反应。

（2）化学修饰调节的特点：①受调节的酶有无活性（或低活性）和有活性（或高活性）两种形式；②酶的化学修饰是发生了共价键的变化；③调节过程是级联酶促反应，故有放大效应。

变构调节与化学修饰调节只是调节酶活性的两种不同方式，而对某一具体酶而言，它可同时受这两种方式的调节。例如，磷酸化酶 b 既可受 AMP 及 Pi 的变构激活、ATP 与

G－6－P 的变构抑制，又可通过磷酸化酶 b 激酶的磷酸化共价修饰而被激活，或受磷蛋白磷酸酶的脱磷酸作用而失活。

3. 酶含量的调节

通过改变酶的合成或降解以调节细胞内酶的含量，从而调节代谢的速度和强度。

（1）酶蛋白合成的诱导与阻遏。酶的底物、产物、激素或药物均可影响酶的合成。一般将加速酶合成的化合物称为酶的诱导剂（inducer），减少酶合成的化合物称为酶的阻遏剂（repressor）。①底物对酶合成的诱导和阻遏。例如，尿素循环的酶可因食入蛋白质增多而诱导其合成增加。②产物对酶合成的阻遏。例如，HMG－CoA 还原酶是胆固醇合成的关键酶，肝脏中该酶的合成可被胆固醇阻遏。③激素对酶合成的诱导。例如，糖皮质激素能诱导一些氨基酸分解酶和糖异生关键酶的合成，而胰岛素则能诱导糖酵解和脂酸合成途径中关键酶的合成。④药物对酶合成的诱导。很多药物和毒物可促进肝细胞微粒体中加单氧酶或其他一些药物代谢酶的诱导合成，从而使药物失活，具有解毒作用。

（2）酶蛋白降解。改变酶蛋白分子的降解速度也能调节细胞内酶的含量。

（二）激素水平的调节

通过激素调控物质代谢是高等动物体内代谢调节的重要方式。不同的激素作用于不同的组织产生不同的生物效应，表现出较高的组织特异性和效应特异性，这是激素作用的一个重要特点。当激素与靶细胞受体结合后，能将激素的信号跨膜传递入细胞内，转化为一系列细胞内的化学反应，最终表现出激素的生物学效应。

（三）整体水平调节

在人类生活过程中，其内外环境不断变化，机体可通过神经系统及体液途径对机体的生理功能及物质代谢进行调节，以适应环境的变化，从而维持内环境的相对恒定。

本章小结

蛋白质既是生物体最基本的有机成分，又是物质代谢及生命活动过程中起重要作用的物质。蛋白质在塑造细胞、组织和器官，以及催化、运输、运动、兴奋性的表达、生长、分化和调控等方面都有极其重要的功能。

蛋白质的营养价值取决于蛋白质所含必需氨基酸的种类、数量及其比例。一般来说，含有必需氨基酸种类齐全和数量充足的蛋白质，其营养价值高，反之营养价值低。由于动物蛋白质所含的必需氨基酸的种类和数量比较符合人体的需要，故营养价值高。

氨基酸分解代谢最首要的反应是脱氨基作用。氨基酸可以通过氧化脱氨基、转氨基、联合脱氨基及其他脱氨基方式脱去氨基而生成α-酮酸，然后进一步代谢。其中以联合脱氨基作用最为重要。

氨基酸在脱羧酶的作用下，脱羧反应生成相应的胺类化合物的过程，称为脱羧作用。氨基酸脱羧酶广泛存在于动植物和微生物体内。氨基酸脱羧酶的专一性很强，与转氨酶相同，其辅酶也是磷酸吡哆醛。磷酸吡哆醛以其醛基与氨基酸的氨基结合生成亚胺形式的中间产物，再经脱羧、水解产生胺，并重新生成磷酸吡哆醛。

氨的代谢去路主要是在肝脏合成无毒的尿素，由肾脏排出。尿素的合成需经过鸟氨酸循环实现。

一碳单位又称为一碳基团，是指某些氨基酸在分解代谢中产生的含有一个碳原子的有机基团，即甲基（$—CH_3$）、亚甲基（$—CH_2—$）、甲炔基（$—CH=$）、甲酰基（$O=CH—$）和亚氨甲基（$HN=CH—$）的总称。

不同氨基酸生物合成途径不同，但许多氨基酸的生物合成都与机体内的几个主要代谢途径相关。因此，可将氨基酸生物合成相关代谢途径的中间产物看作氨基酸生物合成的起始物，并以此起始物不同划分为六大类型。

含硫氨基酸共有蛋氨酸、半胱氨酸和胱氨酸3种，蛋氨酸可转变为半胱氨酸和胱氨酸，后两者也可以互变，但不能转变成蛋氨酸，所以蛋氨酸是必需氨基酸。

苯丙氨酸和酪氨酸的结构相似，丙氨酸在体内经苯丙氨酸羟化酶催化生成酪氨酸，然后再生成一系列代谢产物。这一反应是不可逆的，因而酪氨酸不能转变为苯丙氨酸。酪氨酸的进一步代谢涉及某些神经递质、激素及黑色素的合成，如酪氨酸是合成儿茶酚胺类激素（去肾上腺激素和肾上腺激素）及甲状腺激素的原料。

思考题

一、选择题

1. 蛋白质生理价值的高低取决于（　　）

A. 氨基酸的种类及数量　　B. 必需氨基酸的种类、数量及比例

C. 必需氨基酸的种类　　D. 必需氨基酸的数量

E. 氨基酸的种类、数量及比例

2. 营养充足的恢复期患者，常维持（　　）

A. 负氮平衡　　B. 氮平衡

C. 正氮平衡　　D. 总氮平衡

E. 营养平衡

3. 蛋白质的互补作用是指(　　)

A. 糖和蛋白质混合食用,以提高食物的生理价值作用

B. 脂肪和蛋白质混合食用,以提高食物的生理价值作用

C. 几种生理价值低的蛋白质混合食用,以提高食物的生理价值作用

D. 糖、脂肪、蛋白质及维生素混合食用,以提高食物的生理价值作用

E. 蛋白质与非蛋白质食物混合食用,以提高食物的生理价值作用

4. 下列氨基酸是成人必需氨基酸的是(　　)

A. 蛋氨酸、赖氨酸、色氨酸、缬氨酸

B. 苯丙氨酸、赖氨酸、甘氨酸、组氨酸

C. 苏氨酸、蛋氨酸、丝氨酸、色氨酸

D. 亮氨酸、脯氨酸、半胱氨酸、酪氨酸

E. 蛋氨酸、赖氨酸、色氨酸、丝氨酸

5. 人体营养必需氨基酸是指(　　)

A. 在人体内可由糖转变生成

B. 在人体内能由其他氨基酸转变生成

C. 在人体内不能合成,必须从食物中获得

D. 在人体内可由脂肪酸转变生成

E. 在人体内可由维生素转变生成

6. 人体内氨基酸脱氨基的主要方式是(　　)

A. 转氨基作用

B. 嘌呤核苷酸循环

C. 联合脱氨基作用

D. 还原脱氨基作用

E. 氧化脱氨基作用

7. 肌肉中氨基酸脱氨基的主要方式是(　　)

A. 转氨基作用

B. 嘌呤核苷酸循环

C. 联合脱氨基作用

D. 还原脱氨基作用

E. 氧化脱氨基作用

8. 下列氨基酸能直接进行氧化脱氨基作用的是(　　)

A. 谷氨酸

B. 缬氨酸

C. 丝氨酸

D. 丙氨酸

E. 赖氨酸

9. ALT 活性最高的组织是(　　)

A. 心肌

B. 脑

C. 骨骼肌

D. 肝脏

E. 肾

10. AST 活性最高的组织是(　　)

A. 心肌
B. 脑
C. 骨骼肌
D. 肝脏
E. 肾

11. 联合脱氨基作用是指(　　)

A. 氨基酸氧化酶与谷氨酸脱氢酶联合
B. 氨基酸氧化酶与谷氨酸脱羧酶联合
C. ALT 与谷氨酸脱氢酶联合
D. 转氨酶与谷氨酸脱氢酶联合
E. 氨基酸氧化酶与 AST 联合

12. 人体内氨的主要来源是(　　)

A. 氨基酸脱氨基作用
B. 肠道细菌产生并加以吸收
C. 谷氨酰胺在肾脏分解产生
D. 胺类分解
E. 食物吸收

13. 人体内氨的主要去路是(　　)

A. 生成非必需氨基酸
B. 随尿液排出
C. 合成谷氨酰胺
D. 合成尿素
E. 合成体内含氮化合物

14. 人体内解除氨毒的主要方式是(　　)

A. 生成谷氨酰胺
B. 生成其他氨基酸
C. 生成嘧啶
D. 生成尿素
E. 生成嘌呤

15. 尿素合成的部位是(　　)

A. 脑
B. 肾脏
C. 心脏
D. 肝脏
E. 胰腺

16. 鸟氨酸循环的意义主要在于(　　)

A. 合成瓜氨酸
B. 合成鸟氨酸
C. 运输氨
D. 解除氨毒性
E. 合成精氨酸

17. γ－氨基丁酸来自(　　)

A. 谷氨酸　　B. 组氨酸

C. 天冬氨酸　　D. 酪氨酸

E. 赖氨酸

18. 下列不是一碳单位的是(　　)

A. $—CH_3$　　B. $—CH_2—$

C. CO_2　　D. $=CH—$

E. —CHO

19. 一碳单位的载体是(　　)

A. 叶酸　　B. 四氢叶酸

C. S－腺苷蛋氨酸　　D. 生物素

E. 二氢叶酸

20. 白化病的根本病因之一是先天性缺乏(　　)

A. 酪氨酸转氨酶　　B. 苯丙氨酸羟化酶

C. 尿黑酸氧化酶　　D. 酪氨酸酶

E. 脱羧酶

二、名词解释

1. 一碳单位

2. 转氨基作用

三、简答题

1. 简述人体内氨的来源与去路。

2. 人体内氨基酸的脱氨基有哪些方式？各有何特点？

在线测试题

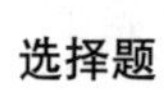

选择题

判断题

第十章　核苷酸代谢

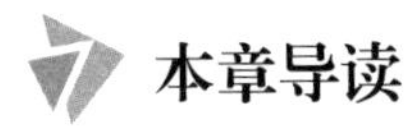

本章导读

核酸普遍存在于生物界，脱氧核糖核酸（DNA）是遗传的物质基础，可携带和储存遗传信息，核糖核酸（RNA）参与遗传信息的传递和表达。构成核酸的基本单位是核苷酸，体内的核苷酸主要由机体自身细胞合成，不属于机体的营养必需物质。食物中的核酸多与蛋白质结合为核蛋白，进入机体被分解为核酸和蛋白质。核酸在小肠中受胰液和肠液中各种水解酶的作用逐步水解，最终生成碱基、磷酸和戊糖。产生的戊糖被吸收参与体内的戊糖代谢，嘌呤和嘧啶碱主要被分解排出体外。来源于食物的嘌呤和嘧啶很少被机体利用，体内嘌呤代谢生成的尿酸过多时还可能引发痛风。本章在第三章的基础上，重点介绍核苷酸的代谢。

目标透视

1. 了解核酸的消化和吸收及生物学作用。

2. 熟悉核苷酸代谢物及其作用机制、核苷酸的合成代谢过程。

3. 掌握体内核苷酸从头合成和补救合成途径的概念及意义，嘌呤、嘧啶核苷酸分解代谢的产物。

4. 应用所学知识解释核苷酸抗代谢物的作用机制和痛风的发生机制并能正确指导痛风的治疗。

5. 通过对 Lesch－Nyhan 综合征、痛风致病机制的学习，培养学生理解并尊重患者、敬畏生命，认识疾病预防的重要性。

第一节 概 述

一、核酸的消化与吸收

食物中的核酸多与蛋白质结合为核蛋白，在胃中受到胃酸的作用，或在小肠中受到蛋白酶的作用，分解为核酸和蛋白质。食物中的DNA和RNA在小肠内分别被脱氧核糖核酸酶和核糖核酸酶水解为寡核苷酸（低级多核苷酸）和部分单核苷酸。小肠黏膜分泌的二酯酶和核苷酸酶能够将寡核苷酸水解成单核苷酸，核苷酸酶再进一步将单核苷酸水解为核苷和磷酸。核苷可以通过被动运输的方式被吸收。此外，嘧啶核苷酸也可被肠黏膜细胞生成的嘧啶核苷酶所水解，生成嘧啶碱基，由扩散方式或经特殊的运输方式被吸收（见图10－1）。

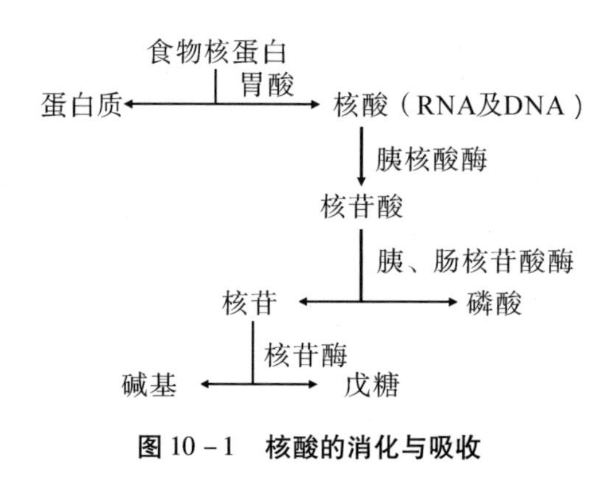

图10－1 核酸的消化与吸收

二、核苷酸的生物学作用

核苷酸类化合物具有重要的生物学功能，它们参与了生物体内几乎所有的生物化学反应过程。

（一）作为核酸合成的原料

核苷酸是合成RNA及DNA的前身物，RNA中主要有4种类型的核苷酸：AMP、GMP、CMP和UMP，这4种类型的核苷酸从头合成的前身物是磷酸核糖、氨基酸、一碳单位及二氧化碳等简单物质。DNA中主要有4种类型的脱氧核苷酸：dAMP、dGMP、dCMP和dTMP，它们是由各自相应的核糖核苷酸在二磷酸水平上还原而成的。

(二)体内能量的利用形式

三磷酸腺苷(ATP)在细胞能量代谢上起着极其重要的作用。物质在氧化时产生的能量一部分贮存在ATP分子的高能磷酸键中。ATP分子分解释放能量的反应可以与各种需要能量做功的生物学反应互相配合,发挥各种生理功能,如物质的合成代谢、肌肉的收缩、物质吸收及分泌、体温维持及生物电活动等。因此,可以认为ATP是能量代谢转化的中心。

(三)组成辅酶

腺苷酸还是几种重要辅酶的组成部分,包括辅酶Ⅰ(烟酰胺腺嘌呤二核苷酸,NAD^+)、辅酶Ⅱ(磷酸烟酰胺腺嘌呤二核苷酸,$NADP^+$)、黄素腺嘌呤二核苷酸(FAD)及辅酶A(CoA)。NAD^+及FAD是生物氧化体系的重要成分,在传递氢原子或电子中有着重要作用。CoA作为某些酶的辅酶成分,参与糖的有氧氧化及脂肪酸的氧化。

(四)参与代谢与生理调节

核苷酸对于许多基本的生物学过程有一定的调节作用,是构成一切生物体的基本成分,对生物的生长、发育、繁殖和遗传都起着主导作用。

第二节　核苷酸的合成代谢

体内核苷酸的合成代谢有两种形式:从头合成途径(do novo synthesis)和补救合成途径(salvage pathway)。从头合成途径是指利用5-磷酸核糖、氨基酸、一碳单位及二氧化碳等简单物质为原料,经过一系列酶促反应合成核苷酸的过程。补救合成途径是指利用体内游离的碱基或核苷,经过简单的反应合成核苷酸的过程。两者的重要性因组织不同而异,一般情况下,从头合成途径是体内大多数组织合成核苷酸的主要途径。而脑和骨髓等少数组织因缺乏从头合成的酶,只能进行补救合成。参与核苷酸的合成实际上是嘌呤碱和嘧啶碱的合成。

一、嘌呤核苷酸的合成代谢

除某些细菌外,几乎所有的生物体都能够合成嘌呤核苷酸。核苷酸的合成代谢可以分为从头合成和补救合成2条途径。

(一)从头合成途径

从头合成途径是体内嘌呤核苷酸的主要来源,其特点是在磷酸核糖分子上逐步合成嘌呤环。此途径主要在肝脏细胞中进行，其次在小肠黏膜及胸腺组织细胞中进行。合成的基本原料是谷氨酰胺、天冬氨酸、甘氨酸、5－磷酸核糖、一碳单位、CO_2，并需 ATP 供能。其合成过程是首先经过十一步反应合成次黄嘌呤核苷酸（IMP）（见图 10－2），然后由 IMP 再分别转变为 AMP 和 GMP（见图 10－3）。

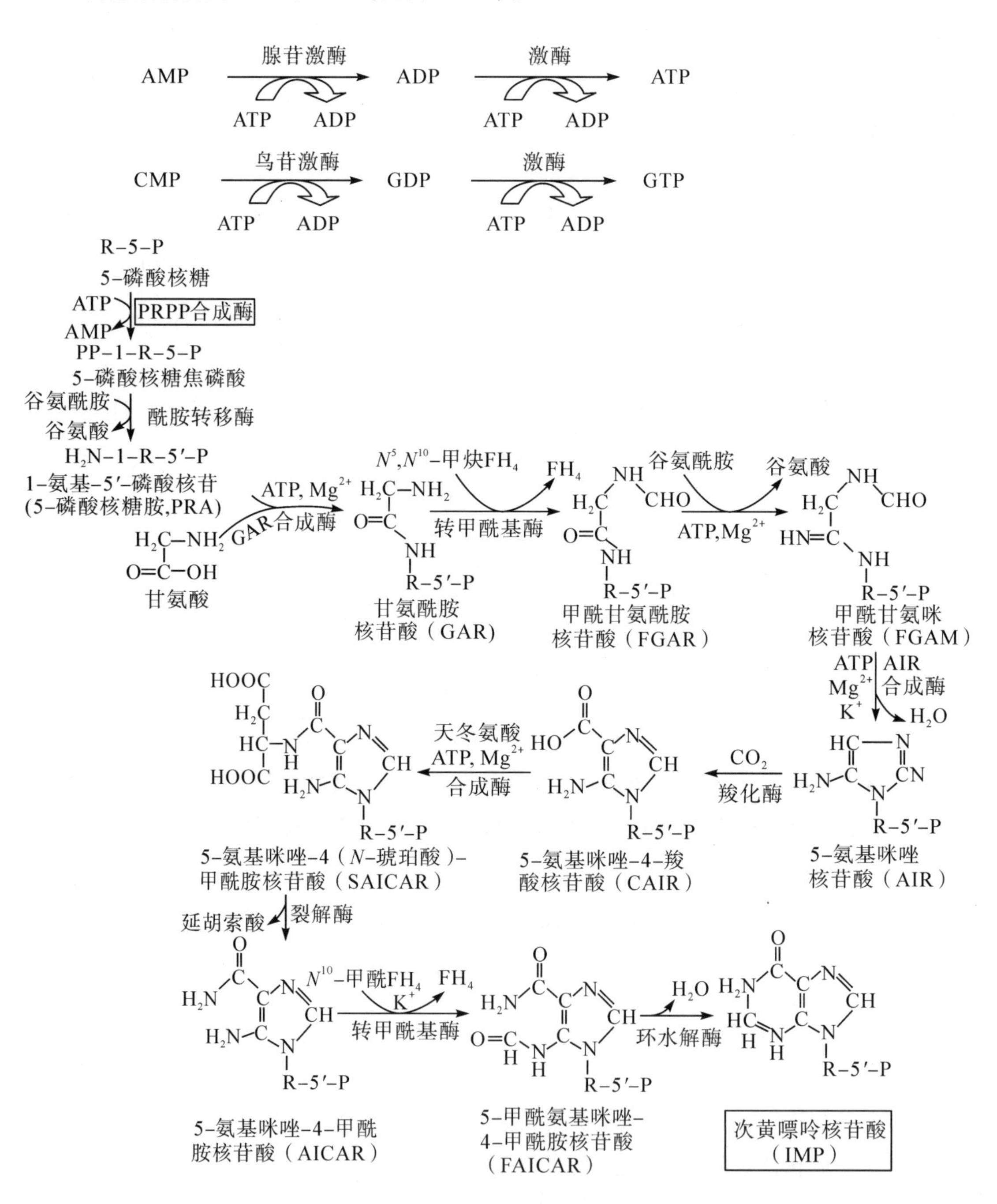

图 10－2　次黄嘌呤核苷酸（IMP）的合成

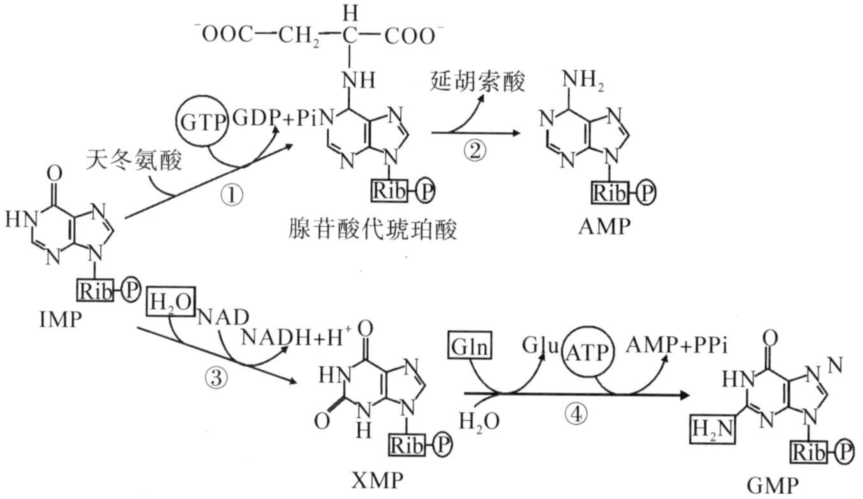

①腺苷酸代琥珀酸合成酶　③IMP脱氢酶

②腺苷酸代琥珀酸裂解酶　④GMP合成酶

图 10-3　由 IMP 合成 AMP 和 GMP

(1)IMP 的生成:IMP 是嘌呤核苷酸从头合成的重要中间产物,首先,5-磷酸核糖(5-PR)在磷酸核糖焦磷酸合成酶(PRPP 合成酶)的催化下被活化生成磷酸核糖焦磷酸(phosphoribosyl pyrophosphate,PRPP),PRPP 是 5-磷酸核糖参与体内各种核苷酸合成的活化形式;然后,在磷酸核糖酰胺转移酶(PRPP 酰胺转移酶)的催化下,PRPP 上的焦磷酸被谷氨酰胺的酰氨基取代,生成 5-磷酸核糖胺(PRA)。以上两个步骤是 IMP 合成的关键步骤,催化它们的酶——PRPP 合成酶和 PRPP 酰胺转移酶是 IMP 合成的限速酶。在 PRA 的基础上,再经过八步连续的酶促反应,甘氨酸、N^{10}-甲酰四氢叶酸、谷氨酰胺、二氧化碳、天冬氨酸依次参与,最终生成 IMP。

(2)IMP 转化成 AMP 和 GMP:①由 GTP 供能,天冬氨酸提供氨基,使 IMP 生成腺苷酸代琥珀酸,后者在裂解酸的催化下裂解为延胡索酸和 AMP;②IMP 脱氢氧化生成黄嘌呤核苷酸(XMP),然后由 ATP 供能、谷氨酰胺提供氨基,XMP 被氨基化成 GMP。AMP 的生成需要 GTP 参与,而 GMP 的生成需要 ATP 的参与,所以 GTP 可以促进 AMP 的生成,而 ATP 也可以促进 GMP 的生成,这种交叉调节作用对于维持 AMP 和 GMP 浓度的相对平衡具有重要意义。

(二)补救合成途径

嘌呤核苷酸的补救合成途径是利用内源性的核苷酸分解代谢产物再合成新核苷酸的途径。核苷酸嘌呤核苷酸合成的补救途径有以下 2 种。

1. 焦磷酸化酶催化

$$腺嘌呤 + PRPP \underset{焦磷酸化酶}{\overset{腺苷酸}{\rightleftharpoons}} 腺苷酸 + PPi$$

$$鸟嘌呤 + PRPP \underset{焦磷酸化酶}{\overset{鸟苷酸}{\rightleftharpoons}} 鸟苷酸 + PPi$$

2. 核苷磷酸化酶催化

嘌呤核苷酸补救合成的生理意义有两个方面:一方面可以节约从头合成时的能量和一些氨基酸的消耗;另一方面,对体内的某些组织器官(如脑、骨髓)来说,因其缺乏从头合成嘌呤核苷酸的酶系,故补救合成途径具有更重要的意义。临床上的 Lesch - Nyhan 综合征(或称自毁容貌症)是由先天基因缺陷导致 HGPRT 缺失引起的一种遗传代谢性疾病。

$$嘌呤 + 核糖-1-磷酸 \overset{核糖磷酸化酶}{\rightleftharpoons} 嘌呤核苷 + Pi$$

$$嘌呤核苷 + ATP \xrightarrow{核糖磷激酶} 核苷酸 + AMP$$

(三)嘌呤核苷酸的抗代谢物

某些嘌呤碱基的类似物,如 6 - 巯基嘌呤(6 - MP)、6 - 巯基鸟嘌呤、8 - 氮杂鸟嘌呤等,可以竞争性抑制嘌呤核苷酸合成的某些步骤,阻止核酸与蛋白质的生物合成,达到抗肿瘤的目的。6 - MP 在临床上最常用,其结构与次黄嘌呤相似,能与 PRPP 结合生成 6 - 巯基嘌呤核苷酸,抑制 IMP 向 AMP 和 GMP 的转化;6 - MP 还可直接竞争性抑制次黄嘌呤 - 鸟嘌呤磷酸核糖转移酶的活性,抑制补救合成途径,阻止 AMP 和 GMP 的生成。

叶酸类似物甲氨蝶呤(methotrexate, MTX)可竞争性抑制二氢叶酸还原酶的活性,阻碍四氢叶酸的生成,嘌呤核苷酸因得不到一碳单位的供应而不能合成。MTX 在临床上常用于白血病的治疗。

二、嘧啶核苷酸的合成

与嘌呤核苷酸一样,体内嘧啶核苷酸的合成也有从头合成及补救合成 2 条途径。

(一)从头合成途径

嘧啶核苷酸的从头合成途径主要在肝细胞液中进行,合成原料是谷氨酰胺、天冬氨酸、CO_2 和 5－磷酸核糖，也需要 ATP 供能。谷氨酰胺、天冬氨酸和 CO_2 先形成嘧啶环（见图 10－4）。然后嘧啶环再与磷酸核糖相连，生成嘧啶核苷酸（UMP）。UMP 在尿苷酸激酶的催化下转变为尿苷二磷酸（UDP），后者在二磷酸核苷激酶的催化下生成 UTP。UTP 在 CTP 合成酶的催化下生成 CTP（见图 10－5）。

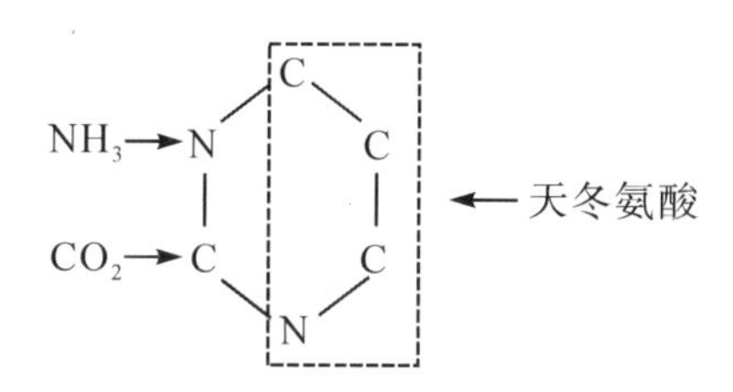

图 10－4　嘧啶碱合成的元素

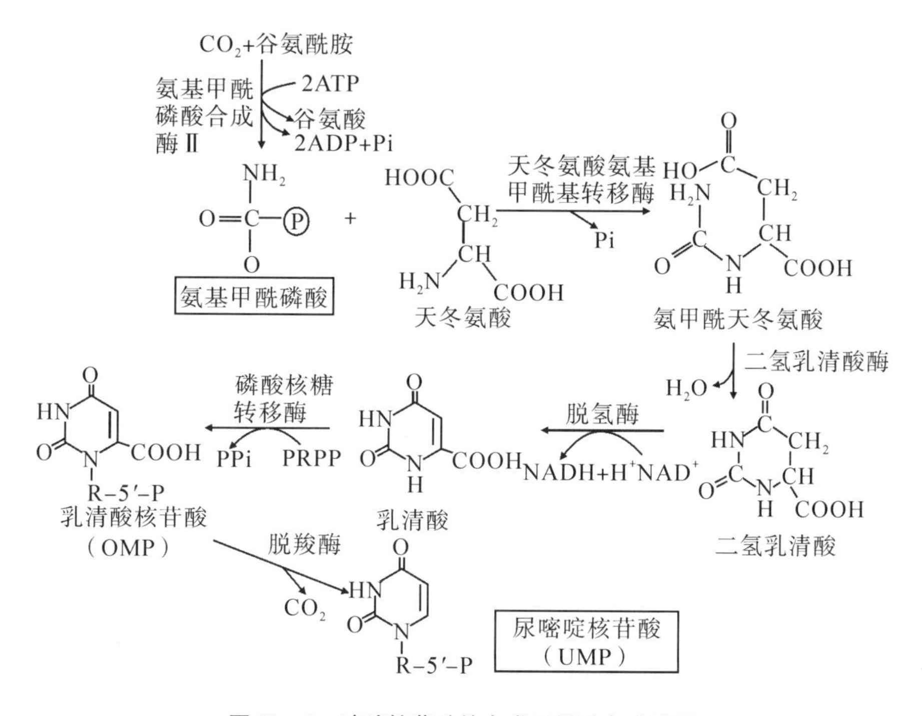

图 10－5　嘧啶核苷酸的合成原料及合成过程

（二）补救合成途径

嘌呤核苷酸的补救合成途径是指生物体直接利用外源性嘧啶碱及其核苷重新合成嘧啶核苷酸。嘧啶在嘧啶磷酸核糖转移酶的作用下生成嘧啶核苷酸，以尿嘧啶为例，其反应如下：

$$\text{尿嘧啶} + \text{PRPP} \xrightarrow{\text{嘧啶磷酸核糖转移酶}} \text{尿嘧啶核苷酸} + \text{PPi}$$

此酶对胞嘧啶不起作用，尿苷磷酸化酶和尿苷激酶是补救途径的另一组酶，催化反应如下：

$$尿嘧啶 + 核糖-1-磷酸 \xrightarrow{尿苷磷酸化酶} 尿苷 + Pi$$

$$尿苷 + ATP \xrightarrow{尿苷激酶} 尿嘧啶核苷酸 + ADP$$

（三）嘧啶核苷酸抗代谢物

嘧啶核苷酸的抗代谢物是一些嘧啶、氨基酸或叶酸的类似物。它们通过阻断嘧啶核苷酸的合成来达到抗肿瘤目的。例如，5－氟尿嘧啶（5－fluorouracil，5－FU）是临床上常用的抗肿瘤药物，它在体内经转化生成氟尿嘧啶核苷三磷酸（FUTP）。FUTP 以 FUMP 的形式进入 RNA 分子中，从而破坏 RNA 的结构与功能。

三、脱氧核糖核苷酸的生成

DNA 是由脱氧核糖核苷酸组成的，现以证明，除 dTMP（dTMP 是由 dUMP 经甲基化而成的）外，体内的脱氧核糖核苷酸均由相应的核糖核苷酸直接还原而来，这种还原作用是在核苷酸二磷酸的水平上进行的，催化反应进行的酶是核糖核苷酸还原酶，催化反应如下：

$$\begin{matrix} ADP \\ GDP \\ CDP \\ UDP \end{matrix} + NADPH + H^+ \xrightarrow{核糖核苷酸还原酶} \begin{matrix} dADP \\ dGDP \\ dCDP \\ dUDP \end{matrix}$$

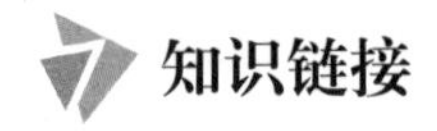

临床常见的核苷酸代谢障碍

1. Lesch－Nyhan 综合征

临床上的 Lesch－Nyhan 综合征，又称自毁容貌症，是由于先天基因缺陷导致 HGPRT 缺失，致使脑内核苷酸和核酸合成障碍，进而影响脑细胞的生长发育而引起的一种遗传代谢性疾病。该病以男婴居多，2 岁前发病。患儿表现为智力发育障碍、迟钝、共济失调，表现出咬自己的口唇、手指及足趾等强制性的自残行为，甚至自毁容貌，很少能存活。该病是由于患儿缺少 HGPRT，致使次黄嘌呤和鸟嘌呤不能转变为 IMP 和 GMP 而是降解为尿酸，导致体内尿酸过量。因此，该病还伴有高尿酸血症，并且尿酸排泄量可达到正常的

6 倍。

2. 乳清酸尿症

乳清酸尿症(orotic aciduria)是一种遗传性疾病,主要表现为尿中排出大量乳清酸、生长迟缓和重度贫血,是由于嘧啶核苷酸从头合成反应中双功能酶缺陷所致。临床用尿嘧啶或胞嘧啶治疗,尿嘧啶经磷酸化可生成 UMP,抑制 CPSⅡ活性,从而抑制嘧啶核苷酸的从头合成。

第三节　核苷酸的分解代谢

一、嘌呤核苷酸的分解代谢

嘌呤核苷酸的分解代谢主要在肝脏、小肠及肾脏中进行。细胞中的嘌呤核苷酸在核苷酸酶的作用下水解为嘌呤核苷,再经嘌呤核苷磷酸化酶的作用,分解为游离的嘌呤碱和1－磷酸核糖,后者在磷酸核糖的催化下转变为5－磷酸核糖,5－磷酸核糖既可以参与磷酸戊糖途径,也可作为核苷酸合成原料继续参与新核苷酸的合成。嘌呤碱最终被分解为尿酸,并随尿排出体外,所以尿酸是人体嘌呤分解代谢的最终产物。

AMP 分解产生次黄嘌呤,后者在黄嘌呤氧化酶的作用下氧化成黄嘌呤,最终生成尿酸。GMP 分解产生鸟嘌呤后,鸟嘌呤在鸟嘌呤脱氨酶的作用下转变成黄嘌呤,后者在黄嘌呤氧化酶的作用下氧化成尿酸(见图 10－6)。黄嘌呤氧化酶是尿酸生成的关键酶,遗传性缺陷或严重的肝损伤可导致该酶的缺乏,临床上表现为黄嘌呤尿、黄嘌呤肾结石、低尿酸血症等。

尿酸呈酸性,在体液中以尿酸和尿酸盐的形式存在。正常人血浆中尿酸含量为 0.12～0.36 mmol/L,男性略高于女性。尿酸水溶性较差,当血中尿酸含量超过 0.48 mmol/L时,尿酸盐结晶沉积于关节、软组织、软骨和肾等处,最终导致关节炎、尿路结石及肾脏疾病等,称为痛风症。

临床上常用别嘌呤醇(allopurinol)治疗痛风。别嘌呤醇与次黄嘌呤结构类似,只是分子中 N－7 与 C－8 互换了位置,可竞争性抑制黄嘌呤氧化酶,从而抑制尿酸的生成。黄嘌呤和次黄嘌呤的水溶性比尿酸大得多,故不会沉积形成结晶。同时,别嘌呤在体内经代谢转变,与 5－磷酸核糖－1－焦磷酸(PRPP)生成别嘌呤核苷酸,不仅消耗了 PRPP,

使其含量下降，而且还能反馈抑制 PRPP 酰胺转移酶，阻断嘌呤核苷酸的从头合成。临床上还可以给予痛风症的患者服用促尿酸排泄的药物，如丙磺舒、苯溴马隆、磺吡酮等，以达到降低血尿酸的目的。但要注意的是，在给予排尿酸药的同时，考虑碱化尿液，防止尿酸结晶沉积于肾脏内。

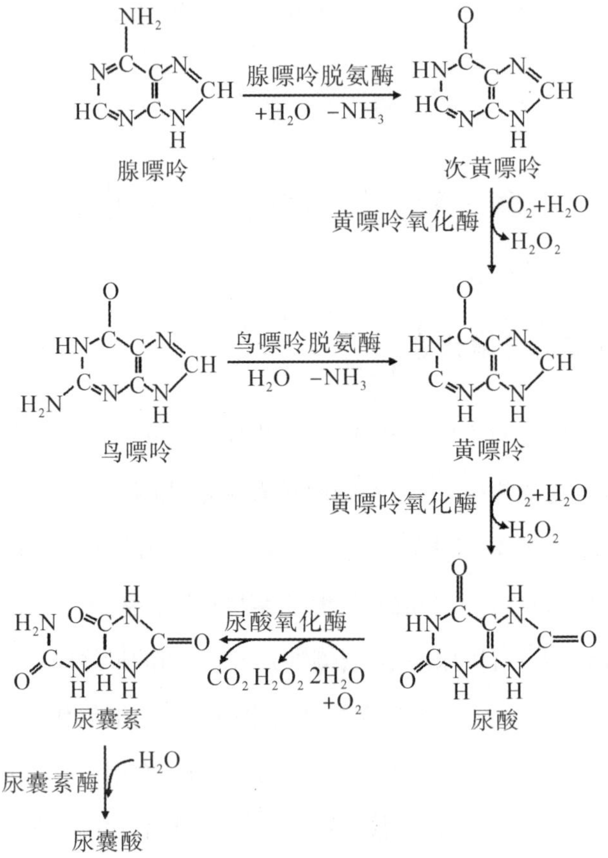

图 10－6　嘌呤的分解代谢途径

二、嘧啶核苷酸的分解代谢

与嘌呤碱分解类似，嘧啶碱分解时，有氨基酸的首先水解脱氨基。胞嘧啶脱氨基即转化为尿嘧啶；尿嘧啶和胸腺嘧啶经还原打破环内双键后，水解成开环的链状化合物，继续水解生成 CO_2、NH_3、β－丙氨酸和 β－氨基异丁酸，β－氨基异丁酸脱氨基后进入有机酸代谢或直接排出体外（见图 10－7）。β－氨基异丁酸的排泄量可反映细胞及 DNA 的破坏程度。白血病患者及经化疗或放疗的癌症患者，由于 DNA 被破坏过多，往往导致尿中 β－氨基异丁酸的排泄增加。食用含 DNA 丰富的食物也可使其排出量增多。

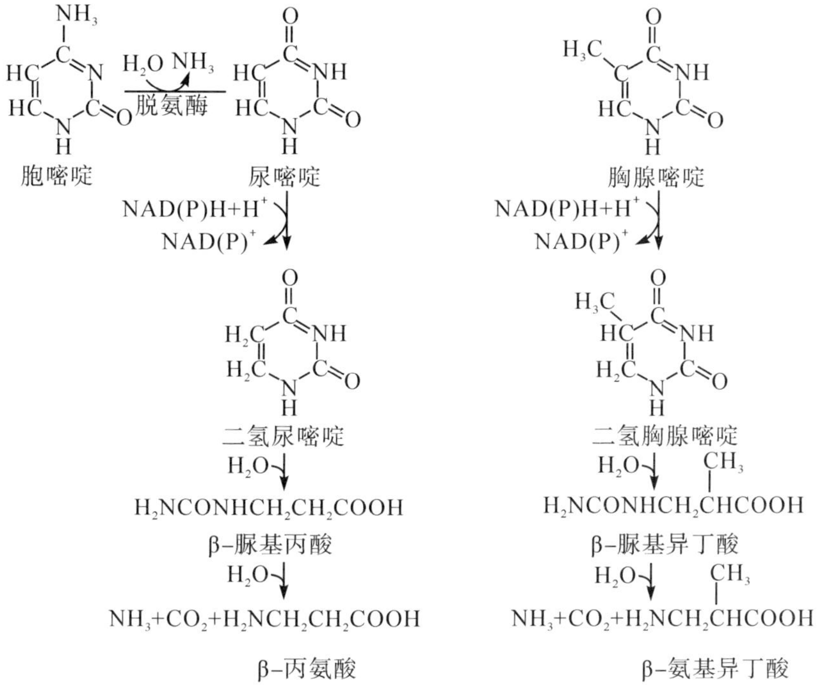

胞嘧啶 —(H_2O, NH_3; 脱氨酶)→ 尿嘧啶

尿嘧啶 —($NADP(P)H+H^+$ → $NAD(P)^+$)→ 二氢尿嘧啶

二氢尿嘧啶 —(H_2O)→ $H_2NCONHCH_2CH_2COOH$（β-脲基丙酸）

β-脲基丙酸 —(H_2O)→ $NH_3+CO_2+H_2NCH_2CH_2COOH$（β-丙氨酸）

胸腺嘧啶 —($NAD(P)H+H^+$ → $NAD(P)^+$)→ 二氢胸腺嘧啶

二氢胸腺嘧啶 —(H_2O)→ $H_2NCONHCH_2CH(CH_3)COOH$（β-脲基异丁酸）

β-脲基异丁酸 —(H_2O)→ $NH_3+CO_2+H_2NCH_2CH(CH_3)COOH$（β-氨基异丁酸）

图 10－7　嘧啶的分解代谢途径

知识链接

核苷与脱氧核苷系列化合物的应用如下。

(1)抗病毒药物:应用最多,主要以破坏病毒转录、干扰或终止病毒核酸的合成为目的,用于抗疱疹病毒、HIV、HBV 及流感等。

(2)抗肿瘤药物:主要作用是干扰肿瘤的 DNA 合成,或者影响核酸的转录过程,抑制蛋白质的合成,从而达到治疗肿瘤的效果。

(3)抗真菌类药物:部分产品对多种真菌具有抑制作用,而且对哺乳动物几乎无毒性。

(4)抗抑郁药物:可用于治疗神经系统疾病,有非常强的抗抑郁作用,有的药物同时可以用于治疗关节疾病的镇痛剂,对脑血管功能障碍也有效。

(5)其他:其可作为高效食用增鲜剂;一些寡核苷酸可用于基因疗法、案件侦破、考古,以及作为 DNA 计算机的元件等。

思政园地

合理饮食,避免痛风

随着人们生活水平的不断提高,饮食结构发生变化,痛风的患病率逐年升高,且发病年龄呈年轻化趋势。痛风与嘌呤代谢紊乱或尿酸排泄减少所致的高尿酸血症直接相关,痛风可引发肾脏病变,严重者可出现关节破坏、肾功能损害,常伴发高脂血症、高血压病、糖尿病、动脉硬化及冠心病等。痛风患者经常会在夜晚出现突然性的关节疼,发病急,关节部位出现疼痛、水肿、红肿和炎症,此后疼痛感慢慢减轻直至消失,持续几天或几周不等。所以如何有效地控制尿酸在机体中的含量,防止继发性痛风的发生,有着重要的意义。

养成健康的饮食习惯,限制高嘌呤食物的摄入,如鱼类、虾类、贝壳类等海鲜制品;增加饮水量,促进尿酸排泄;限制饮酒,因为酒精在代谢过程中会消耗人体大量水分并产生大量嘌呤,人体内嘌呤含量越多,代谢产生的尿酸就越多,这会增加痛风的发病率和痛风对人体的危害。健康的体魄是我们学习、工作和生活的保证,有效预防疾病、养成良好的生活习惯至关重要。

本章小结

核酸是体内生物合成的主要原料,构成核酸的基本单位是核苷酸,体内的核苷酸主要由机体自身细胞合成,不属于机体的营养必需物质。

体内核苷酸的合成代谢有两种形式:从头合成途径和补救合成途径。从头合成途径是指利用5-磷酸核糖、氨基酸、一碳单位及二氧化碳等简单物质为原料,经过一系列酶促反应合成核苷酸的过程。补救合成途径是指利用体内游离的碱基或核苷,经过简单的反应合成核苷酸的过程。一般情况下,从头合成途径是体内大多数组织合成核苷酸的主要途径。而脑和骨髓等少数组织因缺乏从头合成的酶,只能进行补救合成。

嘌呤碱分解的终产物是尿酸。血中尿酸含量过高时,可引起痛风症,临床上可用别嘌呤醇治疗。嘧啶碱分解的终产物是NH_3、CO_2和β-氨基酸,它们可随尿排出或进一步代谢。

思考题

一、选择题

1. GMP 和 AMP 分解过程中产生的共同中间产物是（　　）

A. 腺嘌呤　　B. 鸟嘌呤

C. XMP　　D. 黄嘌呤

E. IMP

2. 痛风症是因为血中某种物质在关节、软组织处沉积，其成分为（　　）

A. 尿素　　B. 尿酸

C. β－丙氨酸　　D. β－氨基异丁酸

E. 甘氨酸

3. 别嘌呤醇治疗痛风的机制是该药抑制（　　）

A. 黄嘌呤氧化酶　　B. 腺苷脱氨酶

C. 尿酸氧化酶　　D. 鸟嘌呤脱氢酶

E. 黄嘌呤脱氢酶

4. 关于嘧啶核苷酸的分解代谢说法正确的是（　　）

A. 终产物为尿酸　　B. β－氨基异丁酸不能随尿液排出

C. β－丙氨酸为胞嘧啶的分解产物　　D. 胸腺嘧啶不能分解产生尿素

E. 胞嘧啶不能分解产生尿素

5. 嘧啶核苷酸合成代谢障碍可导致（　　）

A. 尿黑酸　　B. 乳清酸尿症

C. 痛风　　D. 骨质疏松

E. 苯丙酮尿症

6. 中年男性患者，主诉关节痛疼，血浆尿酸 550 μmol/L，医生劝不要食肝，原因是（　　）

A. 肝富含氨基酸　　B. 肝富含糖原

C. 肝富含嘧啶碱　　D. 肝富含嘌呤碱

E. 肝富含胆固醇

7. HGPRT 缺失可能会导致（　　）

A. 21－三体综合征　　B. 自毁容貌症

C. 糖尿病　　D. 肾衰竭

E. 红绿色盲

二、名词解释

1. 从头合成途径

2. 补救合成途径

三、简答题

1. 列出嘌呤核苷酸和嘧啶核苷酸从头合成的前体物质。

2. 简述痛风的发生机制。

在线测试题

选择题

判断题

第十一章　基因信息的传递与表达

本章导读

蛋白质分子是由许多氨基酸组成的，在不同的蛋白质分子中，氨基酸有着特定的排列顺序，这种特定的排列顺序不是随机的，而是严格按照蛋白质编码基因中的碱基顺序排列的。基因的遗传信息在转录过程中从 DNA 转移到 mRNA，再由 mRNA 将这种遗传信息表达为蛋白质中氨基酸的顺序（此过程称为翻译）。翻译的过程也就是蛋白质分子生物合成的过程，在此过程中，需要 200 多种生物大分子参与，其中包括核糖体、mRNA、tRNA及多种蛋白质因子。

目标透视

1. 了解翻译后加工的方式和过程。

2. 熟悉 DNA 和 RNA 的合成过程。

3. 掌握蛋白质生物合成的过程、遗传密码的基本概念及其特点、3 种 RNA 在翻译过程中的作用。

4. 应用所掌握的知识，阐述蛋白质合成相关的常见抗生素作用机制。

5. 培养学生树立正确的医学价值观和严谨的学习态度。

第一节　核酸的生物合成

DNA 是生物界遗传的主要物质基础。生物有机体的遗传特征以密码的形式编码在 DNA 分子上，表现为特定的核苷酸排列顺序——遗传信息，在细胞分裂前通过 DNA 的复制，将遗传信息由亲代传递给子代，在后代的个体发育过程中，遗传信息自 DNA 转录给

RNA,并指导蛋白质合成,以执行各种生命功能,使后代表现出与亲代相似的遗传性状。这种遗传信息的传递方向,是从 DNA 到 RNA 再到蛋白质,即生物学的中心法则。20 世纪 80 年代以后,在某些致癌 RNA 病毒中发现遗传信息也可存在于 RNA 分子中,由 RNA 通过逆转录的方式将遗传信息传递给 DNA,这为中心法则加入了新的内容。目前认为生物界遗传信息传递的中心法则如图 11-1 所示。

一、DNA 的生物合成

DNA 作为遗传物质的基本特点就是在细胞分裂前进行准确的自我复制,使 DNA 的量成倍增加,这是细胞分裂的物质基础。1953 年,Watson 和 Crick 提出的 DNA 双螺旋结构模型指出,DNA 是由 2 条互补的脱氧核苷酸链组成,所以,一条 DNA 链上的核苷酸排列顺序是由另一条 DNA 链决定的。这就说明 DNA 的复制是以原来存在的分子为模板来合成新的链。

(一)DNA 的半保留复制

Watson 和 Crick 在提出 DNA 双螺旋结构模型时即推测,DNA 在复制时,首先两条链之间的氢键断裂,2 条链分开,然后以每一条链分别作为模板各自合成一条新的 DNA 链,这样新合成的子代 DNA 分子中一条链来自亲代 DNA,另一条链是新合成的,这种复制方式为半保留复制(见图 11-2)。

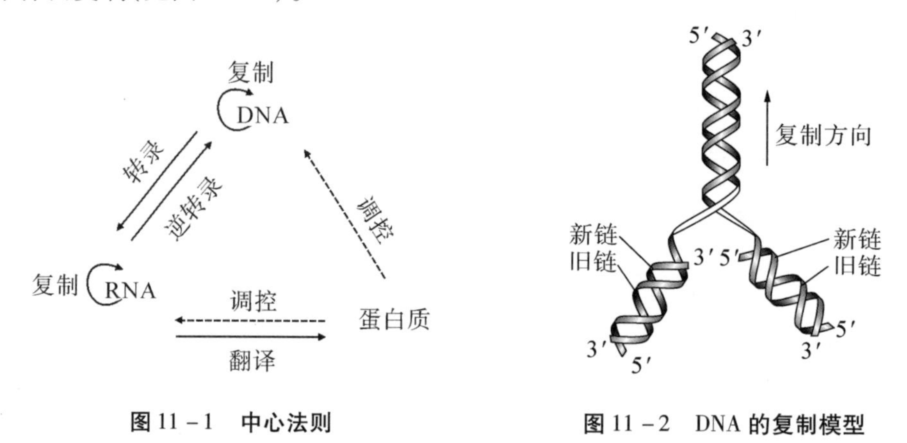

图 11-1 中心法则

图 11-2 DNA 的复制模型

(二)参与 DNA 复制的物质

1. 解链酶

DNA 开始复制时,首先在起始点处解开双链,反应是在一种解链酶(helicase)的催化下进行的。解链酶需要 ATP 分解供给能量。大肠杆菌中的 DnaB 蛋白就有解链酶活性,与随从链的模板 DNA 结合,沿 5′→3′方向移动,还有一种叫 Rep 蛋白和前导链的模板 DNA 结合沿 3′→5′方向移动。解链酶的作用就是打开 DNA 双链之间的氢键。

2. 单链结合蛋白(SSB)

SSB 与解开的单链 DNA 结合,使其稳定且不会再度螺旋化,避免核酸内切酶对单链 DNA 的水解,保证了单链 DNA 作为模板时的伸展状态。SSB 可以重复利用。

3. 引发体的形成

DNA 复制起始的关键步骤是前导链 DNA 的合成,一旦前导链 DNA 的聚合作用开始,随从链 DNA 的合成也随着开始。由于前导链的合成是连续进行的,所以它的起始相对简单;但随从链的合成是不连续进行的,所以引发阶段比较复杂。

(1)引物酶。它是一种特殊的 RNA 聚合酶,可催化短片段 RNA 的合成。这种短 RNA 片段一般为十几个至数十个核苷酸不等,它们在 DNA 复制起始处作为引物。RNA 引物的 3′末端提供了由 DNA 聚合酶催化形成 DNA 分子第一个磷酸二酯键的位置。

(2)引发体。高度解链的模板 DNA 与多种蛋白质因子形成的引发前体促进引物酶结合上来,共同形成引发体,引发体主要在 DNA 随从链上开始,它连续地与引物酶结合并解离,从而在不同部位引导引物酶催化合成 RNA 引物,在引物 RNA 的 3′末端接下去合成 DNA 片段,这就是随从链不连续合成的开始。

4. DNA 聚合酶

1957 年,阿瑟·科恩伯格(Arthur Kornberg)首次在大肠杆菌中发现 DNA 聚合酶Ⅰ(DNA polymeraseⅠ,DNA polⅠ),后来又相继发现了 DNA 聚合酶Ⅱ(DNA polⅡ)和 DNA 聚合酶Ⅲ(DNA polⅢ)。实验证明,大肠杆菌中 DNA 的复制主要过程靠 DNA polⅢ起作用,而 DNA polⅠ和 DNA polⅡ在 DNA 错配的校正和修复中起作用。

这种酶的共同性质是:①需要 DNA 模板,因此这类酶又称为依赖 DNA 的 DNA 聚合酶(DNA dependent DNA polymerase,DDDP);②需要 RNA 或 DNA 作为引物(primer),即 DNA 聚合酶不能从头催化 DNA 的起始;③催化 dNTP 加到引物的 3′末端,因而 DNA 合成的方向是 5′→3′;④三种 DNA 聚合酶都属于多功能酶,它们在 DNA 复制和修复过程的不同阶段发挥作用。

5. 拓扑异构酶

拓扑异构酶(topoisomerase)是一类改变 DNA 拓扑性质的酶,在体外可催化 DNA 的各种拓扑异构化反应,而在生物体内它们可能参与了 DNA 的复制与转录。在 DNA 复制时,复制叉行进的前方 DNA 分子部分产生正超螺旋,拓扑酶可松弛超螺旋,有利于复制叉的前进及 DNA 的合成。DNA 复制完成后,拓扑酶又可将 DNA 分子引入超螺旋,使 DNA 缠绕、折叠、压缩以形成染色质。DNA 拓扑异构酶有Ⅰ型和Ⅱ型,它们广泛存在于原核生物及真核生物中。

6. 连接酶

连接酶(ligase)的作用是催化相邻的 DNA 片段以 3′,5′-磷酸二酯键相连接。连接反应中的能量来自 ATP(或 NAD^+)。连接酶先与 ATP 作用,以共价键相连生成酶与 AMP 的中间体。中间体即与一个 DNA 片段的 5′-磷酸端相连接形成 E-AMP-5′-DNA。然后再与另一个 DNA 片段的 3′-OH 末端作用,E 和 AMP 脱下,2 个 DNA 片段以 3′,5′-磷酸二酯键相连接。随从链的各个 DNA 片段就是这样连接成一条 DNA 长链。

(三)DNA 复制的过程

DNA 双螺旋是由两条方向相反的单链组成,复制开始时,双链打开,形成一个复制叉(replicative fork,从打开的起点向一个方向形成)或一个复制泡(replicative bubble,从打开的起点向两个方向形成)。两条单链分别做模板,各自合成一条新的 DNA 链。由于 DNA 一条链的走向是 5′→3′方向,另一条链的走向是 3′→5′方向,但生物体内 DNA 聚合酶只能催化 DNA 从 5′→3′的方向合成。那么,两条方向不同的链怎样才能做模板呢?这个问题由日本学者冈崎先生解决了。原来,在以 3′→5′方向的母链为模板时,复制合成出一条 5′→3′方向的前导链(leading strand),前导链的前进方向与复制叉打开方向是一致的。因此,前导链的合成是连续进行的,而另一条母链 DNA 是 5′→3′方向,它作为模板时,复制合成许多条 5′→3′方向的短链,叫随从链(lagging strand),随从链的前进方向是与复制叉的打开方向相反的。随从链只能先以片段的形式合成,这些片段就叫冈崎片段(Okazaki fragments),原核生物的冈崎片段含有 1 000~2 000 个核苷酸,真核生物一般有 100~200 个核苷酸。最后再将多个冈崎片段连接成一条完整的链。由于前导链的合成是连续进行的,随从链的合成是不连续进行的,所以,从总体上看,DNA 的复制是半不连续复制(见图 11-3)。

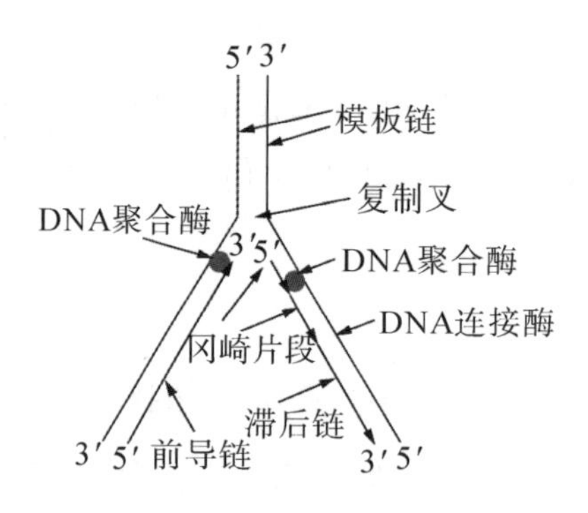

图 11-3 DNA 的半不连续复制

DNA 复制的全部过程可以人为地分成 3 个阶段。第一个阶段为 DNA 复制的起始阶段,这个阶段包括起始点、复制方向及引发体的形成;第二阶段为 DNA 链的延长,包括前导链及随从链的形成和切除RNA引物后填补空缺及连接冈崎片段;第三阶段为DNA复制的终止阶段。

(四) DNA复制的特点

1. 半保留复制

DNA在复制时,以亲代DNA的每一股作为模板,合成完全相同的两个子代双链DNA,每个子代DNA中都含有一股亲代DNA链,这种现象称为DNA的半保留复制。DNA以半保留方式进行复制,是在1958年由梅塞尔森(M. Meselson)和斯塔尔(F. Stahl)完成的实验所证明。

2. 有一定的复制起始点

DNA在复制时,需在特定的起始位点,这是一些具有特定核苷酸排列顺序的片段,即复制起始点(复制子)。在原核生物中,复制起始点通常为一个,而在真核生物中则为多个。

3. 需要引物

DNA聚合酶必须以一段具有3′端自由羟基(3′-OH)的RNA作为引物,才能开始聚合子代DNA链。RNA引物的大小,在原核生物中通常为50~100个核苷酸,而在真核生物中约为10个核苷酸。

4. 双向复制

DNA复制时,以复制起始点为中心,向两个方向进行复制。但在低等生物中,也可进行单向复制。

5. 半不连续复制

前导链是连续合成的,随从链的合成则是不连续的。

(五) DNA的损伤与修复

一些理化因子,如紫外线、电离辐射和化学诱变剂,能使细胞DNA受到损伤,实质就是DNA碱基发生突变,导致DNA结构和功能发生改变,而引起生物的突变或致死。细胞具有一系列修复机制,能在一定条件下使DNA的损伤得到修复。

1. 损伤类型

DNA分子的损伤类型有多种。紫外线(UV)照射后,DNA分子上两个相邻的胸腺嘧啶(T)或胞嘧啶(C)之间可以共价键连接形成环丁酰环,这种环式结构称为二聚体。胸腺嘧啶二聚体的形成是紫外线对DNA分子的主要损伤方式。

X射线、γ射线照射细胞后,所产生的自由基,既可使DNA分子双链间氢键断裂,也可使它的单链或双链断裂。博来霉素、甲基磺酸甲烷等烷化剂也能造成链的断裂。

丝裂霉素 C 可造成 DNA 分子单链间的交联,这种情况常发生在 2 个单链、对角的鸟嘌呤之间。链的交联也往往带来 DNA 分子的断裂。

DNA 分子还可以发生个别碱基或核苷酸的变化。例如,碱基结构类似物 5-溴尿嘧啶等可以取代个别碱基;亚硝酸能引起碱基的氧化脱氨反应;原黄素(普鲁黄)等吖啶类染料和甲基氨基偶氮苯等芳香胺致癌物可以造成个别核苷酸对的增加或减少,从而引起移码突变。

一种 DNA 损伤剂往往可以同时引起几种类型的损伤,其损伤效应的大小和类型与剂量及细胞所处的周期状态有关。

2. 修复方式

(1)光修复:又称光逆转。这是在可见光(波长为 3 000 ~ 6 000 Å)照射下由光复活酶识别并作用于二聚体,利用光所提供的能量使环丁酰环打开而完成的修复过程。光复活酶已在细菌、酵母菌、原生动物、藻类、蛙、鸟类、哺乳动物中的有袋类、高等哺乳类、人类的淋巴细胞和皮肤成纤维细胞中发现。这种修复功能虽然普遍存在,但主要是低等生物的一种修复方式,随着生物的进化,它所起的作用也随之削弱。

(2)暗修复:又称切补修复。最初在大肠杆菌中发现,包括一系列复杂的酶促 DNA 修补复制过程,主要有以下几个阶段:核酸内切酶识别 DNA 损伤部位,并在 5′端做一切口,再在外切酶的作用下,从 5′端到 3′端方向切除损伤;然后在 DNA 多聚酶的作用下,以损伤处相对应的互补链作为模板合成新的 DNA 单链片段,以填补切除后留下的空隙;最后,在连接酶的作用下将新合成的单链片段与原有的单链以磷酸二酯链相接而完成修复过程。

二、逆转录

(一)逆转录的概念及过程

逆转录(reverse transcription)是以 RNA 为模板合成 DNA 的过程,即 RNA 指导下的 DNA 合成。此过程中,核酸合成与转录(DNA 到 RNA)过程与遗传信息的流动方向(RNA 到 DNA)相反,故称为逆转录。逆转录过程是 RNA 病毒的复制形式之一,需逆转录酶的催化。

逆转录过程由逆转录酶催化,该酶也称为依赖 RNA 的 DNA 聚合酶(RDDP),即以 RNA 为模板催化 DNA 链的合成。逆转录酶存在于 RNA 病毒中,可能与细胞恶性转化有关。大多数逆转录酶都具有多种酶活性,主要包括以下几种。

(1)DNA 聚合酶活性:以 RNA 为模板,催化 dNTP 聚合成 DNA。此酶需要 RNA 为引物,多为赖氨酸的 tRNA,在引物 tRNA 3′末端以 5′→3′方向合成 DNA。反转录酶不具有 3′→5′外切酶活性,因此没有校正功能。所以,由反转录酶催化合成的 DNA 出错率比较高。

(2)核糖核酸酶 H(RNase H)活性:由反转录酶催化合成的互补 DNA(complementary DNA,cDNA)与模板 RNA 形成的杂交分子,将由 RNase H 从 RNA 5′端水解 RNA 分子。

(3)DNA 指导的 DNA 聚合酶活性:以反转录合成的第一条 DNA 单链为模板,以 dNTP 为底物,再合成第二条 DNA 分子。除此之外,有些逆转录酶还有 DNA 内切酶活性,这可能与病毒基因整合到宿主细胞染色体 DNA 中有关。

逆转录的简要过程表示如下:

逆转录酶的作用是以 dNTP 为底物,以 RNA 为模板,以 tRNA(主要是色氨酸 tRNA)为引物,在 tRNA 3′末端上,按 5′→3′方向,合成一条与 RNA 模板互补的 DNA 单链,即互补 DNA(cDNA),它与 RNA 模板形成 RNA - DNA 杂交体。随后又在反转录酶的作用下水解 RNA 链,再以 cDNA 为模板合成第二条 DNA 链。至此,完成由 RNA 指导的 DNA 合成过程。

(二)逆转录的意义

逆转录过程是分子生物学研究中的重大发现,是对中心法则的重要修正和补充。人们通过体外模拟该过程,以样本中提取的 mRNA 为模板,在逆转录酶的作用下,合成出互补的 cDNA,构建 cDNA 文库,并从中筛选特异的目的基因。该方法已成为基因工程技术中最常用的获得目的基因的方法之一。

三、RNA 的生物合成

RNA 的生物合成包括 RNA 转录与 RNA 复制。除少数 RNA 病毒以 RNA 复制的方式传递遗传信息外,大部分生物中遗传信息都是从 DNA 分子中以转录方式合成 RNA 而输出的,即以 DNA 为模板,以 4 种核糖核苷酸为原料,在 RNA 聚合酶催化下合成 RNA。转录是基因表达的第一步,是遗传信息传递的核心步骤。

(一)转录的概念

转录是遗传信息从 DNA 流向 RNA 的过程,即以双链 DNA 中确定的一条链(模板链用于转录,编码链不用于转录)为模板,以 ATP、CTP、GTP、UTP 4 种核苷三磷酸为原料,在

RNA 聚合酶催化下合成 RNA 的过程。

转录时，细胞通过碱基互补的原则来生成一条带有互补碱基的 mRNA，通过它携带密码子到核糖体中可以实现蛋白质的合成。转录仅以 DNA 的一条链作为模板，被选为模板的单链叫作模板链；另一条单链叫作编码链。DNA 上的转录区域称为转录单位。

（二）参与转录的酶

参与转录的酶主要是 RNA 聚合酶，也称 DNA 指导的 RNA 聚合酶（DNA dependent RNA polymerase，DDRP）。RNA 聚合酶在原核生物、真核生物、病毒及噬菌体中均普遍存在。

1. 原核生物 RNA 聚合酶

以大肠杆菌（E. coli）为例，E. coli 和其他原核细胞一样，只有一种 RNA 聚合酶，合成各种 RNA。一个 E. coli 细胞中约有 7 000 个 RNA 聚合酶分子，在任一时刻，大部分聚合酶（5 000 个左右）在参与 RNA 的合成，具体数量依生长条件而定。E. coli RNA 聚合酶全酶（holoenzyme）分子量为 460 000Da，由 5 种共 6 个亚基组成，种类包括 α_2、β、β′、σ、ω，另有 2 个 Zn^{2+}。无 σ 亚基的酶称为核心酶，核心酶只能使已开始合成的 RNA 链延长，而不具备起始合成的活性，加入 σ 亚基后，全酶才具有起始合成 RNA 的能力。因此，σ 亚基称为起始因子。各亚基及其功能如表 11－1 所示。

表 11－1　大肠杆菌 RNA 聚合酶组分和功能

亚基	基因	分子量	亚基数	功能
α	*rpoA*	40 000	2	酶的装配及集合启动子上游元件和活化因子
β	*rpoB*	155 000	1	结合核苷酸底物，催化磷酸二酯键形成
β′	*rpoC*	160 000	1	与模板 DNA 结合
σ	*rpoD*	32 000～92 000	1	识别启动子，促进转录起始
ω	未知	9 000	1	未知

2. 真核生物 RNA 聚合酶

真核细胞中已发现 3 种 RNA 聚合酶，分别称为 RNA 聚合酶Ⅰ、Ⅱ、Ⅲ。RNA 聚合酶Ⅰ转录 rRNA，RNA 聚合酶Ⅱ转录 mRNA，RNA 聚合酶Ⅲ转录 tRNA 和其他小分子 RNA。这 3 种 RNA 聚合酶分子量都在 50 万左右，亚基数通常有 8～14 个（见表 11－2）。除了细胞核 RNA 聚合酶外，还包括线粒体和叶绿体 RNA 聚合酶，它们的结构简单，能转录所有种类的 RNA，类似于细菌 RNA 聚合酶。

表 11－2　真核生物 RNA 聚合酶的种类及性质

种类	Ⅰ型(或 A)	Ⅱ型(或 B)	Ⅲ型(或 C)	线粒体 RNA(Mt 型)
相对分子量	5.5×10^5	6×10^5	6×10^5	$(6.4 \sim 6.8) \times 10^4$
分布	核仁	核质	核质	线粒体
转录产物	5.8S、18S、28S、rRNA 前体	mRNA 前体	tRNA 前体、5S rRNA	线粒体 RNA
对利福平敏感性	不敏感	不敏感	不敏感	敏感
对鹅膏蕈碱的敏感性	不敏感	非常敏感	敏感	不敏感

(三)转录的过程

RNA 的转录过程可分为起始、RNA 链的延长及终止 3 个阶段，转录起始前需要相关的转录因子共同作用。真核生物与原核生物除延伸阶段相似之外，起始和终止阶段有较多的不同，真核生物更加复杂一些。以下主要介绍原核生物的转录过程(见图 11－4)。

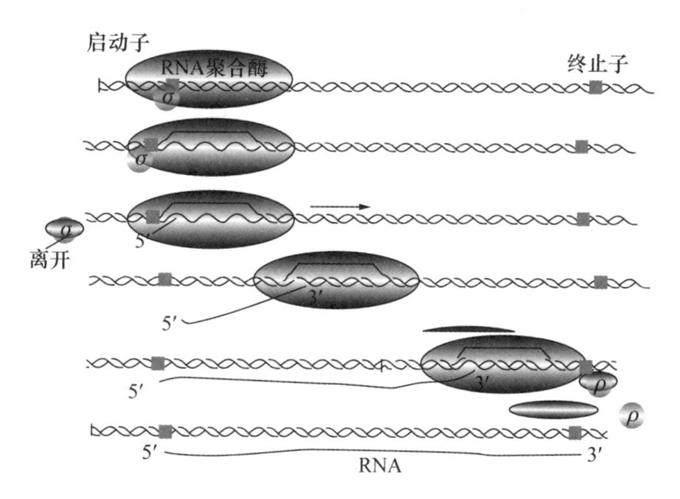

图 11－4　原核生物的转录过程

1. 原核生物基因转录的起始

首先 RNA 聚合酶的 σ 因子辨认 DNA 的启动子部位，并带动 RNA 聚合酶的全酶与启动子结合，形成复合物。RNA 聚合酶可以“挤”入 DNA 双螺旋结构之内，起到解旋作用，并使 DNA 的局部结构松弛，解开约十几个碱基对长的 DNA 双链，形成转录泡，暴露出 DNA 模板链。与复制不同的是，RNA 聚合酶可以开始新 RNA 链合成，因此，转录起始不需要引物。RNA 聚合酶进入起始部位后，直接催化 NTP，使其与模板链上相应的碱基配对(U－A，A－T，G－C)，并结合到 DNA 模板链上，形成第一个磷酸二酯键。第一个核苷酸以 GTP 最常见，与第二个核苷酸结合后，GTP 仍保留 5′端 3 个磷酸，形成 RNA 聚合酶全酶 – DNA – pppGpN – OH – 3′复合物，称为转录起始复合物。RNA 链开始合成后，σ 因子从复合物上脱落，核心酶进一步合成 RNA 链。σ 因子可以反复使用，它可与新的核心酶结合成 RNA 聚合酶的全酶，起始另一次转录过程。

2. RNA 链的延长

RNA 链的延长反应由核心酶催化。核心酶沿模板 DNA 链向下游方向滑动，每滑动一个核苷酸的距离，则有一个核糖核苷酸按 DNA 模板链的碱基互补关系进入模板，即 U – A、A – T、C – G，形成一个磷酸二酯键，如此不断延长下去。与 DNA 复制一样，RNA 链的合成也是有方向性的，即从 5′→3′端进行。DNA 链在核心酶经过后，即恢复双螺旋结构，新生成的 RNA 单链伸出 DNA 双链之外。原核细胞与真核细胞的转录延长过程基本相似。

3. 转录的终止

细菌和真核生物转录一旦开始，通常都能继续下去，直至转录完成而终止，DNA 中有一段特殊序列，能提供转录停止信号，称为终止子（terminator，T），而协助 RNA 聚合酶识别终止子的蛋白质辅助因子称为终止因子（termination factor），有些终止子的作用可被特异的因子所阻止，使酶越过终止子继续转录，称为通读，这类引起抗终止作用的蛋白质称为抗终止因子（antitermination factor）。终止子位于已转录的序列中，DNA 的终止子可被 RNA 聚合酶本身或其辅助因子识别。

（四）转录后的加工与修饰

转录生成的 RNA 初级产物是 RNA 的前体，它们没有生物学活性，通常还需要经过一系列的加工修饰过程，才能最终成为具有功能的成熟 RNA 分子。细菌中 RNA 转录后加工相对较为简单，由于不存在核膜，通常 RNA 转录尚未结束而翻译即已开始。真核细胞中几乎所有转录的前体都要经过一系列在酶的作用下加工修饰，才能成为具有生物功能的 RNA。

1. mRNA 的加工

mRNA 通过转录作用获得 DNA 分子中储存的遗传信息，可以再通过翻译作用将其信息传到蛋白质分子中，它是遗传信息传递的中介物，具有重要的生物学意义。真核细胞的 mRNA 前体是核内分子量较大而不均一的 hnRNA，mRNA 由 hnRNA 加工而成。加工过程包括 5′端和 3′端的首尾修饰及剪接。

（1）5′端加帽。mRNA 的 5′端帽子结构是在 hnRNA 转录后加工过程中形成的。转录产物第一个核苷酸常是 5′ – 三磷酸鸟苷（5′ – pppG），在细胞核内的磷酸酶作用下水解释放出无机焦磷酸,然后,5′端与另一 GTP 反应生成三磷酸鸟苷,在甲基化酶作用下,第一或第二个鸟嘌呤碱基发生甲基化反应,形成帽子结构(5′ - m^7GpppGp 或5′ - GpppmG)。该结构的功能可能是在翻译过程中起识别作用,并能稳定 mRNA,延长半衰期。

(2)3′端加多聚腺苷酸尾。mRNA 分子的 3′末端的多聚腺苷酸尾(polyA tail)也是在加工过程中加进的。在细胞核内,首先由特异核酸外切酶切去 3′端多余的核苷酸,再由多聚腺苷酸聚合酶催化,以 ATP 为底物,进行聚合反应形成多聚腺苷酸尾。polyA 长度为 20 ~ 200 个核苷酸,其长短与 mRNA 的寿命有关,随寿命延长而缩短。polyA 尾与维持 mRNA 稳定性、保持翻译模板活性有关。

(3)剪接。hnRNA 在加工成为成熟 mRNA 的过程中,有 50% ~70% 的核苷酸片段被剪切。真核细胞的基因通常是一种断裂基因(interrupted gene),即由几个编码区被非编码区序列相间隔并连续镶嵌组成。在结构基因中,具有表达活性的编码序列称为外显子(exon);无表达活性、不能编码相应氨基酸的序列称为内含子(intron)。在转录过程中,外显子和内含子均被转录到 hnRNA 中。在细胞核中,hnRNA 进行剪接,即剪切内含子部分,然后将各个外显子部分再拼接起来(见图 11 - 5)。

2. tRNA 的加工

(1)剪切。在真核细胞中,tRNA 前体分子的 5′端、3′端及反密码环的部位由核糖核酸酶切去部分核苷酸链而形成 tRNA。有些前体分子中还包含几个成熟的 tRNA 分子,在加工过程中,通过核酸水解酶的作用将它们分开。

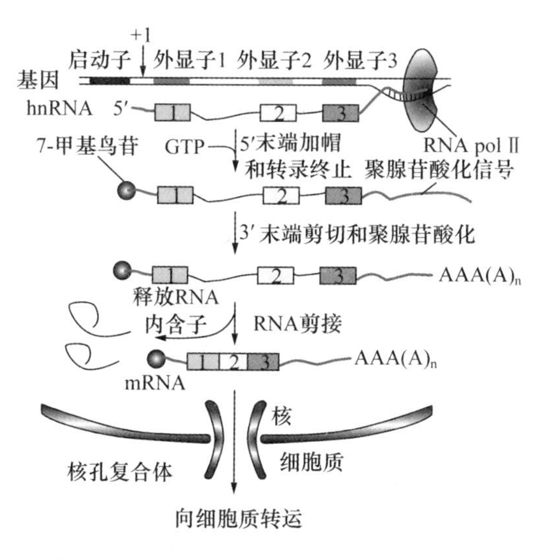

图 11 - 5　hnRNA 加工成 mRNA 的过程

(2)加 CCA—OH 的 3′端。tRNA 分子在转录后由核苷转移酶催化,以 CTP 和 ATP 为供体,在氨基酸臂上的 3′末端添加—CCA—OH 结构,从而具有携带氨基酸的功能。

(3)碱基修饰。在tRNA的加工过程中,由修饰酶实现碱基的修饰。例如,碱基的甲基化反应产生甲基鸟嘌呤(^{m}G)、甲基腺嘌呤(^{m}A),还原反应使尿嘧啶转变成二氢尿嘧啶(DHU),脱氨基反应使腺嘌呤转变为次黄嘌呤(I),碱基转位反应产生假尿苷(Ψ)等。故成熟的tRNA分子中含有多种稀有碱基。

3. rRNA的加工

rRNA的转录和加工与核糖体的形成同时进行。真核细胞在转录过程中首先生成的是45S大分子rRNA前体,然后通过核酸酶作用,断裂成28S、5.8S及18S等不同rRNA。这些rRNA与多种蛋白质结合形成核糖体。rRNA成熟过程中也包括碱基的修饰,以甲基化为主。

三类RNA通过链的剪切、拼接、末端添加核苷酸、碱基修饰等加工过程转变为成熟的RNA,后者再参与蛋白质的生物合成等。

知识链接

基因工程(genetic engineering),也叫基因操作、遗传工程或重组体DNA技术。它是一项将生物的某个基因通过基因载体运送到另一种生物的活性细胞中,并使之无性繁殖(称为“克隆”)和行使正常功能(称为“表达”),从而创造生物新品种或新物种的遗传学技术。

一般说来,基因工程专指用生物化学的方法,在体外将各种来源的遗传物质(同源的或异源的、原核的或真核的、天然的或人工合成的DNA片段)与载体系统(病毒、细菌质粒或噬菌体)的DNA结合成一个复制子。这样形成的杂合分子可以在复制子所在的宿主生物或细胞中复制,继而通过转化或转染宿主细胞、生长和筛选转化子、无性繁殖使之成为克隆分子。然后直接利用转化子,或者将克隆的分子自转化子分离后再导入适当的表达体系,使重组基因在细胞内表达并产生特定的基因产物。

第二节 遗传密码

一、遗传密码的概念

遗传密码又称为密码子、遗传密码子、三联体密码,指信使RNA(mRNA)分子从5′端到3′端方向,由起始密码子AUG开始,每3个核苷酸组成的三联体。它决定着肽链上某一个氨基酸和蛋白质合成的起始、终止信号。

遗传密码是一组能指导合成蛋白质的序列，即将 DNA 或 RNA 序列以 3 个核苷酸为一组的密码子转译为蛋白质的氨基酸序列，以用于蛋白质合成。几乎所有的生物都使用同样的遗传密码，称为标准遗传密码，即使是非细胞结构的病毒，也是使用标准遗传密码。但是也有少数生物使用一些稍微不同的遗传密码。

二、遗传密码的种类

mRNA 分子由 4 种不同的核苷酸组成，每 3 个相邻的核苷酸组成一个密码子，共组成 $4^3=64$ 个不同的密码子（见表 11－3）。其中，UAA、UAG、UGA 三种密码子不编码任何氨基酸，是合成翻译过程的 3 个终止密码子。其余 61 个密码子分别编码组成蛋白质的 20 种氨基酸，其中，AUG 既编码甲硫氨酸（蛋氨酸），又是翻译的起始密码子。

表 11－3　遗传密码表

第一碱基（5′末端）	第二碱基				第三碱基（3′末端）
	U	C	A	G	
U	苯丙氨酸	丝氨酸	酪氨酸	半胱氨酸	U
	苯丙氨酸	丝氨酸	酪氨酸	半胱氨酸	C
	亮氨酸	丝氨酸	终止	终止	A
	亮氨酸	丝氨酸	终止	色氨酸	G
C	亮氨酸	脯氨酸	组氨酸	精氨酸	U
	亮氨酸	脯氨酸	组氨酸	精氨酸	C
	亮氨酸	脯氨酸	谷氨酰胺	精氨酸	A
	亮氨酸	脯氨酸	谷氨酰胺	精氨酸	G
A	异亮氨酸	苏氨酸	天冬酰胺	丝氨酸	U
	异亮氨酸	苏氨酸	天冬酰胺	丝氨酸	C
	异亮氨酸	苏氨酸	赖氨酸	精氨酸	A
	蛋氨酸	苏氨酸	赖氨酸	精氨酸	G
G	缬氨酸	丙氨酸	天冬氨酸	甘氨酸	U
	缬氨酸	丙氨酸	天冬氨酸	甘氨酸	C
	缬氨酸	丙氨酸	谷氨酸	甘氨酸	A
	缬氨酸	丙氨酸	谷氨酸	甘氨酸	G

遗传密码具有下列重要的特点。

1. 方向性

mRNA 中密码子的排列具有一定的方向性,即起始密码位于 5′端,终止密码位于 3′端,翻译时从起始密码开始,从 5′端到 3′端进行,直至终止密码时结束,以此来合成蛋白质。

2. 简并性

大部分密码子具有简并性,即两个或者多个密码子编码同一氨基酸。有一部分氨基酸具有不止一个遗传密码子。例如,精氨酸、丝氨酸、亮氨酸都分别具有 6 个密码子;甘氨酸、脯氨酸、苏氨酸、缬氨酸分别具有 4 个密码子;只有两种氨基酸仅由一个密码子编码,一个是蛋氨酸(也称甲硫氨酸),由 AUG 编码,AUG 同时也是起始密码子;另一个是色氨酸,由 UGG 编码。

3. 摆动性

翻译过程中氨基酸的正确加入,需靠 mRNA 上的密码子与 tRNA 上的反密码子相互以碱基配对辨认。密码子与反密码子配对,有时会出现不遵从碱基配对规律的情况,称为遗传密码的摆动现象。这一现象更常见于密码子的第三位碱基对反密码子的第一位碱基,二者虽不严格互补,也能相互辨认。tRNA 分子组成的特点是有较多稀有碱基,其中次黄嘌呤(inosine,I)常出现于反密码子第一位,也最常出现摆动现象。

4. 通用性

从原核生物、真核生物到人类都使用同一套遗传密码。但近期的研究发现,动物线粒体和植物叶绿体的 DNA 有自己的复制和密码系统,与通用密码子差别较大。例如,在线粒体内,除 AUG 外,AUA 和 AUU 也可作为起始密码子。此外,在线粒体中 AGA 和 AGG 被译读为终止密码子而不译为 Arg。尽管如此,目前遗传密码仍被认为具有通用性。

 **知识链接**

遗传密码的破译

20 世纪 60 年代初,美国科学家尼伦伯格(Marshall Warren Nirenberg)等推断出 64 个三联体密码子,并通过实验解读出第一个密码 UUU 代表苯丙氨酸。其后,经过多位科学家共同努力,于 1966 年确定了 64 个密码子的意义。

第三节　蛋白质生物合成的物质

一、合成原料

自然界由 mRNA 编码的氨基酸共有 20 种,但在一些生物体内,吡咯赖氨酸与硒代半胱氨酸也可作为编码氨基酸参与蛋白质的合成，这两种氨基酸分别由终止密码 UAG 和 UAG 所编码。某些蛋白质分子还含有羟脯氨酸、羟赖氨酸、γ-羧基谷氨酸等，这些特殊氨基酸是在肽链合成后的加工修饰过程中形成的。

二、mRNA 是合成蛋白质的直接模板

原核细胞中每种 mRNA 分子常带有多个功能相关蛋白质的编码信息，以一种多顺反子的形式排列，在翻译过程中可同时合成几种蛋白质，而真核细胞中，每种 mRNA 一般只携带一种蛋白质编码信息，是单顺反子的形式。mRNA 以它分子中的核苷酸排列顺序携带从 DNA 传递来的遗传信息，作为蛋白质生物合成的直接模板，决定蛋白质分子中的氨基酸排列顺序。不同的蛋白质有各自不同的 mRNA，mRNA 除含有编码区外，两端还有非编码区。非编码区对于 mRNA 的模板活性是必需的，特别是 5′端非编码区在蛋白质合成中被认为是与核糖体结合的部位。

三、tRNA 是氨基酸的运载工具

tRNA 在蛋白质生物合成过程中起关键作用。mRNA 携带的遗传信息被翻译成蛋白质一级结构，但是 mRNA 分子与氨基酸分子之间并无直接的对应关系。这就需要经过第三者“介绍”，而 tRNA 分子就充当这个角色。tRNA 是一类小分子 RNA，长度为 73 ~ 94 个核苷酸，tRNA 分子中富含稀有碱基和修饰碱基，tRNA 分子 3′端均为 CCA 序列，氨基酸分子通过共价键与氨基酸结合，此结构称为氨基酸臂。每种氨基酸都有 2 ~ 6 种各自特异的 tRNA，其特异性由氨酰 tRNA 合成酶进行识别。携带相同氨基酸而反密码子不同的一组 tRNA 称为同功 tRNA，它们在细胞中的合成量上有差别，合成量多的称为主要tRNA，合成量少的称为次要 tRNA。主要 tRNA 中反密码子识别 tRNA 中的高频密码子，而次要 tRNA 中反密码子识别 mRNA 中的低频密码子。每种氨基酸都只有一种氨基酰 tRNA 合成酶。因此，细胞内有 20 种氨基酰 tRNA 合成酶。

tRNA 分子中还有一个反密码环，此环上的 3 个反密码子与 mRNA 分子中的密码子靠碱基配对原则而形成氢键，达到相互识别的目的。但在密码子与反密码子结合时具有一定摆动性，即密码子的第 3 位碱基与反密码子的第 1 位碱基配对时并不严格。配对摆动性完全是由 tRNA 反密码子的空间结构所决定的。反密码的第 1 位碱基常出现次黄嘌呤，与 A、C、U 之间皆可形成氢键而结合，这种摆动现象使得一个 tRNA 所携带的氨基酸可排列在 2 或 3 个不同的密码子上。因此，当密码子的第 3 位碱基发生一定程度的突变

时,并不影响 tRNA 带入正确的氨基酸。

四、相关酶类

1. 氨酰 - tRNA 合成酶

在 ATP 供能的情况下,此酶催化特定的氨基酸与特异的 tRNA 结合,形成各种氨酰 - tRNA。该酶存在于细胞液中,具有高度的专一性,每一种氨酰 - tRNA 合成酶催化一种特定的氨基酸与其相应的 tRNA 结合。氨酰 - tRNA 合成酶是催化氨基酸活化的酶。

2. 转肽酶

此酶存在于核糖体的大亚基上,它的作用是将“P 位点”上肽酰 - tRNA 的肽酰基转移到“A 位点”上,并催化肽酰基的活化羧基与氨基酰的氨基结合形成肽键,使肽酰基和氨酰基通过肽键相连。

五、核糖体

核糖体是由 rRNA 和几十种蛋白质组成的亚细胞颗粒,位于细胞质内,可分为两类:一类附着于粗面内质网,主要参与白蛋白、胰岛素等分泌性蛋白质的合成;另一类游离于细胞质中,主要参与细胞固有蛋白质的合成。核糖体是细胞中的主要成分之一,在一个生长旺盛的细菌中大约有 2 万个核糖体,其中,蛋白质占细胞总蛋白质的 10%,RNA 占细胞总 RNA 的 80%。

核糖体作为蛋白质的合成场所具有以下几种作用。

(1)mRNA 结合位点:位于 30S 小亚基头部,此处有几种蛋白质构成一个结构域,与 mRNA 的结合,特别是 16S rRNA 3′端与 mRNA AUG 之前的一段序列互补是这种结合必不可少的。

(2)P 位点:又称为肽酰 - tRNA 位。它大部分位于小亚基,小部分位于大亚基。

(3)A 位点:又称为氨酰 - tRNA 位。它大部分位于大亚基而小部分位于小亚基,它是结合一个新进入的氨酰 - tRNA 的位置。

(4)转肽酶活性部位:位于 P 位和 A 位的连接处。

(5)结合参与蛋白质合成的起始因子(initiation factor,IF)、延长因子(elongation factor,EF)和终止因子或释放因子(release factor,RF)。

第四节　蛋白质生物合成的基本过程

一、翻译的起始阶段

在翻译起始阶段，甚至在翻译起始前，必须完成2项工作。

(一)氨基酸的活化

氨酰－tRNA合成酶催化特异的氨基酸与tRNA合成氨酰－tRNA(氨基酸的活化)，此时氨基酸被激活。

$$\text{氨基酸}+\text{tRNA}\xrightarrow[\text{ATP}\quad\text{AMP}+\text{PPi}]{\text{氨酰-tRNA合成酶}}\text{氨酰-tRNA}$$

(二)多肽链合成的起始

核糖体解离成大、小2个亚基。当核糖体解聚后，在小亚基上形成包括mRNA、氨酰－tRNA和起始因子所组成的起始复合物(见图11－6)。

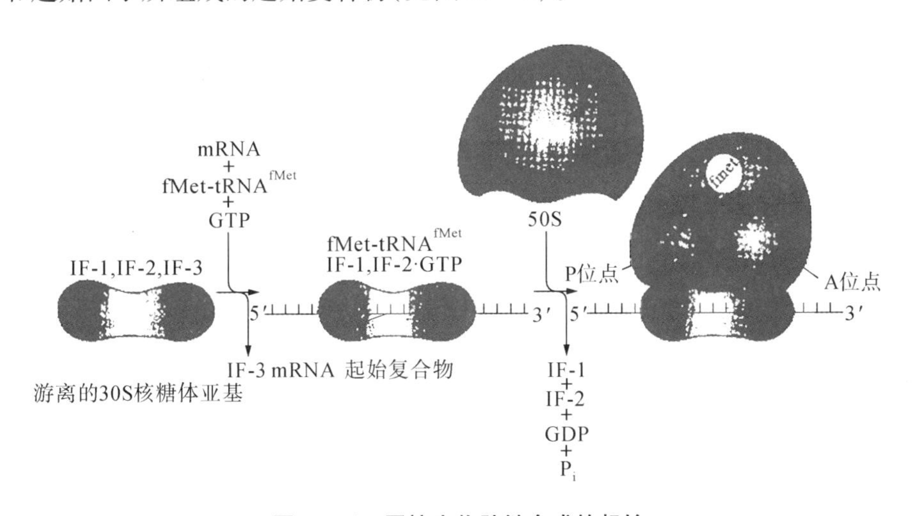

图11－6　原核生物肽链合成的起始

起始氨酰－tRNA，在原核细胞是甲酰甲硫氨酰－tRNA($fMet-tRNA^{fMet}$)，在真核细胞是甲硫氨酰－tRNA($Met-tRNA^{Met}$)。

起始因子参与起始复合物的形成。原核生物中有3种起始因子IF－1、IF－2、IF－3。为了区别原核生物的翻译起始因子，真核生物的起始因子被称为eIF，eIF的种类多于原核生物的起始因子。起始复合物的形成涉及多个步骤，在同一步骤起作用的因子用同一个数字编号。真核生物的起始因子包括 eIF－1、eIF－2、eIF－3、eIF－4、eIF－5、eIF－6。原核生物及真核生物的起始因子及其功能如表 11－4 所示。

表 11－4　翻译的起始因子

大类	种类	功能
原核起始因子	IF－1	防止 tRNA 过早地结合到 A 位
	IF－2	促进 fMet－tRNA^{fMet}结合到 30S 小亚基
	IF－3	结合 30S 小亚基，防止它过早地与 50S 大亚基结合，并提高 P 位对 fMet－tRNA^{fMet}的特异性
真核起始因子	eIF－1	多功能因子，参与多个翻译步骤
	eIF－2	促进起始 fMet－tRNA^{fMet}与核糖体 40S 小亚基结合
	eIF－2B	又称鸟苷酸交换因子，将 eIF－2 上的 GDP 交换成 GTP
	eIF－3	首先与 40S 小亚基结合的因子，并能加速后续步骤
	eIF－4A	具有 RNA 解旋酶的活性，能解除 mRNA 5′端的发夹结构，使其与 40S 小亚基结合；是 eIF－4F 的组成部分
	eIF－4B	与 mRNA 结合，对 mRNA 进行扫描并定位第一个 AUG
	eIF－4E	结合 mRNA 的帽子结构，是 eIF－4F 的组成部分
	eIF－4G	一种接头蛋白，能与 eIF－4E、eIF－3 和 polyA 结合蛋白将 40S 的小亚基富集至 mRNA，进而刺激翻译，是 eIF－4F 的组成部分
	eIF－5	促进上述因子从 40S 小亚基脱落，以便 40S 小亚基与 60S 大亚基结合形成 80S 起始复合物
	eIF－6	促进无活性的 80S 核糖体解聚生成 40S 小亚基和 60S 大亚基

二、翻译的延伸阶段

翻译过程的肽链延长也称为核糖体循环。广义的核糖体循环指翻译全过程，它是一个连续循环的过程。真核生物的肽链延长过程与原核生物非常相似。原核生物延长过程所需的蛋白因子称为延长因子（EF）；真核生物的延长因子称为 eEF。

核糖体循环可分 3 个阶段：进位（或称注册）、成肽和转位。循环一次，肽链延长一个氨基酸残基，直至肽链合成终止（见图 11－7）。

1. 进位

进位是指与 mRNA 模板上密码子对应的氨酰－tRNA 进入核糖体 A 位点的过程。翻译起始复合物形成后，开始第一次核糖体循环，此时，与mRNA上第二个密码子对应的氨酰-tRNA的反密码子与第二个密码子识别结合而进入空着的A位点。进入的过程需要延长因子EF-T参与辅助。

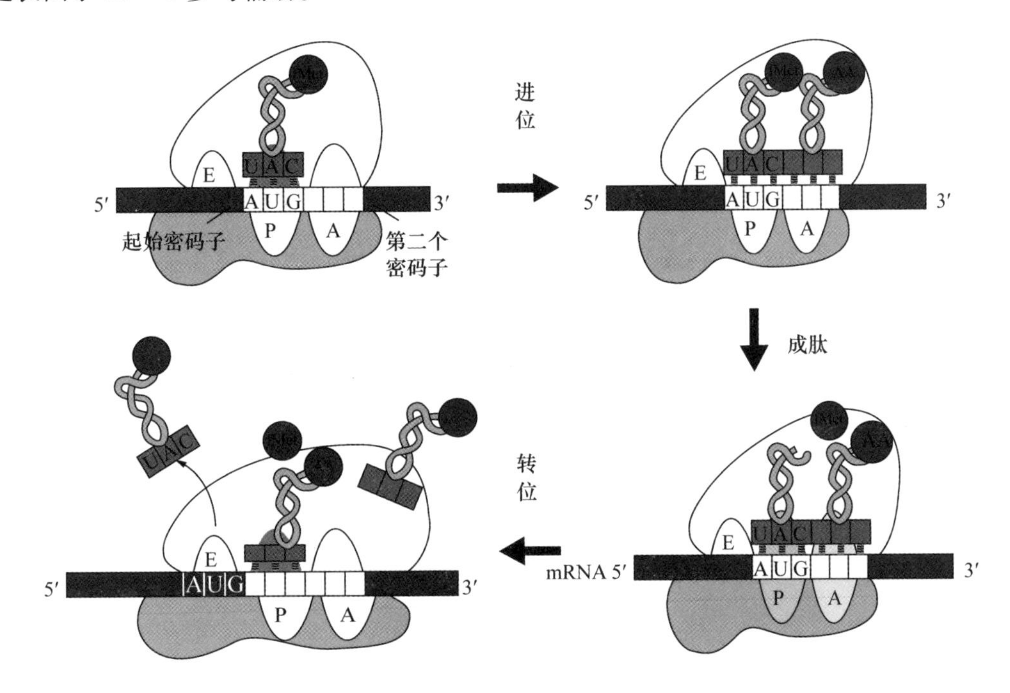

图11-7 翻译的延伸

2. 成肽

氨酰-tRNA进入A位点后，在肽基转移酶的催化下，2个氨基酸之间形成肽键。在原核生物中，肽基转移酶活性位于大亚基的23S rRNA；在真核生物中，该酶的活性位于大亚基的28S rRNA中。肽基转移酶是一种核酶，其参与蛋白质的合成过程说明核酶具有重要的作用。由于氨酰-tRNA中的氨基酸已被活化，因此成肽反应不需要提供能量。

3. 转位

在延长因子EF-G的催化下，由GTP供能，核糖体向mRNA的3′方向移动一个密码子的距离，使原来A位点上的肽酰-tRNA转移到P位点，而A位点空出，下一个氨酰-tRNA可以进入A位点。

三、翻译的终止阶段

翻译的终止包括终止密码子的识别、肽链的释放、mRNA与核糖体的分离，以及大亚基和小亚基相互分离。终止的过程需要终止因子的参与（见图11-8）。

原核生物有 3 种终止因子:RF-1、RF-2 和 RE-3。RF-1 能识别终止密码子 UAA 和 UAG;RF-2 能识别终止密码子 UAA 和 UGA;RF-3 具有 GTP 酶活性,能促进 RF-1 和 RF-2 与核糖体结合,当翻译至 mRNA 的 A 位出现终止密码时,RF-3 能帮助 RF-1 或 RF-2 进入 A 位,并帮助完成合成的多肽从 P 位点的 tRNA 释放出来。

在真核生物中只发现一种释放因子——eRF。它能识别所有的终止密码子,由于没有与 GTP 结合的位点,它不能帮助完成合成的多肽从 P 位点的 tRNA 释放,在真核细胞内可能还存在能与 eRF 合作并帮助多肽从核糖体释放的蛋白质。

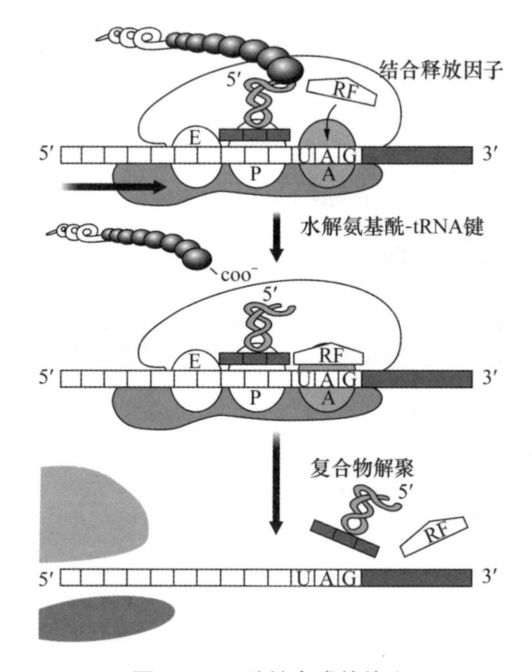

图 11-8　肽链合成的终止

四、蛋白质翻译后的加工

从核糖体上释放的多肽链还不具备生物活性,在细胞内新生肽链只有经过各种修饰处理才能成为有活性的成熟蛋白质,这一过程称为翻译后加工。

1. 氨基端和羧基端的修饰

在原核生物中几乎所有蛋白质都是从 *N*-甲酰甲硫氨酸开始,真核生物从甲硫氨酸开始。甲酰基经酶水解而除去,蛋氨酸或者氨基端的一些氨基酸残基常由氨肽酶催化而水解除去,包括除去信号肽序列。因此,成熟的蛋白质分子 N-端没有甲酰基或蛋氨酸,同时,某些蛋白质分子在氨基端要进行乙酰化,在羧基端也要进行修饰。

2. 共价修饰

许多蛋白质可以进行不同类型化学基团的共价修饰，修饰后可以表现为激活状态，也可以表现为失活状态。

(1)磷酸化。磷酸化多发生在多肽链丝氨酸、苏氨酸的羟基上，偶尔也发生在酪氨酸残基上，这种磷酸化的过程受细胞内一种蛋白激酶催化，磷酸化后的蛋白质可以增加或降低它们的活性。

(2)糖基化。质膜蛋白质和许多分泌性蛋白质都具有糖链，这些寡糖链结合在丝氨酸或苏氨酸的羟基上(如红细胞膜上的 ABO 血型决定簇)，也可以与天门冬酰胺连接。这些寡糖链是在内质网或高尔基体中加入的。

(3)羟基化。胶原蛋白前 α 链上的脯氨酸和赖氨酸残基在内质网中受羟化酶、分子氧和维生素 C 作用产生羟脯氨酸和羟赖氨酸，如果此过程产生障碍，胶原纤维不能进行交联，会极大地降低它的张力强度。

(4)二硫键的形成。mRNA 上没有胱氨酸的密码子，多肽链中的二硫键是在肽链合成后，通过 2 个半胱氨酸的巯基氧化而形成的。二硫键的形成对于许多酶和蛋白质的活性是必需的。

3. 亚基的聚合

有许多蛋白质是由 2 个以上亚基构成的，这就需这些多肽链通过非共价键聚合成多聚体才能表现生物活性。例如，成人血红蛋白由 2 条 α 链、2 条 β 链及 4 分子血红素所组成，大致过程如下：α 链在多聚核糖体合成后自行释放，并与尚未从多聚核糖体上释放的 β 链相结合，然后一并从多聚核糖体上脱下来，变成 α、β 二聚体。此二聚体再与线粒体内生成的 2 个血红素结合，最后形成一个由 4 条肽链和 4 个血红素构成的有功能的血红蛋白分子。

4. 水解断链

一般真核细胞中一个基因对应一个 mRNA，一个 mRNA 对应一条多肽链，但也有特殊情况，即一种翻译后的多肽链经水解后产生几种不同的蛋白质或多肽。

知识链接

多肽和蛋白质类生物药物按药物的结构分类可分为：氨基酸及其衍生物类药物、多肽和蛋白质类药物、酶和辅酶类药物、核酸及其降解物和衍生物类药物、糖类药物、脂类药物、细胞生长因子和生物制品类药物。

药物特点：

1. 基本原料简单易得

多肽和蛋白质类药物主要以20种天然氨基酸为基本结构单元依序连接组成，代谢所产生的氨基酸为人体生长的基本营养成分，可通过农产品发酵而制备。

2. 药效高，副作用低，不会蓄积引起中毒

多肽和蛋白质类药物本身是人体内源性物质或针对生物体内调控因子研发而得，通过参与、介入，促进或抑制人体内或细菌病毒中的生理生化过程而发挥作用，副作用低、药效高、针对性强，不会蓄积于体内而引起中毒。

3. 用途广泛，品种繁多，新型药物层出不穷

多肽和蛋白质类药物是目前医药研发领域中最活跃、进展最快的部分，是21世纪最有前途的产业之一。将20种基本氨基酸按不同序列相互连接，可得到多种可用于治疗各种类型疾病的多肽和蛋白质类药物。很多新型多肽和蛋白质类药物治疗艾滋病、癌症、肝炎、糖尿病和慢性疼痛效果显著。

4. 研发过程目标明确，针对性强

借助生命科学领域取得的大量研究成果，包括对各类疾病发病机理的揭示，对体内各种酶、辅酶、生长代谢调节因子的深入认识，可以针对性地开展多肽和蛋白质类药物的研发。

第五节　蛋白质生物合成在医学中的应用

一、抗生素对蛋白质生物合成的影响

抗生素以前被称为抗生素，事实上它不仅能杀灭细菌，而且对霉菌、支原体、衣原体、螺旋体、立克次氏体等其他致病微生物也有良好的抑制和杀灭作用。抗生素可以是某些微生物生长繁殖过程中产生的一种物质，用于治病的抗生素除可以直接提取得到外，还有完全人工合成或部分人工合成的。换言之，抗生素就是用于治疗各种非病毒感染的药物，但是在临床使用中已经显现出了不良反应。

由于细菌核糖体较小，并具有不同的、较简单的互补RNA和蛋白质，有些抗生素能特异地作用于原核生物的核糖体蛋白质和RNA，因而可以抑制细菌蛋白质的合成，从而

抑制细菌的生长，甚至致其死亡。

（1）四环素族能抑制氨酰－tRNA与原核生物的核糖体结合，抑制细菌的蛋白质合成。

（2）氯霉素能与原核生物的核糖体大亚基结合，抑制转肽酶的活性，阻断翻译的延长过程。高浓度时，氯霉素对真核生物的蛋白质合成也有阻断作用。

（3）链霉素族能与原核生物核糖体小亚基结合，改变其构象，引起编码错误，使细菌的蛋白质发生变异，从而起到抑菌的作用。

（4）嘌呤霉素是酪氨酰－tRNA类似物。嘌呤霉素通过核糖体A位点掺入至肽链的羧基末端位置，致使多肽在成熟前就释放。它可有效地抑制原核和真核生物的蛋白质合成，故不宜作为抗菌药物，仅作为抗肿瘤药物使用。

（5）放线菌酮可抑制真核生物核糖体大亚基的转肽酶，因此，只能作为实验室的试剂使用。

二、其他干扰蛋白质合成的物质

1. 白喉毒素

白喉毒素是由白喉杆菌产生的外毒素。它是一种单一多肽，分子量为62 000，等电点pI值为4.1。其含有2个双硫桥，且这2个双硫桥能与14个氨基酸相结合，分子具有毒性及产生特定免疫力的特征。

白喉毒素抑制蛋白质生物合成，是因为它可作用于EF－Ts，使得蛋白质延长受阻。它由β－棒状杆菌噬菌体毒素基因编码，因此，未被噬菌体侵袭的白喉杆菌不能产生白喉毒素，只有在噬菌体侵袭后，基因转导入细菌，才能编码产生白喉毒素。完整的白喉毒素是一条含大量精氨酸的多肽链，经蛋白酶水解后，分为A和B 2个片段，其中A片段具有酶活性，是主要致病因子，B片段能够介导A片段进入细胞内。白喉毒素是具有强烈的细胞毒作用，能抑制敏感细胞正常合成蛋白质，从而破坏细胞的正常生理功能，引起组织细胞变性坏死。

2. 干扰素

真核生物细胞感染病毒后能分泌干扰素，抑制病毒蛋白的合成而起到抗病毒的作用。干扰素能诱导2,5－寡腺苷酸合成酶和血红素调控抑制物（HCL）的合成。HCL是一种蛋白激酶，能催化eIF磷酸化，磷酸化的eIF－2与eIF－2B结合形成抑制性复合物，将蛋白质的合成抑制在起始阶段。血红素能抑制HCL的活性。

知识链接

基因治疗就是向有功能缺陷的细胞中导入正常外源基因替代矫正缺陷基因，调控缺陷基因的表达，达到治疗的目的。基因治疗包括体细胞基因治疗和性细胞基因治疗。体细胞基因治疗仅单独治疗受累组织，类似于器官移植。性细胞基因治疗对后代遗传性状有影响，目前仅用于动物实验。

思政园地

近些年来，随着市场的不断扩大及先进技术的不断出现，药物种类层出不穷，一些患者不具备药物相关常识，在随意服用药物时会出现各种副作用，甚至出现滥用抗生素的情况。

虽然抗生素在治疗疾病的领域发挥了很大的作用，但过度使用抗生素具有一定的危害性。目前滥用抗生素的危害主要有三点：一是大量使用抗生素可能会导致较强的毒副作用，对人的身体造成一定程度的伤害；二是滥用抗生素使细菌产生耐药性；三是抗生素使用过多会伤害人体内部正常的菌群，从而导致病菌乘虚而入，最终导致菌群失调，严重时可能会导致死亡。

因此要提倡合理用药，要根据自身的病情合理使用，建议在正规的医疗机构就诊，并且在医生的指导下用药，不盲目过度使用药物。

本章小结

生物信息传递的规律称为中心法则，其基本内容包括复制、转录和翻译。Watson 和 Crick 在提出 DNA 双螺旋结构模型时，即推测 DNA 在复制时，首先两条链之间的氢键断裂，两条链分开，然后以每一条链分别作为模板各自合成一条新的 DNA 链，这样新合成的子代 DNA 分子中一条链来自亲代，另一条链是新合成的，这种复制方式为半保留复制。

逆转录是以 RNA 为模板合成 DNA 的过程，即 RNA 指导下的 DNA 合成。此过程中，核酸合成与转录(DNA 到 RNA)过程与遗传信息的流动方向(RNA 到 DNA)相反，故称为逆转录。

RNA 的生物合成包括 RNA 转录与 RNA 复制。除少数 RNA 病毒以 RNA 复制的方式传递遗传信息外，大部分生物中遗传信息都是从 DNA 分子中以转录方式合成 RNA 而输出的。转录是基因表达的第一步,是遗传信息传递的核心步骤。转录是遗传信息从DNA流向RNA的过程,即以双链DNA中确定的一条链(模板链用于转录,编码链不用于转录)为模板,以ATP、CTP、GTP、UTP 4种核苷三磷酸为原料,在RNA聚合酶催化下合成RNA的过程。转录生成的RNA初级产物是RNA的前体,它们没有生物学活性,通常还需要经过一系列加工修饰,才能最终成为具有功能的成熟RNA分子。

基因的遗传信息在转录过程中从DNA转移到mRNA。由mRNA将这种遗传信息表达为蛋白质中氨基酸顺序的过程称为翻译。翻译的过程也就是蛋白质分子生物合成的过程,在此过程中需要200多种生物大分子参加,其中包括核糖体、mRNA、tRNA及多种蛋白质因子。

遗传密码又称为密码子、遗传密码子、三联体密码,指mRNA分子上从5′端到3′端方向,由起始密码子AUG开始,每3个核苷酸组成的三联体。它决定肽链上某一个氨基酸或蛋白质合成的起始、终止信号。

tRNA在蛋白质生物合成过程中起关键作用。mRNA携带的遗传信息被翻译成蛋白质的一级结构,但是mRNA分子与氨基酸分子之间并无直接的对应关系。这就需要经过第三者“介绍”,而tRNA分子就充当了这个角色。

mRNA以它分子中的核苷酸排列顺序携带从DNA传递来的遗传信息,作为蛋白质生物合成的直接模板,决定蛋白质分子中的氨基酸排列顺序。

核糖体是蛋白质合成的场所。

翻译的过程分为起始、延伸和终止3个阶段,每一阶段原核生物与真核生物都各具特点。翻译终止后,新合成的多肽链需要经过加工和修饰才具有特定的生物学活性。

思考题

一、选择题

1. 某一种tRNA的反密码子是5′UGA3′,它识别的密码子序列是(　　)

A. UCA　　B. ACU

C. UCG　　D. GCU

E. GCA

2. 为蛋白质生物合成中肽链延伸提供能量的是(　　)

A. ATP　　B. CTP

C. GTP　　D. UTP

E. CDP

3. 一个 N 端氨基酸为丙氨酸的 20 肽,其开放阅读框架至少应由(　　)个核苷酸残基组成。

A. 60

B. 63

C. 66

D. 69

E. 70

4. 在蛋白质生物合成中,tRNA 的作用是(　　)

A. 将一个氨基酸连接到另一个氨基酸上

B. 把氨基酸带到 mRNA 指定的位置上

C. 增加氨基酸的有效浓度

D. 将 mRNA 连接到核糖体上

E. 增加 mRNA 的长度

5. 根据摆动学说,当一个 tRNA 分子上的反密码子的第一个碱基为次黄嘌呤时,它可以和 mRNA 密码子的第三位的(　　)种碱基配对。

A. 1

B. 2

C. 3

D. 4

E. 5

6. 以下有关核糖体的论述,不正确的是(　　)

A. 核糖体是蛋白质合成的场所

B. 核糖体小亚基参与翻译起始复合物的形成,决定 mRNA 的解读框架

C. 核糖体大亚基含有肽基转移酶活性

D. 核糖体是储藏核糖核酸的细胞器

E. 核糖体是核酸的合成场所

7. 关于密码子的下列描述,错误的是(　　)

A. 每个密码子由 3 个碱基组成

B. 每个密码子代表一种氨基酸

C. 每种氨基酸只有一个密码子

D. 有些密码子不代表任何氨基酸

E. 密码子具有通用性

8. 摆动配对是指(　　)之间配对不严格。

A. 反密码子第一个碱基与密码子第三个碱基

B. 反密码子第三个碱基与密码子第一个碱基

C. 反密码子和密码子第一个碱基

D. 反密码子和密码子第三个碱基

E. 反密码子和密码子第四个碱基

9. 蛋白质的生物合成中肽链延伸的方向是(　　)

A. C 端到 N 端

B. 从 N 端到 C 端

C. 定点双向进行

D. C 端和 N 端同时进行

E. 从中间开始

10. 核糖体上 A 位点的作用是(　　)

A. 接受新的氨酰 - tRNA

B. 含有肽基转移酶活性,催化肽键的形成

C. 可水解肽酰 tRNA、释放多肽链

D. 是合成多肽链的起始点

E. 是合成多肽链的终止点

二、名词解释

1. 密码子

2. 核糖体循环

三、简答题

1. 三种 RNA 在合成蛋白质中的作用是什么?

2. 蛋白质生物合成需要的组分有哪些?可以分为哪些步骤?

3. 简述密码子的特点。

在线测试题

选择题

判断题

第十二章　钙、磷代谢

本章导读

在神经系统和激素的调控作用下，通过肝脏、肾脏以及肺等器官的活动，使体液的容量、分布和组成处于相对平衡的状态，同时使体液的酸碱度和渗透压保持相对恒定的状态，这是维持人体正常生命活动的必要条件。多种不良因素会导致人体体液代谢紊乱，如创伤、肠道疾病、感染、营养不良以及外部环境的变化等，都会影响体液的平衡，造成水和无机盐的紊乱，影响全身各系统器官的功能，严重时还可危及生命。因此，熟悉有关体液平衡的基础理论知识，对于疾病的预防、治疗和护理都具有重要的指导意义。

目标透视

1. 了解钙、磷代谢的调节。
2. 熟悉钙、磷的生理功能。
3. 掌握正常成人体液的含量和电解质的分布特点，人体内钙在血液中的形式。
4. 运用钙、磷代谢的知识解释相关的临床疾病。
5. 培养学生独立思考，将理论与实践相结合的能力以及崇高的医德素养。

一、钙、磷的含量与分布

人体内钙、磷的含量相当丰富，正常成人体内钙总量为700～1 400 g，磷总量为400～800 g。其中99%以上的钙和86%左右的磷以羟基磷灰石的形式构成骨盐，存在于骨骼及牙齿中，其余部分则以溶解状态存在于体液及软组织中（见表12－1）。

表 12－1　人体内钙、磷分布情况

部位	钙		磷	
	含量(g)	占总钙(%)	含量(g)	占总磷(%)
骨及牙	1 200	99.3	600	85.7
细胞内液	6	0.6	100	14.0
细胞外液	1	0.1	6.2	0.3

血液中的钙、磷含量很少，但它既可反映骨质代谢状况，又能反映肠道及肾脏对钙、磷的吸收和排泄状况。

二、钙、磷的生理功能

体内绝大部分的钙、磷是构成骨骼和牙齿的主要原料。此外，分布于各种体液及软组织中的钙和磷，虽然含量只占其总量的极小部分，但却具有重要的生理功能。

（一）钙的生理功能

虽然软组织和体液中钙含量仅占总钙量的 0.3%，但它却与体内多种生理功能和代谢过程密切相关。

（1）钙可降低神经肌肉的应激性。当血浆 Ca^{2+} 浓度降低时，可造成神经肌肉的应激性增高，以致发生抽搐。

（2）钙能降低毛细血管及细胞膜的通透性。临床上常用钙制剂治疗荨麻疹等过敏性疾病以减轻组织的渗出性病变。

（3）钙能增强心肌收缩力，与促进心肌舒张的 K^+ 相拮抗，维持心肌的正常收缩与舒张。

（4）钙是凝血因子之一，参与血液凝固过程。

（5）钙是体内许多酶（如脂肪酶、ATP 酶等）的激活剂，同时也是体内某些酶（如 25－羟维生素 D_3－1α－羟化酶等）的抑制剂，对物质代谢起调节作用。

（6）钙作为激素的第二信使，在细胞的信息传递中起重要作用。

（二）磷的生理功能

（1）磷是体内许多重要化合物的重要组成部分，如核苷酸、核酸、磷蛋白、磷脂及多种辅酶（如 NAD^+、$NADP^+$）等，磷脂是细胞膜的基本组分。

（2）磷以磷酸基的形式参与体内糖、脂类、蛋白质、核酸等物质代谢及能量代谢，如磷酸葡萄糖、磷酸甘油和氨基甲酰磷酸等；是葡萄糖、脂类和氨基酸代谢的重要中间产物。

(3)磷参与体内能量生成、储存及利用,如ATP、ADP和磷酸肌酸等,都是含高能磷酸键的化合物。

(4)磷参与物质代谢的调节。蛋白质磷酸化和去磷酸化是酶共价修饰调节最重要、最普遍的调节方式,以此改变酶的活性,对物质代谢进行调节。

(5)血液中的磷酸盐是构成血液缓冲体系的重要组成部分,参与体内酸碱平衡的调节。

三、钙、磷的吸收与排泄

(一)钙的吸收与排泄

1.钙的吸收

正常成人每天需钙量为0.5~1.0 g。儿童、孕妇及哺乳期妇女需要量增加,每天需钙1.2~2.0 g。人体所需的钙主要来自食物,牛奶、乳制品及果菜中含钙丰富,普通膳食一般能满足成人每日钙的需要量。食物中的钙大部分以难溶的钙盐形式存在,需在消化道转变成Ca^{2+}才能被吸收。钙的吸收部位在小肠,以十二指肠和空肠为主。

肠黏膜对钙的吸收机制较复杂,但以主动吸收为主,在肠黏膜细胞中含有多种钙结合蛋白,能与Ca^{2+}结合,促使钙被吸收。钙的吸收受下列因素的影响:

(1)维生素D。维生素D是影响钙吸收的主要因素,它能促进肠黏膜细胞中钙结合蛋白的合成,从而促进小肠对钙的吸收(作用机理详见本章)。当维生素D缺乏或任何原因影响活性维生素D形成时,都可导致小肠对钙的吸收降低,造成缺钙。因此,临床上对缺钙患者补充钙剂的同时补给一定量的维生素D,能收到更好的治疗效果。

(2)年龄。钙的吸收率与年龄成反比。婴儿可吸收食物钙的50%以上;儿童为40%;成人为20%左右;40岁以后,钙的吸收率直线下降,平均每10年减少5%~10%,这是导致老年人发生骨质疏松的主要原因之一。

(3)食物成分及肠道pH。钙盐在酸性环境中容易溶解,在碱性环境中易于沉淀。因此,凡能使肠道pH降低的因素(如胃酸、乳酸、乳糖、柠檬酸、酸性氨基酸等)均能促进钙的吸收;而食物中过多的碱性磷酸盐、草酸盐、鞣酸和植酸等,均可与钙结合形成难溶性钙盐,从而妨碍钙的吸收。此外,食物中的钙、磷比例对钙的吸收也有一定影响,一般钙、磷比例为1∶1至1∶2时,有利于钙的吸收。

(4)血中钙、磷浓度。血中钙、磷浓度升高时,小肠对钙、磷的吸收减少。反之,血钙或血磷浓度下降时,则小肠对钙、磷的吸收加强。

2. 钙的排泄

人体每日排出的钙约80%由肠道排出,20%由肾排出。肠道排出的钙主要是食物和消化液中未被吸收的钙,其排出量随食入的钙量和钙的吸收状况而变动。正常人每日约有10克左右的血浆钙经肾小球滤过。但其中95%被肾小管重吸收,随尿液排出的钙仅为150 mg左右。正常人每日从尿液排出的钙量比较稳定,受食物的钙量影响不大,但与血钙水平有关。血钙高则尿钙排出增多,反之,血钙下降则尿钙排出减少。当血钙下降至7.5 mg/100 mL血清以下时,尿钙可减少到零。

(二)磷的吸收与排泄

1. 磷的吸收

正常成人每日需磷量为1.0～1.5 g,食物中的磷大部分以磷酸盐、磷蛋白或磷脂的形式存在,有机磷酸酯需在消化液中磷脂酶的作用下,水解为无机磷酸盐后才能被吸收。磷较钙易于吸收,吸收率为70%,当血磷下降时吸收率可达90%。因此,临床上缺磷极为罕见。磷可在整个小肠被吸收,但主要吸收部位为空肠。影响磷吸收的因素大致与钙相似。

2. 磷的排泄

磷排泄与钙相反,主要由肾脏排出,尿磷排出量占总排出量的60%～80%。由粪排出的只占总排出量的20%～40%。当血磷浓度降低时,肾小管对磷的重吸收增强。由于磷主要由肾排出,故当肾功能不全时,可引起高血磷。

四、血钙与血磷

(一)血钙

血液中的钙几乎全部存在于血浆中,故血钙通常指血浆钙。正常成人血浆钙的平均含量为2.45 mmol/L。血浆钙以离子钙和结合钙两种形式存在,大约各占50%。其中结合钙绝大部分是与血浆蛋白(主要是清蛋白)结合,小部分与柠檬酸或其他小分子化合物结合。蛋白质结合钙不能透过毛细血管壁,故称为非扩散钙,离子钙及柠檬酸钙等可透过毛细血管壁,称为可扩散钙。

血浆中离子钙与结合钙之间可相互转变,其间存在着动态平衡关系:

$$\text{蛋白质结合钙} \underset{[HCO_3^-]}{\overset{[H^+]}{\rightleftharpoons}} Ca^{2+} \underset{[HCO_3^-]}{\overset{[H^+]}{\rightleftharpoons}} \text{柠檬酸钙等}$$

$$45\% \qquad\qquad 50\% \qquad\qquad 5\%$$

这种平衡受血浆 pH 的影响，当 pH 下降时，结合钙解离，释放出钙离子，使血浆 Ca^{2+} 浓度升高；相反，当 pH 升高时，血浆 Ca^{2+} 与血浆蛋白和柠檬酸等结合加强，此时即使血清总钙量不变，但血浆 Ca^{2+} 浓度下降，当血浆 Ca^{2+} 浓度低于 0.87 mmol/L 时，可出现手脚抽搐，因此，临床上碱中毒患者常伴有手足抽搐。血清 Ca^{2+} 浓度的关系式如下：

$$Ca^{2+}=K\frac{[H^{+}]}{[HPO_4^{2-}][HCO_3^{-}]}\quad（式中 K 为常数）$$

从上述关系式中可以看出，不仅 H^+ 浓度可影响血浆 Ca^{2+} 浓度，而且血浆 $HPO_4{}^{2-}$ 或 $HCO_3{}^-$ 浓度也可影响血浆 Ca^{2+} 的浓度。

（二）血磷

血磷通常指血浆无机磷酸盐中所含的磷，血浆无机磷酸盐主要以 $HPO_4{}^{2-}$ 和 $H_2PO_4{}^-$ 形式存在。正常成人血磷浓度约为 1.2 mmol/L，新生婴儿为 1.3 ~ 2.3 mmol/L。血磷不如血钙稳定，其浓度可受生理因素影响而变动，如体内糖代谢增强时，血中无机磷进入细胞，形成各种磷酸酯，使血磷浓度下降。

五、体内钙、磷代谢的调节

体内钙、磷代谢主要受神经体液调节，其中甲状旁腺素、降钙素和 $1,25-(OH)_2-D_3$ 是调节钙、磷代谢的三种主要体液因素。它们主要通过影响小肠对钙、磷的吸收，钙、磷在骨组织与体液间的平衡，以及肾脏对钙、磷的排泄，从而维持体内钙、磷代谢的正常进行（见图 12 – 1）。

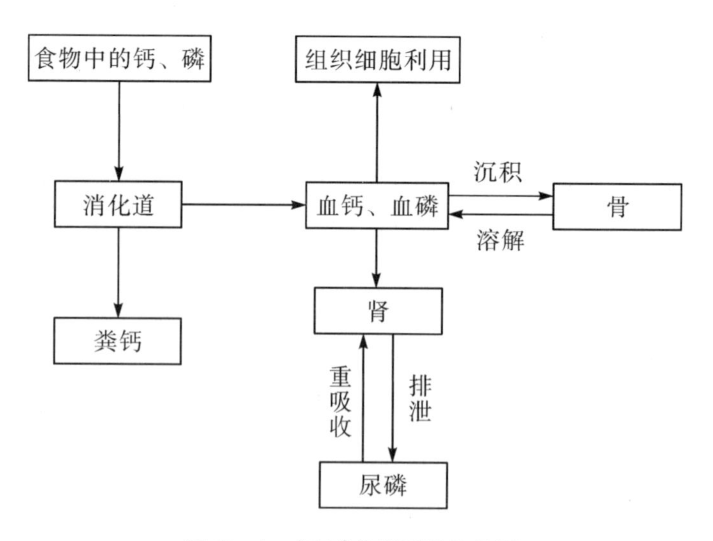

图 12 – 1　钙、磷代谢及转换总图

(一)甲状旁腺素的调节作用

甲状旁腺素(PTH)是由甲状旁腺主细胞合成及分泌的一种由84个氨基酸残基组成的单链多肽激素。它的分泌受血液钙离子浓度的调节,当血钙浓度升高时,PTH分泌减少,当血钙浓度降低时,PTH的分泌增加。PTH主要靶器官为骨和肾脏,其次是小肠。

PTH总的作用是升高血钙浓度,降低血磷浓度。

(二)降钙素的调节作用

降钙素(CT)是甲状腺滤泡旁细胞(C细胞)分泌的一种单链32肽激素,它的分泌直接受血钙浓度控制,随着血钙浓度的升高而分泌增加,两者呈正相关。CT的靶器官是骨和肾。

1. 对骨的作用

CT能抑制间叶细胞转化为破骨细胞,抑制破骨细胞活性,阻止骨盐溶解及骨基质分解,同时能促进破骨细胞转化为成骨细胞,并增强其活性,使钙和磷在骨组织沉积,结果导致血钙、血磷降低。因此,CT在对血钙、血磷及骨代谢的调节中与PTH有显著的拮抗作用。

2. 对肾的作用

CT能抑制肾近曲小管对钙、磷的重吸收,使尿钙、尿磷排出增加;抑制$1,25-(OH)_2-D_3$的生成,降低小肠对钙的吸收和骨钙的释放。

综上所述,CT的主要作用是降低血钙、血磷。

(三)活性维生素的调节作用

人体除可直接从食物中获得维生素D_3外,还可利用体内的胆固醇为原料合成维生素D_3。维生素D_3本身不具生理活性,需在肝脏、肾脏经两次羟化转变成$1,25-(OH)_2-D_3$后才具有生理活性。由于其在肾脏生成后需经血液运至远处靶组织发挥作用,故可将其视为肾脏分泌的一种激素。$1,25-(OH)_2-D_3$的靶器官为小肠、骨和肾。

1. 对小肠的作用

$1,25-(OH)_2-D_3$可促进小肠对钙、磷的吸收。钙的吸收是一种耗能的主动转运过程,除需要ATP供能,Ca^{2+}-ATP酶(钙泵)和碱性磷酸酶参与外,还需一种特殊的载体蛋白——钙结合蛋白的运载。由于$1,25-(OH)_2-D_3$能促进小肠黏膜上皮细胞内钙结合蛋白的合成,促进无活性的钙结合蛋白转变成有活性的钙结合蛋白,同时还能加强小肠黏膜上皮细胞刷状缘上Ca^{2+}-ATP酶的活性,因而能促进小肠对钙的吸收。

$1,25-(OH)_2-D_3$还能促进小肠对磷的吸收,一方面是由于钙吸收增加可直接促进磷的吸收；另一方面，1,25-(OH)$_2$-D$_3$ 也可直接促进磷的吸收。因此，维生素 D$_3$ 可提高血钙、血磷含量。

2. 对骨的作用

1,25-(OH)$_2$-D$_3$ 一方面能增强破骨细胞的活性，促进骨盐溶解；另一方面由于 1,25-(OH)$_2$-D$_3$能促进小肠对钙、磷的吸收，使血中钙和磷的浓度升高，促进骨的钙化。所以，1,25-(OH)$_2$-D$_3$ 既可促进老骨中钙的游离，又可促进新骨的钙化，通过影响骨盐溶解与钙化过程，使骨质在不断更新的同时维持了血钙平衡。

3. 对肾的作用

1,25-(OH)$_2$-D$_3$ 可促进肾近曲小管对钙和磷的重吸收，减少尿钙、尿磷的排出。

总之，在正常人体内，通过 PTH、CT 和 1,25-(OH)$_2$-D$_3$ 三者相互联系、相互制约、相互协调，共同维持血钙和血磷浓度的动态平衡，促进骨的代谢。

思政园地

钙、磷与骨健康

骨质疏松症是一种全身代谢性骨病，通常发于中老年人群。在我国 60 岁以上老年人患病率约为 36%，主要是因为骨量的降低，骨组织微结构受到破坏，骨的脆性增加，所以患者容易出现骨折。

骨质疏松症患者缺钙的治疗主要是以补钙为主，通常情况下可以多吃一些含钙比较高的食物，如虾皮、鸡蛋、真菌、海带等，对补充钙质有很好的帮助。年轻人和更年期患者，在平时得不到食补的情况下，也可以通过钙片来缓解患者的症状。因为治疗中还要预防骨质疏松，所以在治疗期间应药物治疗和食物治疗相结合。特别是老年人更容易患骨质疏松症，因此需要对老年人给予更多的关怀和照顾，包括心理的呵护、日常饮食起居的照顾和营养的补充，并注意行走过程中防止摔倒而引起骨折。

本章小结

钙、磷是人体含量最多的无机盐，其中大部分以羟磷灰石的形式存在于骨、牙中，少量分布在其他组织和体液中，具有广泛的生理功能。

血钙通常是指血浆钙，正常成人血浆钙的平均含量约为 2.45 mmol/L，其中 50% 为游离钙，45% 结合钙，其余与有机酸结合。游离 Ca^{2+} 与结合钙可相互转化，这种转化受血浆 pH 影响。血磷是指血浆中的无机磷，正常成人血磷含量约为 1.2 mmol/L。钙主要在酸性较强的小肠上段被吸收，维生素 D_3 是影响钙吸收的主要因素，此外，肠道 pH、食物成分及血中钙、磷浓度等也可影响钙的吸收。磷比钙易于吸收。钙主要通过粪便排出，磷则主要由肾脏排出。

体内钙、磷代谢主要受甲状旁腺素、降钙素和 $1,25-(OH)_2-D_3$ 三种因素的调节，三者共同构成一种激素调节系统，通过影响小肠对钙、磷的吸收，钙、磷在骨组织与体液间的平衡，以及肾脏对钙、磷的排泄，维持体内钙、磷代谢的正常进行。

思考题

一、选择题

1. 磷主要的排泄途径是通过(　　)

A. 肝脏　　B. 肾脏

C. 呼吸道　　D. 皮肤

E. 消化道

2. 血浆结合钙最主要的是(　　)

A. 与球蛋白结合的钙　　B. 磷酸氢钙

C. 与白蛋白结合钙　　D. 红细胞膜上附着的钙

E. 柠檬酸钙

3. 促进骨盐溶解的最主要的激素是(　　)

A. 甲状旁腺素　　B. 降钙素

C. 甲状腺素　　D. 雌激素

E. 维生素 D

4. 影响肠道内钙吸收的因素不包括(　　)

A. 肠道内 pH　　B. 体内维生素 D 含量

C. 食物中钙、磷比例　　D. 血浆钙、磷浓度

E. 甲状腺素水平

5. 正常人血浆钙、磷浓度的乘积等于(　　)

A. 20 ~ 30　　B. 31 ~ 40

C. 35 ~ 40　　D. 41 ~ 50

E. 51 ~ 60

6. 下列形式的维生素 D 中，生理活性最强的是(　　)

A. 维生素 D_3 原

B. 维生素 D_3

C. 1,25－(OH)$_2$－D_3

D. 1,24,25－(OH)$_3$－D_3

E. 25－(OH)－D_3

7. 促进新骨形成和钙化的物质是(　　)

A. 甲状腺激素

B. 甲状旁腺素

C. 降钙素

D. 1,25－(OH)$_2$－D_3

E. 25－(OH)－D_3

8. 高钙血症临床常见的原因是(　　)

A. 甲状腺功能亢进

B. 甲状旁腺功能亢进

C. 低清蛋白血症

D. 维生素 E 中毒

E. 甲状旁腺功能低下

9. 骨盐中最主要的阴离子是(　　)

A. 磷酸根

B. 碳酸根

C. 氟离子

D. 碘离子

E. 氯离子

10. 引起手足搐搦的原因是血浆中(　　)

A. 结合钙浓度降低

B. 结合钙浓度升高

C. 离子钙浓度升高

D. 离子钙浓度降低

E. 离子钙浓度升高,结合钙浓度降低

二、名词解释题

1. 血钙

2. 血磷

三、简答题

钙的吸收受哪些因素的影响?

在线测试题

选择题

判断题

第十三章　肝脏的生物化学

本章导读

肝脏是人体最大的实质性器官，也是体内最大的腺体，成人肝脏组织约重1 500 g，约占体重的2.5%。其独特的形态组织结构和化学组成特点，赋予肝脏复杂多样的生物化学功能，使得肝细胞除了存在一般细胞所具有的代谢途径外，还具有一些特殊的代谢功能，如合成尿素及酮体的酶系几乎仅存在于肝细胞。肝脏不仅在机体糖、脂类、蛋白质、维生素、激素等物质代谢中处于中心地位，而且还具有生物转化、分泌和排泄等方面的生理功能。

目标透视

1. 了解肝功能损伤对物质代谢的影响。

2. 熟悉生物转化的反应类型及影响因素，胆汁酸的合成原料、种类，胆汁酸盐的功能。

3. 掌握肝脏在糖、脂、蛋白质、维生素和激素代谢中的特点，生物转化的概念及其特点，胆红素的主要来源及其生成、转化和排泄。

4. 应用所学知识分析胆色素在机体中代谢的过程和特点；了解不同类型的黄疸临床指标的变化，将基础知识与临床疾病相结合，实现融会贯通、学以致用。

5. 培养学生严谨求实、积极探索的科学精神。

第一节 肝脏在物质代谢中的作用

一、肝脏是维持血糖水平相对稳定的重要器官

正常情况下,血糖的来源与去路处于动态平衡,主要依靠激素的调节,而血糖激素调节的主要靶器官是肝脏。肝细胞主要通过调节糖原合成与分解、糖异生途径来维持血糖的相对恒定,以保障全身各组织,尤其是大脑和红细胞的能量供应。

肝细胞膜含有葡萄糖转运蛋白2(glucose transporter 2,GLUT 2),可使肝细胞内的葡萄糖浓度与血糖浓度保持一致。肝细胞含有特异的己糖激酶同工酶Ⅳ,即葡糖激酶(glucokinase,GK)。葡糖激酶对葡萄糖的 K_m 非常高(10 mmol/L),而且不被其产物葡糖-6-磷酸所抑制,这使肝细胞在饱食状态下血糖浓度很高时,仍可不停地将摄取的葡萄糖磷酸化成葡糖-6-磷酸,并将葡糖-6-磷酸进一步合成肝糖原储存。每千克肝最多可储存65 g糖原,饱食后肝糖原总量可达75~100 g,约占肝重的5%。血糖高时,葡糖-6-磷酸除氧化供能及合成糖原储存外,还可在肝脏内转变成脂肪,并以VLDL的形式运出肝脏外,储存于脂肪组织。

肝细胞内含有肌肉组织缺乏的葡糖-6-磷酸酶,在空腹状态下,可将肝糖原分解生成的葡糖-6-磷酸直接转化成葡萄糖以补充血糖。肝细胞还存在一系列糖异生的关键酶。长期饥饿时,肝糖原几乎被耗竭,此时肝脏通过糖异生作用将乳酸、甘油、氨基酸等非糖物质转变成葡萄糖,成为机体在长期饥饿状况下维持血糖相对恒定的主要途径。空腹24~48小时后,糖异生可达最大速度,其主要原料氨基酸来自肌肉蛋白质的分解。此时,肝脏能将脂肪动员所释放的脂酸氧化成酮体,供脑组织利用以节省葡萄糖。肝脏还能将果糖及半乳糖转化为葡萄糖,葡萄糖作为血糖的补充来源。因此,肝细胞严重损伤时,易造成糖代谢紊乱。

肝细胞磷酸戊糖途径也很活跃,为肝脏的生物转化作用提供足够的NADPH。此外,肝细胞中的葡萄糖还通过糖醛酸途径生成UDP-葡糖醛酸,UDP-葡糖醛酸作为肝脏生物转化结合反应中最重要的结合物质。

二、肝脏在脂类代谢中占据中心地位

肝脏在脂类的消化、吸收、分解、合成及运输等代谢过程中均具有重要作用。

肝细胞合成并分泌胆汁酸，为脂类物质（包括脂溶性维生素）的消化、吸收所必需。肝损伤时，肝分泌胆汁能力下降；胆管阻塞时，胆汁排出发生障碍，均可导致脂类的消化吸收不良，出现食欲下降、厌油腻和脂肪泻等临床症状。

肝内脂酸的代谢途径有两种：内质网中的酯化作用和线粒体内的氧化作用。肝脏一方面调节脂酸氧化与酯化的关系，另一方面调节乙酰 CoA 进入三羧酸循环氧化分解与合成酮体的关系。饥饿时，脂库的脂肪动员，释放的脂酸进入肝脏内代谢。肝脏从血液中摄取脂酸的速度与其血液浓度呈正比。此时，肝内脂酸 β－氧化能力增强，并在肝脏内经 β 氧化进一步合成酮体。肝脏是体内产生酮体的唯一器官。酮体则是肝脏向肝外组织输出脂类能源的一种形式，供肝外组织（尤其脑和肌肉）氧化利用。饥饿时，酮体可占大脑能供的 60% ~70%。肝脏还是合成三酰甘油的主要器官。饱食后，肝脏将从小肠吸收的和肝脏从糖和某些氨基酸转化生成的三酰甘油、磷脂、胆固醇以 VLDL 的形式分泌入血，供肝外组织器官摄取与利用。如若肝脏合成三酰甘油的量超过其合成与分泌 VLDL 的能力，三酰甘油便积存于肝脏内。这种情况并不少见，约 50% 的肥胖者肝脏内有少量脂肪堆积而形成脂肪肝。

肝脏在调节机体胆固醇代谢平衡上起中心作用。肝脏是合成胆固醇最活跃的器官，其合成量占全身总合成量的 3/4 以上，是血浆胆固醇的主要来源。胆汁酸的生成是肝脏降解胆固醇的重要途径。肝脏不断将胆固醇转化为胆汁酸，以防止体内胆固醇的超负荷。肝脏也是体内胆固醇的主要排泄器官，粪便中的胆固醇除来自肠黏膜脱落细胞外，其他均来自肝脏。肝脏可将来自各组织器官和自身合成的胆固醇不加修饰地随胆汁排出体外。肝脏对胆固醇的酯化也具有重要作用。肝合成与分泌的卵磷脂－胆固醇脂酰基转移酶（lecithin cholesterol acyl transferase，LCAT），在血浆中将胆固醇转化为胆固醇酯以利于运输。肝脏严重损伤时，不但影响胆固醇合成，而且影响 LCAT 的生成，故除血浆胆固醇含量减少外，血浆胆固醇酯的降低往往出现得更早、更明显。

肝脏是 LDL 降解的重要器官，肝细胞膜上有 LDL 受体，可特异地结合 LDL，并将其内吞入肝细胞降解。HDL 主要在肝合成，将肝外的胆固醇转移到肝内处理。肝细胞合成的载脂蛋白 C－Ⅱ可激活肝外组织毛细血管内皮细胞的脂蛋白脂肪酶（LPL），进而水解脂蛋白分子中的三酰甘油。

肝内磷脂的合成非常活跃,尤其是卵磷脂的合成。磷脂合成障碍可影响 VLDL 的合成和分泌,导致脂肪运输障碍而在肝脏中堆积。食物中卵磷脂中的胆碱和作为甲基供体的蛋氨酸可用于干预脂肪肝的形成。

三、肝脏的蛋白质合成及分解代谢均非常活跃

肝脏在人体蛋白质合成、分解和氨基酸代谢中起重要作用。

肝脏细胞的一个重要功能是合成与分泌血浆蛋白质(见表 13 - 1)。肝脏除合成自身固有蛋白质外,还可合成与分泌 90% 以上的血浆蛋白质。除 γ - 球蛋白外,几乎所有的血浆蛋白均来自肝脏,如清蛋白,凝血酶原,纤维蛋白原,α_1 - 抗凝血酶,α_2 - 巨球蛋白,铜蓝蛋白,凝血因子Ⅰ、Ⅱ、Ⅴ、Ⅵ、Ⅸ和Ⅹ等。血浆脂蛋白所含的多种载脂蛋白(apoA、B、C、E 等)也是在肝脏合成的。由于凝血因子大部分由肝脏合成,因此,肝细胞损伤严重时,可出现凝血时间延长及出血倾向。

表 13 - 1 肝脏分泌的部分血浆蛋白质

蛋白质	分子量(亚基数目)	结合的配基或主要功能	含糖(%)	血浆浓度(mg/mL)
清蛋白	66 000(1)	激素、氨基酸、类固醇、维生素、脂肪酸、胆红素等运输载体	—	4 500 ~ 5 000
α_1 - 酸性糖蛋白	40 000(1)	参与炎症应答	45	痕量
α_1 - 抗胰蛋白酶	54 000(1)	丝氨酸蛋白酶抑制剂	有	1.3 ~ 1.4
甲胎蛋白	72 000(1)	激素、氨基酸	3 ~ 4	胎儿血中存在
α_2 - 巨球蛋白	720 000(4)	丝氨酸蛋白酶抑制剂	8 ~ 10	150 ~ 420
抗凝血酶Ⅲ	65 000(1)	与蛋白酶 1∶1结合,作为丝氨酸蛋白酶抑制剂	有	17 ~ 30
血浆铜蓝蛋白	134 000(1)	6 原子/分子	有	15 ~ 60
C 反应蛋白	105 000(5)	补体 C1q,参与炎症应答	—	< 1
纤维蛋白原	340 000(2)	纤维蛋白的前体	4	200 ~ 450
结合珠蛋白	100 000(2)	与血红蛋白 1∶1结合	有	40 ~ 180
血液结合素	57 000(1)	与血红素 1∶1结合	20	50 ~ 100
铁传递蛋白	80 000(1)	2 原子铁,转运铁	6	3.0 ~ 6.5

血浆清蛋白是机体各组织合成自身蛋白质的原料。肝脏合成与分泌血浆清蛋白的

速度最快。有资料表明,清蛋白从合成到分泌仅需 20 ~ 30 分钟。成人肝脏每日约合成 12 g 清蛋白,约占全身清蛋白总量的 1/20,几乎占肝合成蛋白质总量的 1/4。血浆清蛋白除了作为许多脂溶性物质(如游离脂酸、胆红素等)的非特异性运输载体外,在维持血浆胶体渗透压方面也起着重要作用。每克清蛋白可使 18 mL 水保持在血循环中。若血浆清蛋白低于 30 g/L,约有半数患者出现水肿或腹水。正常人血浆清蛋白(A)与球蛋白(G)的比值(A/G)为 1.5 ~2.5。肝功能严重受损时,血浆清蛋白可因合成减少而浓度降低,可致 A/G 比值下降,甚至倒置。此种变化在临床上可作为严重慢性肝细胞损伤的辅助诊断指标。

胚胎期,肝脏可合成一种结构与清蛋白相近的甲胎蛋白(α - fetoprotein),胎儿出生后其合成受到抑制,正常人血浆中很难检出。原发肝癌细胞中甲胎蛋白基因的表达失去阻遏,血浆中可能再次检出此种蛋白质,是原发性肝癌的重要肿瘤标志物,对肝癌诊断有一定价值。

肝脏还是清除血浆蛋白质(清蛋白除外)的重要器官。大多数血浆蛋白都是糖蛋白。含有糖基的血浆蛋白质在肝细胞膜唾液酸酶催化下脱去其糖基末端的唾液酸,并被肝细胞膜血窦域存在的特异受体——肝糖结合蛋白所识别,经胞吞作用进入肝细胞,并在溶酶体中降解。肝脏清除血浆蛋白质的速度很快,这种特异性受体每清除 1 个无唾液酸糖蛋白分子仅需 16 分钟。

肝脏是人体内除支链氨基酸(亮氨酸、异亮氨酸、缬氨酸)以外的所有氨基酸分解和转变的重要场所。肝脏中转氨基、脱氨基、脱硫、脱羧基、转甲基等反应均很活跃。当肝细胞受损或任何原因引起肝细胞膜通透性增加时,主要定位于肝细胞内的丙氨酸氨基转移酶(ALT)等逸出细胞进入血浆,使酶活性增高,临床上对血浆中这些酶活性的检测有助于肝病的辅助诊断。

肝脏的另一重要功能是解氨毒。氨是氨基酸分解代谢的重要产物。肠道产氨是血氨的主要来源,每日肠道产氨 4 g,其中约 90% 来自尿素的肠道菌水解。肝脏是清除血氨的主要器官。肝脏通过鸟氨酸循环将有毒的氨合成无毒的尿素。正常肝脏每日可合成 20 ~30 g 尿素。另外,肝脏还可将氨转变成谷氨酰胺。严重肝病患者,肝脏合成尿素能力下降,导致血氨升高和氨中毒,是导致肝性脑病发生的重要生化机制之一。

肝脏也是胺类物质的重要生物转化器官。正常人体经肝单胺氧化酶作用,可将芳香族氨基酸脱羧基作用产生的苯乙胺、酪胺等芳香族胺加以氧化而清除。对于严重肝病患者,这些芳香族胺类得不到及时清除,可通过血脑屏障进入脑组织,经羟化后生成苯乙醇胺和羟酪胺,其化学结构与儿茶酚胺相似,称为假神经递质(false neurotransmitter),可取代正常神经递质,使大脑发生异常抑制,可能是引发肝性脑病的另一重要生化机制。

四、肝脏参与多种维生素和辅酶的代谢

肝脏在维生素的吸收、储存、运输及转化等方面起重要作用。

肝脏合成和分泌胆汁酸,可促进脂溶性的维生素 A、维生素 D、维生素 E 和维生素 K 的吸收。肝脏是机体含维生素 A、维生素 K、维生素 B_1、维生素 B_2、维生素 B_6、维生素 B_{12}、泛酸和叶酸较多的器官。人体内维生素 A、维生素 E、维生素 K 及维生素 B_{12} 主要储存于肝脏,肝脏中维生素 A 的含量占体内总量的 95%。肝合成和分泌视黄醇结合蛋白,参与维生素 A 在血液中运输。肝脏几乎不储存维生素 D,但具有合成维生素 D 结合蛋白的能力。血浆中 85% 的维生素 D 代谢物与维生素 D 结合蛋白结合而运输。严重肝病时,该结合蛋白合成减少,可造成血浆总维生素 D 代谢物水平降低。

肝脏参与多种维生素的转化。肝脏可将胡萝卜素转化为维生素 A,将维生素 PP 转化为辅酶Ⅰ(NAD^+)和辅酶Ⅱ($NADP^+$),将泛酸转化为辅酶 A(CoA),将维生素 B_1 转化为焦磷酸硫胺素(TPP),将维生素 D_3 转化为 25 - 羟化维生素 D_3 等。维生素 K 还是肝脏参与合成凝血因子Ⅱ、Ⅶ、Ⅸ、Ⅹ不可缺少的物质。

五、肝在激素代谢中的作用

许多激素在发挥完其作用后,主要在肝内被分解转化、降解或失去其生物活性,此过程称为激素的灭活。灭活的过程对于激素作用的时间及强度具有调控作用。灭活后的产物大部分随尿排出。一些类固醇激素可在肝内与葡糖醛酸或活性硫酸等结合,失去活性;许多多肽类激素也主要在肝内灭活,如胰岛素、甲状腺激素和抗利尿激素等。严重肝病时,由于激素灭活障碍,雌激素、醛固酮、抗利尿激素等在体内水平升高、作用增强而导致男性乳房发育、肝掌、蜘蛛痣及水钠潴留等现象的发生;胰岛素高还可导致低血糖。

知识链接

科学家已经首次在实验室内培育成功有功能的微型人肝脏(大小约相当于小的李子)。2011 年 11 月,在美国波士顿举行的美国肝病研究学会年会上报告了这一突破,这是向培育更大的肝脏以供移植到人体迈出的一大步。

这位人工培育肝脏的研究者之一、维克森林大学浸信医学中心(Wake Forest University Baptist Medical Center)的谢伊·索科尔(Shay Soker)说:"我们最先用人类细胞造出了完整的肝脏器官。"索科尔和他的同事采用雪貂的肝脏,将里面原本的细胞除去,仅剩下胶原组成的器官"脚手架",然后用人的肝脏细胞填充进去。

最终的目标是,用猪的肝脏制成较大的"脚手架",从患者体内选择健康的干细胞进行倍增,建造一个新的器官,从而为器官移植提供个体化的肝脏。

第二节　肝脏的生物转化作用

一、肝脏的生物转化作用是机体重要的保护机制

(一)生物转化的概念

人体内不可避免地存在许多非营养物质,这些物质既不能作为构建组织细胞的成分,又不能作为能源物质,其中一些还对人体有一定的生物学效应或潜在的毒性作用,长期蓄积则对人体有害。机体在排出这些非营养物质之前,需对它们进行代谢转变,使其水溶性提高,极性增强,易于通过胆汁或尿液排出体外,这一过程称为生物转化作用(biotransformation)。肝脏是机体内生物转化最重要的器官。体内进行生物转化的非营养物质按其来源分为内源性物质和外源性物质两类。内源性物质包括体内物质代谢的产物或代谢中间物,如胺类、胆红素等,以及发挥生理作用后有待灭活的激素、神经递质等一些对机体具有强烈生物学活性的物质。外源性物质是指人体在日常生活和(或)生产过程中不可避免接触的异源物(xenobiotics),如药物、毒物、环境化学污染物、食品添加剂等和从肠道吸收来的腐败产物。这些物质多系脂溶性,均需经过生物转化作用才能排出体外。

(二)生物转化的生理意义

生物转化的生理意义在于:一是生物转化可对体内的大部分非营养物质进行代谢转化,使其生物学活性降低或丧失(灭活),或使有毒物质的毒性减低或消除(解毒);二是通过生物转化作用可增加这些非营养物质的水溶性和极性,从而易于从胆汁或尿液中排出。但应该指出的是,有些非营养物质经过肝脏的生物转化作用后,虽然溶解性增加,但其毒性反而增强;有的还可能溶解性下降,不易排出体外。如多环芳烃类化合物苯丙芘本身没有直接致癌作用,但经过生物转化后反而成为直接致癌物。有的药物如环磷酰胺、百浪多息、水合氯醛和中药大黄等须经生物转化才能成为有活性的药物。基于此,不

能将肝脏的生物转化作用简单地称为“解毒作用”，这体现了肝脏生物转化作用的解毒与致毒的双重性特点。

二、生物转化的类型

肝脏的生物转化可分为两相反应。第一相反应包括氧化（oxidation）、还原（reduction）和水解（hydrolysis）反应。许多物质通过第一相反应，其分子中的某些非极性基团转变为极性基团，水溶性增加，即可大量排出体外。但有些物质经过第一相反应后水溶性和极性改变不明显，还须进一步与葡糖醛酸、硫酸等极性更强的物质相结合，以得到更大的溶解度才能排出体外，这些结合反应（conjugation）属于第二相反应。实际上，许多物质的生物转化反应非常复杂。一种物质有时需要连续进行几种反应类型才能实现生物转化目的，这反映了生物转化反应的连续性特点。例如，乙酰水杨酸常先水解成水杨酸后再经结合反应才能排出体外。同一种或同一类物质可以进行不同类型的生物转化反应，产生不同的产物，这体现了生物转化反应类型的多样性特点。例如，乙酰水杨酸水解生成水杨酸，后者既可与甘氨酸反应，又可与葡糖醛酸结合。肝脏内参与生物转化的酶类如表 13－2 所示。

表 13－2　参与肝生物转化作用的酶类

<table>
<tr><th colspan="2">酶类</th><th>辅酶或结合物</th><th>细胞内定位</th></tr>
<tr><td colspan="4">第一相反应</td></tr>
<tr><td rowspan="3">氧化酶类</td><td>加单氧酶系</td><td>$NADPH + H^{+}$、O_2、P_{450}</td><td>内质网</td></tr>
<tr><td>胺氧化酶</td><td>黄素辅酶</td><td>线粒体</td></tr>
<tr><td>脱氢酶类</td><td>NAD^{+}</td><td>细胞液或线粒体</td></tr>
<tr><td rowspan="2">还原酶类</td><td>硝基还原酶</td><td>$NADH + H^{+}$ 或 $NADPH + H^{+}$</td><td>内质网</td></tr>
<tr><td>偶氮还原酶</td><td>$NADH + H^{+}$ 或 $NADPH + H^{+}$</td><td>内质网</td></tr>
<tr><td>水解酶类</td><td>酯酶、酰胺酶、糖苷酶</td><td></td><td>微粒体或细胞液</td></tr>
<tr><td colspan="4">第二相反应</td></tr>
<tr><td colspan="2">葡糖醛酸基转移酶</td><td>活性葡糖醛酸（UDPGA）</td><td>内质网</td></tr>
<tr><td colspan="2">硫酸基转移酶</td><td>活性硫酸（PAPS）</td><td>细胞液</td></tr>
<tr><td colspan="2">谷胱甘肽 S－转移酶</td><td>谷胱甘肽（GSH）</td><td>细胞液与内质网</td></tr>
<tr><td colspan="2">乙酰基转移酶</td><td>乙酰 CoA</td><td>细胞液</td></tr>
<tr><td colspan="2">酰基转移酶</td><td>甘氨酸</td><td>线粒体</td></tr>
<tr><td colspan="2">甲基转移酶</td><td>S－腺苷蛋氨酸（SAM）</td><td>细胞液与内质网</td></tr>
</table>

（一）氧化反应是最多见的生物转化第一相反应

1. 加单氧酶系是氧化异源物最重要的酶

肝细胞中存在多种氧化酶系，其中最重要的是定位于肝细胞微粒体的依赖细胞色素 P_{450} 的加单氧酶系（cytochrome P_{450} monooxygenase，CYP）。加单氧酶系是一个复合物，至少包括两种组分：一种是细胞色素 P_{450}（血红素蛋白）；另一种是 NADPH－细胞色素 P_{450} 还原酶（以 FAD 为辅基的黄酶）。该酶催化氧分子中的一个氧原子加到许多脂溶性底物中形成羟化物或环氧化物，另一个氧原子则被 NADPH 还原成水。故该酶又称为羟化酶或混合功能氧化酶（mixed function oxidase，MFO）（详见第六章“生物氧化”）。该酶是目前已知底物最广泛的生物转化酶类。据估计，人类基因组至少编码 14 个家族的 CYP。迄今已鉴定出 30 余种人类编码 CYP 的基因。加单氧酶系催化的基本反应如下：

$$RH + O_2 + NADPH + H^+ \xrightarrow[\text{加单氧酶}]{} ROH + NADP^+ + H_2O$$

其中，许多化合物不稳定，再经分子内部的变换，生成各种稳定的化合物。例如，苯胺在加单氧酶系催化下生成对氨基苯酚。

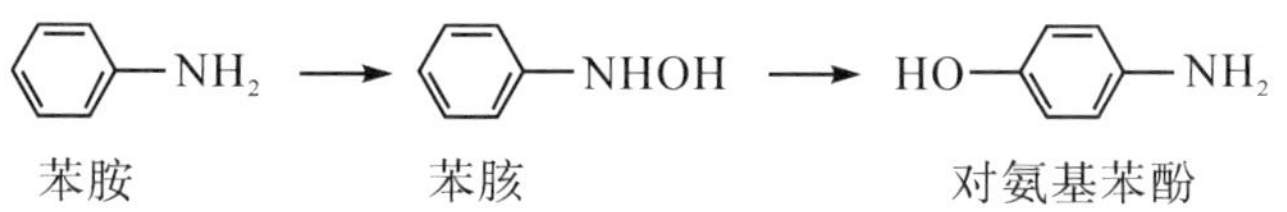

加单氧酶系的羟化作用不仅增加药物或毒物的水溶性，有利于排泄，而且还参与体内许多重要物质的羟化过程。如维生素 D_3 羟化成为具有生物学活性的维生素 1,25－$(OH)_2$－D_3，胆汁酸和类固醇激素合成过程中的羟化作用等。然而应该指出的是，有些致癌物质经氧化后丧失其活性，而有些本来无活性的物质经氧化后却生成有毒或致癌物质。例如，黄曲霉素 B_1 经加单氧酶作用生成的 2,3－环氧黄曲霉素可与 DNA 分子中的鸟嘌呤结合，引起 DNA 突变，成为原发性肝癌发生的重要危险因素。

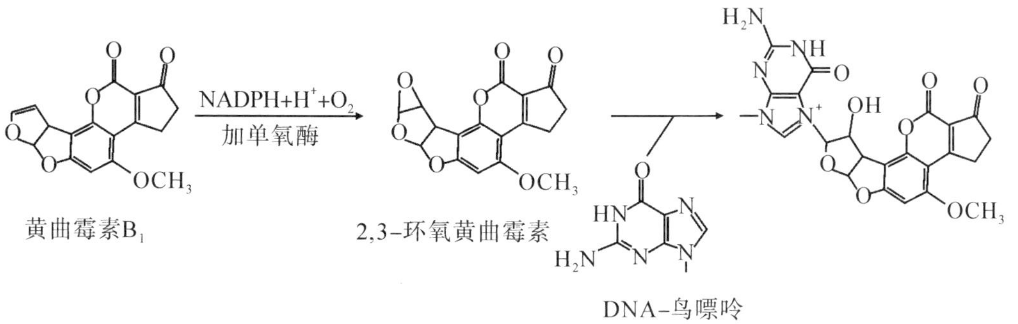

2. 单胺氧化酶类氧化脂肪族和芳香族胺类

存在于肝细胞线粒体内的单胺氧化酶(monoamine oxidase, MAO)是另一类参与生物转化的氧化酶类，属于黄素酶类，可催化蛋白质腐败作用等产生的脂肪族和芳香族胺类物质，如组胺、酪胺、色胺、尸胺、腐胺等，以及一些肾上腺素能药物(如5-羟色胺、儿茶酚胺类等)的氧化脱氨基作用生成相应的醛类，后者在细胞液中醛脱氢酶催化下进一步氧化成酸，使之丧失生物活性。

$$\underset{\text{胺}}{RCH_2NH_2} + O_2 + H_2O \xrightarrow{\text{单胺氧化酶}} \underset{\text{醛}}{RCHO} + NH_3 + H_2O_2$$

$$\underset{\text{醛}}{RCHO} + NAD^+ + H_2O \xrightarrow{\text{醛脱氢酶}} \underset{\text{酸}}{RCOOH} + NADH + H^+$$

3. 醇脱氢酶与醛脱氢酶将乙醇最终氧化成乙酸

肝细胞细胞液存在非常活跃的以 NAD^+ 为辅酶的醇脱氢酶(alcohol dehydrogenase, ADH)，可催化醇类氧化成醛，后者由线粒体或细胞液醛脱氢酶(aldehyde dehydrogenase, ALDH)的催化生成相应的酸类。

$$RCH_2OH + NAD^+ \xrightarrow{\text{醇脱氢酶}} RCHO + NADH + H^+$$

$$RCHO + NAD^+ + H_2O \xrightarrow{\text{醛脱氢酶}} RCOOH + NADH + H^+$$

乙醇(ethanol)作为饮料和调味剂广为利用。人类摄入的乙醇可被胃(吸收30%)和小肠上段(吸收70%)迅速吸收。饮入体内的乙醇约有2%不经转化便从肺呼出或随尿液排出，其余部分在肝脏进行生物转化，由醇脱氢酶与醛脱氢酶将乙醇最终氧化成乙酸。乙醇在体内的氧化速度约为2.2 mmol/(kg·h)[100 mg/(kg·h)]，相当于70 kg体重的人每小时氧化纯乙醇11 mL。长期饮酒或慢性乙醇中毒除经ADH氧化外，还可使肝内质网增殖并启动肝微粒体乙醇氧化系统(microsomal ethanol oxidizing system, MEOS)。MEOS是乙醇-P_{450}加单氧酶，产物是乙醛，仅在血中乙醇浓度很高时起作用。值得注意的是，乙醇诱导MEOS，不能使乙醇氧化产生ATP，会增加对氧和NADPH的消耗，而且还可催化脂质过氧化产生羟乙基自由基，后者可进一步促进脂质过氧化，引发肝损伤。ADH与MEOS的细胞定位及特性如表13-3所示。

表 13－3　ADH 与 MEOS 之间的比较

定位及特性	ADH	MEOS
肝细胞内定位	细胞液	微粒体
底物与辅酶	乙醇、NAD^+	乙醇、NADPH、O_2
对乙醇的 K_m 值	2 mmol/L	8.6 mmol/L
乙醇的诱导作用	无	有
与乙醇氧化相关的能量变化	氧化磷酸化释能	耗能

乙醇经上述两种代谢途径氧化均生成乙醛，后者约 90% 以上在 ALDH 的催化下氧化成乙酸。人体肝脏内 ALDH 活性最高。ALDH 的基因型有正常纯合子、无活性型纯合子和两者的杂合子 3 型。东方人这 3 种基因型的分布比例是 45∶10∶45。无活性型纯合子完全缺乏 ALDH 活性，杂合子型部分缺乏 ALDH 活性。东方人群有 30% ～40% 的人 ALDH基因有变异，部分 ALDH 活性低下，这是该类人群饮酒后乙醛在体内堆积，引起血管扩张、面部潮红、心动过速、脉搏加快等反应的重要原因。此外，乙醇的氧化使肝细胞细胞液 NADH 与 NAD^+ 的比值升高，过多的 NADH 可将细胞液中丙酮酸还原成乳酸。严重酒精中毒导致乳酸和乙酸堆积，可引起酸中毒和电解质平衡紊乱，还可使糖异生受阻引起低血糖。

（二）硝基还原酶和偶氮还原酶是第一相反应的主要还原酶

硝基化合物多见于食品防腐剂、工业试剂等。偶氮化合物常见于食品色素、化妆品、纺织与印刷工业等，有些可能是前致癌物。这些化合物分别在微粒体硝基还原酶（nitro reductase）和偶氮还原酶（azo reductase）的催化下，从 NADH 或 NADPH 接受氢，还原生成相应的胺类。例如，硝基苯和偶氮苯经还原反应均可生成苯胺，后者在单胺氧化酶的作用下生成相应的酸。

—NO_2 $\xrightarrow{2H\ \ H_2O}$ —NO $\xrightarrow{2H}$ —NHOH $\xrightarrow{2H\ \ H_2O}$ —NH_2

硝基苯　亚硝基苯　苯胲　苯胺

—N=N— $\xrightarrow{2H}$ —NH—NH— $\longrightarrow$ —NH_2

偶氮苯　苯胺

又如，百浪多息是无活性的药物前体，经还原生成具有抗菌活性的氨苯磺胺。

H_2N—(—NH_2)—N=N—SO_2NH_2 $\longrightarrow$ H_2N—(—NH_2)—NH_2 + H_2N—SO_2NH_2

百浪多息　氨苯磺胺

（三）酯酶、酰胺酶和糖苷酶是生物转化的主要水解酶

肝细胞的细胞液与内质网中含有多种水解酶类，主要有酯酶（esterases）、酰胺酶（amidase）和糖苷酶（glucosidase），分别水解酯键、酰胺键和糖苷键类化合物，以减低或消除其生物活性。这些水解产物通常还需进一步反应，以利排出体外。例如，在乙酰水杨酸的生物转化过程中，首先是水解反应生成水杨酸，然后是与葡糖醛酸的结合反应。

乙酰水杨酸 → 水杨酸 → 羟基水杨酸 → 葡糖醛酸苷等结合产物

（四）结合反应是生物转化的第二相反应

第一相反应生成的产物可直接排出体外，或再进一步进行第二相反应，生成极性更强的化合物。有些非营养物质也可不经过第一相反应而直接进入第二相反应。肝细胞内含有许多催化结合反应的酶类。凡含有羟基、羧基或氨基的药物、毒物或激素均可与葡糖醛酸、硫酸、谷胱甘肽、甘氨酸等发生结合反应或进行酰基化和甲基化等反应。

1. 葡糖醛酸结合

葡糖醛酸结合是最重要、最普遍的结合反应。糖代谢过程中产生的尿苷二磷酸葡糖（UDPG）可在肝脏进一步氧化生成尿苷二磷酸葡糖醛酸（uridine diphosphate glucuronic acid，UDPGA）。

$$\text{UDPG} + \text{NAD}^+ \xrightarrow{\text{UDPG 脱氢酶}} \text{UDPGA} + \text{NADH} + \text{H}^+$$

肝细胞微粒体的葡糖醛酸基转移酶（UDP glucuronyl transferases，UGT），以 UDPGA 为葡糖醛酸的活性供体，可催化葡糖醛酸基转移到醇、酚、胺、羧酸类化合物的羟基、羧基及氨基上，形成相应的 β－*D*－葡糖醛酸苷，使其极性增加，易排出体外。据研究，有数千种亲脂的内源物和异源物可与葡糖醛酸结合，如胆红素、类固醇激素、吗啡、苯巴比妥类药物等均可在肝脏与葡糖醛酸结合进行转化，进而排出体外。

α-*D*-UDP-葡糖醛酸 + 异源物（R—COOH 或 R—OH）→ β-*D*-葡糖醛酸苷

2. 硫酸结合

硫酸结合是常见的结合反应。肝细胞细胞液存在硫酸基转移酶(sulfotransferase,SULT),以3′-磷酸腺苷5′-磷酸硫酸(PAPS)为活性硫酸供体,可催化硫酸基转移到醇、酚或芳香胺类等含有—OH的内、外源非营养物质上,生成硫酸酯,使其水溶性增强,易于排出体外。例如雌酮即由此形成雌酮硫酸酯而灭活。

雌酮 + PAPS → 雌酮硫酸酯 (HOS_3O—) + PAP

3. 乙酰基化

乙酰基化是某些含胺非营养物质的重要转化反应。肝细胞细胞液富含乙酰基转移酶(acetyltransferase),以乙酰辅酶A为乙酰基的直接供体,催化乙酰基转移到含氨基或肼的内源和外源非营养物质(如磺胺、异烟肼、苯胺等),形成乙酰化衍生物。例如,抗结核病药物异烟肼在肝脏内乙酰基转移酶催化下经乙酰化而失去活性。该酶表达呈多态性,使得个体有快速或迟缓乙酰化之分,影响诸如异烟肼等药物在血液中的清除速率,迟缓乙酰化个体对异烟肼的某些毒性反应较快速乙酰化个体敏感。

$OCNHNH_2$(吡啶环) + $CH_3CO\sim SCoA$ → $OCNHNHCOCH_3$(吡啶环) + $HS\sim CoA$

异烟肼　　乙酰辅酶A　　乙酰异烟肼　　辅酶A

此外,大部分磺胺类药物在肝脏内也通过这种形式灭活。但应指出,磺胺类药物经乙酰化后,其溶解度反而降低,在酸性尿中易于析出,故在服用磺胺类药物时应服用适量的小苏打,以提高其溶解度,利于随尿液排出。

H_2N—⟨苯环⟩—SO_2NHR + $CH_3CO\sim SCoA$ → CH_3CONH—⟨苯环⟩—SO_2NHR + $HS\sim CoA$

磺胺　　乙酰辅酶A　　N-乙酰磺胺　　辅酶A

4. 谷胱甘肽结合是细胞应对亲电子性异源物的重要防御反应

肝细胞细胞液的谷胱甘肽S-转移酶(glutathione S-transferase,GST),可催化谷胱甘肽(GSH)与含有亲电子中心的环氧化物和卤代化合物等异源物结合,生成GSH结合产物。GST主要参与对致癌物、环境污染物、抗肿瘤药物及内源性活性物质的生物转化。该酶在肝脏中含量非常丰富,占肝细胞可溶性蛋白质的3%~4%。亲电子性异源物若不与GSH结合,则可自由地共价结合DNA、RNA或蛋白质,导致细胞严重损伤。此外,由于其很多内源性底物是受活性氧修饰过的，所以，GST 具有抗氧化作用。

黄曲霉素B_1-8,9-环氧化物 +GSH —GST→ 谷胱甘肽结合产物

5. 甲基化反应

甲基化反应是代谢内源化合物的重要反应。肝细胞中含有各种甲基转移酶，以S－腺苷蛋氨酸(SAM)为甲基供体，催化含有氧、氮、硫等亲核基团的化合物的甲基化反应。其中，细胞液中可溶性儿茶酚－*O*－甲基转移酶(catechol－O－methyl transferase，COMT)具有重要的生理意义。COMT 催化儿茶酚和儿茶酚胺的羟基甲基化，生成有活性的儿茶酚化合物。同时，COMT 也参与生物活性胺(如多巴胺类)的灭活等。

儿茶酚 —SAM / COMT→ *O*-甲基儿茶酚

6. 甘氨酸主要参与含羧基异源物的结合转化

含羧基的药物、毒物等异源物首先在酰基 CoA 连接酶催化下生成活泼的酰基 CoA，再在肝细胞线粒体基质酰基 CoA：氨基酸 N－酰基转移酶(acyl－CoA：aminoacid N－acyl-transferase)的催化下与甘氨酸结合生成相应的结合产物，如马尿酸的生成。

$$C_6H_5-COOH + CoASH + ATP \longrightarrow C_6H_5-CO{\sim}SCoA + ADP + Pi$$

苯甲酸　　　　苯甲酰CoA

$$C_6H_5-CO{\sim}SCoA + H_2N-CH_2-COOH \longrightarrow C_6H_5-CO-NH-CH_2-COOH + CoASH$$

苯甲酰CoA　　　甘氨酸　　　马尿酸

胆酸和脱氧胆酸与甘氨酸或牛磺酸结合生成结合胆汁酸的反应步骤与上述相同。

三、影响生物转化的因素

生物转化作用常受年龄、性别、诱导物及肝功能等诸多体内、体外因素的影响。例如，新生儿生物转化酶系发育不完善，对药物或毒物的耐受性较差，肝微粒体葡糖醛酸转移酶在出生后才逐渐增加，8 周才达到成人水平，而体内 90% 的氯霉素是与葡糖醛酸结合后解毒，故新生儿易发生氯霉素中毒；老年人由于器官退化，肝微粒体代谢药物的酶不

易被诱导,对药物的转化能力降低,易出现中毒现象。

某些生物转化有性别差异,可能与性激素对某些生物转化的酶类的影响不同有关。正常情况下,女性的生物转化能力比男性强。例如,安替匹林在男性体内半衰期约为13.4小时,在女性体内约为10.3小时。

肝脏实质病变时,肝血流量减少,生物转化功能及所需的酶活性降低,使药物或毒物的灭活速度下降,故对肝病患者用药应当慎重。某些药物或毒物可诱导相关酶的合成,如长期服用苯巴比妥可诱导肝微粒体混合功能氧化酶的合成,加速药物代谢过程,使机体对此类催眠药产生耐药性。

知识链接

各种病因作用于肝脏,通过直接损害肝细胞或通过自分泌和(或)旁分泌而引起的细胞因子网络的激活等,使肝细胞严重受损,导致肝功能严重障碍,产生肝功能不全。肝功能不全的晚期,往往发展至肝功能衰竭。肝功能衰竭的患者,在临床上常会出现一系列神经精神症状,最后进入昏迷状态。这种在严重肝病时所继发的神经精神综合征,称为肝性脑病。

肝性脑病有两种常见分类方式。一种是将其分为内源性肝性脑病和外源性肝性脑病两类。内源性肝性脑病的病因常为急性重型肝炎(俗称暴发性肝炎),伴有广泛的肝细胞坏死的中毒或药物性肝炎等,常为急性经过,没有明显的诱因,血氨可不增高。外源性肝性脑病的病因常为门脉性肝硬化、血吸虫性肝硬化等,常有明显的诱因,血氨往往增高。另一种是将肝性脑病按急性、亚急性和慢性来分类,具体分为急性或亚急性肝性脑病、急性或亚急性复发性肝性脑病、慢性复发性肝性脑病和慢性永久性肝性脑病4型。

第三节　胆汁与胆汁酸的代谢

一、胆汁可分为肝胆汁和胆囊胆汁

胆汁(bile)由肝细胞分泌,通过胆管系统进入十二指肠。正常成人平均每天分泌胆汁300~700 mL。肝胆汁(hepatic bile)是肝细胞分泌的胆汁,清澈透明,呈橙黄色。肝胆汁进入胆囊后,胆囊壁上皮细胞吸收其中的部分水和其他一些成分,并分泌黏液进入胆汁,从而浓缩成为胆囊胆汁(gallbladder bile)。胆囊胆汁呈暗褐或棕绿色。

胆汁的主要固体成分是胆汁酸盐,约占固体成分的50%,其他有无机盐、黏蛋白、磷脂、胆固醇、胆色素等。胆汁中还有多种酶类,包括脂肪酶、磷脂酶、淀粉酶、磷酸酶等。除胆汁酸盐和某些酶类与脂类消化、吸收有关,以及磷脂与胆汁中胆固醇的溶解状态有关外,其他成分多属排泄物。进入机体的重金属盐和药物、毒物、染料等异源物,经肝脏的生物转化作用后亦可随胆汁排出体外。

两种胆汁的部分性质和百分比组成如表13-4所示。

表13-4 两种胆汁的部分性质和百分比组成

性质		肝胆汁	胆囊胆汁
比重		1.009~1.013	1.026~1.032
pH		7.1~8.5	5.5~7.7
组成(%)	水	96~97	80~86
	固体成分	3~4	14~20
	无机盐	0.2~0.9	0.5~1.1
	黏蛋白	0.1~0.9	1~4
	胆汁酸盐	0.5~2	1.5~10
	胆色素	0.05~0.17	0.2~1.5
	总脂类	0.1~0.5	1.8~4.7
	胆固醇	0.05~0.17	0.2~0.9
	磷脂	0.05~0.08	0.2~0.5

二、胆汁酸的分类

正常人胆汁中的胆汁酸(bile acids)按其结构可分为游离胆汁酸(free bile acid)和结合胆汁酸(conjugated bile acid)两大类。游离胆汁酸包括胆酸(cholic acid)、鹅脱氧胆酸(chenodeoxycholic acid)、脱氧胆酸(deoxycholic acid)和少量石胆酸(lithocholic acid)4种。上述游离胆汁酸的24位羧基分别与甘氨酸或牛磺酸结合生成各种相应的结合胆汁酸,包括甘氨胆酸(glycocholic acid)、牛磺胆酸(taurocholic acid)、甘氨鹅脱氧胆酸(glycochenodeoxycholic acid)和牛磺鹅脱氧胆酸(taurochenodeoxycholic acid)。胆汁酸按其来源可分为初级胆汁酸(primary bile acid)和次级胆汁酸(secondary bile acid)两类。在肝细胞内以胆固醇为原料直接合成的胆汁酸称为初级胆汁酸,包括胆酸、鹅脱氧胆酸及其与甘氨酸或牛磺酸的结合产物。初级胆汁酸在肠道中受细菌作用,第 7 位 α 羟基脱氧生成的胆汁酸称为次级胆汁酸,主要包括脱氧胆酸和石胆酸及其在肝脏中分别与甘氨酸或牛磺酸结合生成的结合产物。

胆汁中所含的胆汁酸以结合型为主,其中甘氨胆汁酸与牛磺胆汁酸的比例为 3∶1。胆汁中的初级胆汁酸与次级胆汁酸均以钠盐或钾盐的形式存在,形成相应的胆汁酸盐,简称胆盐(bile salts)。

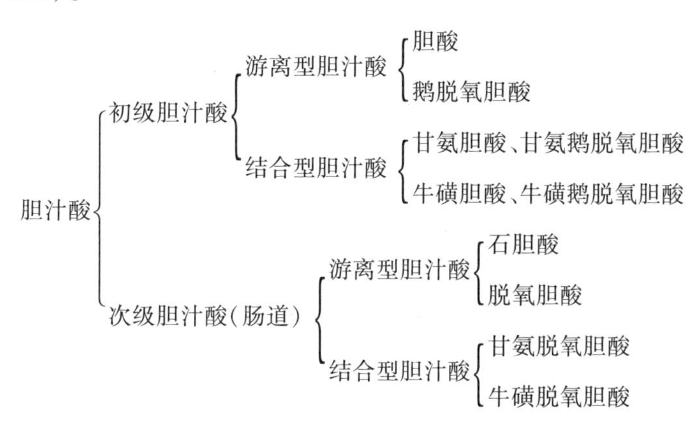

三、胆汁酸的主要生理功能

(一)促进脂类物质的消化与吸收

胆汁酸分子内部既含有亲水性的羟基和羧基,又含有疏水性的烃核和甲基,而且羟基和羧基的空间配位全是 α 型,位于分子的同一侧构成亲水面,而分子的另一侧构成疏水面,所以,胆汁酸的立体构型具有亲水和疏水两个侧面。这种结构特点赋予胆汁酸很强的界面活性,成为较强的乳化剂,能够降低油、水两相之间的界面张力,使脂类在水中乳化成 3 ~ 10 μm 的细小微团,增加了脂肪酶的附着面积,有利于脂肪的消化。脂类的消化产物又与胆汁酸盐结合,并汇入磷脂等形成直径只有 20 μm 的混合微团,利于通过小肠黏膜的表面水层,促进脂类物质的吸收。

(二)抑制胆汁中胆固醇的析出

人体内约 99% 的胆固醇随胆汁经肠道排出体外,其中 1/3 以胆汁酸形式排出体外,2/3 以直接形式排出体外。由于胆固醇难溶于水,在浓缩后的胆囊胆汁中,胆固醇较易沉淀析出。胆汁中的胆汁酸盐与卵磷脂具有协同作用,使胆固醇分散形成可溶性微团,使之不易结晶沉淀而随胆汁排泄。胆固醇是否从胆汁中沉淀析出主要取决于胆汁中胆汁酸盐和卵磷脂与胆固醇之间的合适比例。如果肝合成胆汁酸的能力下降、消化道丢失胆汁酸过多或胆汁酸肠肝循环减少,以及排入胆汁中的胆固醇过多(高胆固醇血症)等均可造成胆汁中胆汁酸和卵磷脂与胆固醇的比例下降(小于10∶1),易发生胆固醇析出沉淀,形成胆结石。胆结石可根据结石组成部分分为胆固醇结石、黑色素结石和棕色素结石。结石中胆固醇含量超过50%的称为胆固醇结石。黑色素结石中胆固醇含量一般为10%~30%,棕色素结石含胆固醇较少。不同胆汁酸对结石形成的作用不同,鹅脱氧胆酸可使胆固醇结石溶解,而胆酸和脱氧胆酸则无此作用,临床上常用鹅脱氧胆酸治疗胆固醇结石。

四、胆汁酸的代谢及胆汁酸的肠肝循环

(一)初级胆汁酸在肝脏内以胆固醇为原料生成

肝细胞以胆固醇为原料合成初级胆汁酸,这是胆固醇在体内的主要代谢去路。正常人每日合成1~1.5 g胆固醇,其中0.4~0.6 g在肝脏内转化为胆汁酸。肝细胞合成胆汁酸的反应步骤较复杂,催化各步反应的酶类主要分别分布于微粒体和细胞液。胆固醇首先在胆固醇7α-羟化酶的催化下生成7α-羟胆固醇。后者向胆汁酸的转化包括固醇核的还原、羟化、侧链的缩短和加辅酶A等多步反应,首先生成24碳的初级游离胆汁酸,即胆酸(3α,7α,12α-三羟-5β-胆烷酸)和鹅脱氧胆酸(3α,7α-二羟-5β-胆烷酸)。后两者再与甘氨酸或牛磺酸结合生成初级结合胆汁酸,以胆汁酸钠盐或钾盐的形式随胆汁入肠。胆固醇7α-羟化酶是胆汁酸合成的限速酶,而HMG-CoA还原酶是胆固醇合成的关键酶,两者均系诱导酶,同时受胆汁酸和胆固醇的调节。胆汁酸浓度升高可同时抑制这两种酶的合成,从而抑制肝细胞胆汁酸、胆固醇的合成;高胆固醇饮食在抑制HMG-CoA还原酶合成的同时,诱导胆固醇7α-羟化酶基因的表达。肝细胞通过这两个酶的协同作用维持肝细胞内胆固醇的水平。糖皮质激素、生长激素可提高胆固醇7α-羟化酶的活性,甲状腺素可诱导该酶的mRNA合成,故甲状腺功能亢进患者血浆胆固醇含量降低。

(二)次级胆汁酸在肠道由肠道菌作用生成

进入肠道的初级胆汁酸在发挥促进脂类物质的消化吸收后,在回肠和结肠上段,由肠道细菌酶催化胆汁酸的去结合反应和脱7α-羟基作用,生成次级胆汁酸。即胆酸脱去7α-羟基生成脱氧胆酸,鹅脱氧胆酸脱去7α-羟基生成石胆酸。此外,肠道菌还可将鹅脱氧胆酸转化成熊脱氧胆酸,即将鹅脱氧胆酸7α-羟基转变成7β-羟基,亦归属次级胆汁酸。熊脱氧胆酸含量很少,对代谢没有重要意义,但有一定的药理意义。熊脱氧胆酸没有细胞毒作用,在慢性肝病时具有抗氧化应激作用,可用于降低肝细胞由于胆汁酸潴

留引起的肝损伤,改善肝功能以减缓疾病的进程。

(三)胆汁酸的肠肝循环

进入肠道的各种胆汁酸(包括初级和次级、游离型与结合型)约有95%以上可被肠道重吸收。结合型胆汁酸在回肠部位被主动重吸收,少量未结合的胆汁酸在肠道各部位被动重吸收。重吸收的胆汁酸经门静脉重新入肝脏。在肝细胞内,游离胆汁酸被重新转变成结合胆汁酸,与重吸收及新合成的结合胆汁酸一起,重新随胆汁入肠。胆汁酸在肝脏和肠之间的这种不断循环过程称为胆汁酸的“肠肝循环”(enterohepatic circulation of bile acid)(见图13－1)。机体内胆汁酸储备的总量称为胆汁酸库(bile acid pool)。成人的胆汁酸库共3～5 g,即使全部倾入小肠也难满足每日正常膳食中小肠内脂类消化、吸收的需要。人体每天进行6～12次肠肝循环,从肠道吸收的胆汁酸总量可达12～32 g。,借此有效的肠肝循环机制可使有限的胆汁酸循环利用,以满足机体对胆汁酸的生理需求。

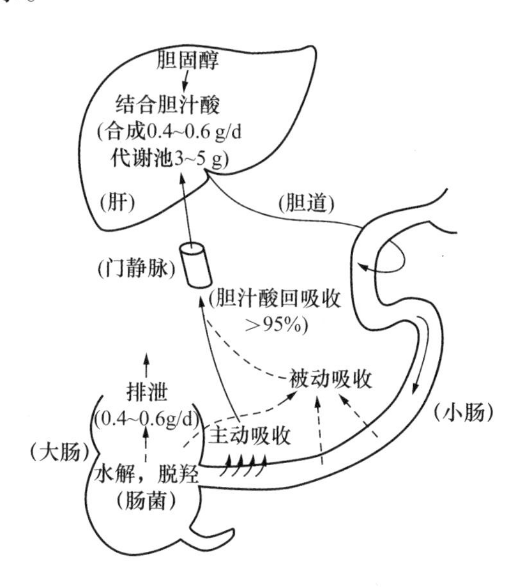

图13－1　胆汁酸肠肝循环

未被肠道吸收的小部分胆汁酸在肠道菌的作用下,衍生成多种胆烷酸的衍生物,并由粪便排出。每日人体仅从粪便排出0.4～0.6 g胆汁酸盐,与肝细胞合成的胆汁酸量相平衡。此外,经肠肝循环回收入肝脏的石胆酸在肝脏中除了与甘氨酸或牛磺酸结合外,还硫酸化生成硫酸甘氨石胆酸和硫酸牛磺石胆酸。这些双重结合的石胆酸在肠道中不容易去结合,也不容易被肠道重吸收,故从粪便中排出。因此,正常胆汁中石胆酸的含量甚微。

知识链接

肝功能检测中的总胆汁酸(TBA)是指正常人肝脏合成的胆汁酸,有鹅脱氧胆酸和代谢中产生的脱氧胆酸,还有少量石胆酸和微量熊脱氧胆酸的合成。健康人的周围血液中血清胆汁酸含量极微,当肝细胞损害或肝内、外阻塞时,胆汁酸代谢就会出现肝功能异常,总胆汁酸就会升高。

在病理因素中,急慢性病毒性肝炎、胆汁瘀滞、慢性乙醇中毒、肝硬化、原发性肝癌、胆道梗阻等疾病均可引起总胆汁酸偏高,由于胆汁酸的生成和代谢与肝脏有十分密切的关系,血清总胆汁酸升高通常意味着肝细胞发生病变,如果不及时治疗,不但会严重影响患者的生活质量,而且有可能危及患者的生命安全。

第四节　胆色素的代谢与黄疸

胆色素(bile pigment)是体内铁卟啉类化合物的主要分解代谢产物,包括胆绿素(biliverdin)、胆红素(bilirubin)、胆素原(bilinogen)和胆素(bilin)。这些化合物主要随胆汁排出体外,其中胆红素居于胆色素代谢的中心,是人体胆汁中的主要色素,呈橙黄色。胆红素的生成、运输、转化及排泄异常关联临床诸多病理生理过程。熟知胆红素的代谢路径对于临床上伴有黄疸体征的疾病诊断和鉴别诊断具有重要意义。

一、胆红素的生成

(一)胆红素主要源于衰老红细胞的破坏

人体内铁卟啉类化合物包括血红蛋白、肌红蛋白、细胞色素、过氧化氢酶和过氧化物酶等。正常人每天可生成250~350 mg胆红素,其中约80%以上来自衰老红细胞破坏所释放的血红蛋白的分解。小部分胆红素来自造血过程中红细胞的过早破坏,还有少量胆红素来自含铁卟啉的酶类。肌红蛋白由于更新率低,所占比例很小。

红细胞的平均寿命约120天。正常人每天约有2×10^{11}个红细胞被破坏,约释放6 g血红蛋白。衰老的红细胞被肝、脾、骨髓等单核吞噬系统细胞识别并吞噬,释放出血红蛋白。血红蛋白随后分解为珠蛋白和血红素。珠蛋白可降解为氨基酸,供体内再利用。血红素则由单核吞噬系统细胞降解生成胆红素。

(二)血红素加氧酶和胆绿素还原酶催化胆红素的生成

血红素是由4个吡咯环连接而成的环形化合物,并螯合1个铁离子。血红素由单核吞噬系统细胞微粒体的血红素加氧酶(heme oxygenase,HO)催化,在至少3分子氧和3分子NADPH的存在下,血红素原卟啉Ⅸ环上的α甲炔基桥碳原子的两侧氧化断裂,释放出1分子CO和Fe^{3+},并将两端的吡咯环羟化,形成线性四吡咯的水溶性胆绿素。释放的铁离子进入体内铁代谢池,可供机体再利用。

胆绿素进一步由胆绿素还原酶(biliverdin reductase)催化,从NADPH获得2个氢原子,还原生成胆红素(见图13-2)。胆红素是由3个次甲基桥连接的4个吡咯环组成,分子量为585。虽然胆红素分子中含有2个羟基或酮基、4个亚氨基和2个丙酸基等亲水基团,但由于这些基团形成6个分子的内氢键,使胆红素分子形成脊瓦状内旋的刚性折叠结构,赋予胆红素以亲脂疏水的性质,易自由透过细胞膜进入血液。

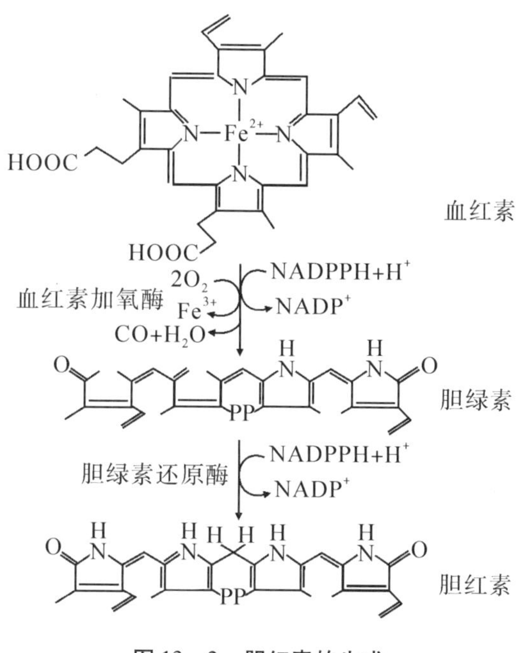

图13-2　胆红素的生成

胆红素过量对人体有害,但适宜水平的胆红素对人体呈现有益的一面。胆红素是人体内强有力的内源性抗氧化剂,是血清中抗氧化活性的主要成分,可有效地清除超氧化物和过氧化物自由基。

二、胆红素的运输

胆红素在单核吞噬系统细胞生成以后释放入血。在血浆中主要以胆红素-清蛋白复合体形式存在和运输。血浆清蛋白与胆红素的结合,一方面增加了胆红素的水溶性,提高了血浆对胆红素的运输能力;另一方面限制了它自由透过各种细胞膜,避免了其对组织细胞造成毒性作用。研究证明,每个清蛋白分子有一个高亲和力结合部位和一个低亲和力结合部位,可结合两分子胆红素。正常人血浆胆红素含量为 3.4 ~ 17.1 μmol/L (0.2 ~ 1.0 mg/dL),而每 100 mL 血浆清蛋白可结合 25 mg 胆红素,故在正常情况下血浆清蛋白结合胆红素的潜力很大,不与清蛋白结合的胆红素数量甚微。但必须提及的是,胆红素与清蛋白的结合是非特异性、非共价可逆性的。若清蛋白含量明显降低、结合部位被其他物质占据或降低胆红素对结合部位的亲和力,均可促使胆红素从血浆向组织细胞转移。某些有机阴离子(如磺胺类药、水杨酸、胆汁酸、脂肪酸等)可与胆红素竞争性地结合清蛋白,使胆红素游离。过多的游离胆红素则可与脑部基底核的脂类结合,干扰脑的正常功能,造成胆红素脑病(bilirubin encephalopathy)或核黄疸(kernicterus)。有黄疸倾向的患者或新生儿生理性黄疸期,应慎用上述药物。因此,血浆清蛋白与胆红素的结合仅起到暂时性的解毒作用,其根本性的解毒依赖肝脏与葡糖醛酸结合的生物转化作用。把这种未经肝脏结合转化的、在血液中与清蛋白结合运输的胆红素称为未结合胆红素(或称血胆红素、游离胆红素)。未结合胆红素因分子内氢键存在,不能直接与重氮试剂反应,只有在加入乙醇或尿素等破坏氢键后才能与重氮试剂反应,生成紫红色偶氮化合物,故未结合胆红素又称为间接反应胆红素或间接胆红素。

三、胆红素在肝中的转化

(一)肝细胞对游离胆红素的摄取

血中的胆红素以胆红素 - 清蛋白复合体的形式运输到肝脏后,在被肝细胞摄取前先与清蛋白分离,然后迅速被肝细胞摄取。胆红素可以自由双向透过肝血窦肝细胞膜表面而进入肝细胞。所以,肝细胞对胆红素的摄取量取决于肝细胞对胆红素的进一步处理能力。

胆红素进入肝细胞后,在胞浆中主要与胞浆 Y 蛋白和 Z 蛋白两种配体蛋白(ligandin)相结合,其中,以 Y 蛋白为主。配体蛋白是胆红素在肝细胞浆的主要载体,系谷胱甘肽 - S - 转移酶(GST)家族成员,含量丰富,占肝细胞浆总蛋白的 3% ~ 4%,对胆红素有高亲和力。配体蛋白可与胆红素 1∶1结合,以胆红素 - Y 蛋白或胆红素 - Z 蛋白形式将胆红素携带至肝细胞滑面内质网。

（二）肝细胞对胆红素的转化

在滑面内质网 UDP－葡糖醛酸基转移酶（UDP－glucuronyl transferase，UGT）的催化下，由 UDP－葡糖醛酸提供葡糖醛酸基，胆红素分子的丙酸基与葡糖醛酸以酯键结合，生成葡糖醛酸胆红素（bilirubin glucuronide）。由于胆红素分子中含有 2 个羧基，每分子胆红素可最多结合 2 分子葡糖醛酸，结果主要生成胆红素葡糖醛酸二酯和少量胆红素葡糖醛酸一酯，两者均可被分泌入胆汁。此外，尚有少量胆红素与硫酸结合，生成硫酸酯。胆红素与葡糖醛酸的结合是肝脏对有毒性胆红素的一种根本性的生物转化解毒方式。把这些在肝脏与葡糖醛酸结合转化的胆红素称为结合胆红素（conjugated bilirubin）或肝胆红素。与葡糖醛酸结合的胆红素因分子内不再有氢键，分子中间的甲烯桥不再深埋于分子内部，可以迅速、直接与重氮试剂发生反应，故结合胆红素又称为直接反应胆红素或直接胆红素（direct bilirubin）。结合胆红素与未结合胆红素不同理化性质的比较如表 13－5 所示。

表 13－5　两种胆红素理化性质的比较

理化性质	未结合胆红素	结合胆红素
与葡糖醛酸结合	未结合	结合
水溶性	小	大
脂溶性	大	小
透过细胞膜的能力及毒性	大	小
能否透过肾小球随尿液排出	不能	能
与重氮试剂反应*	间接阳性	直接阳性

注：* 重氮试剂反应又称凡登白反应（van den Bergh's test），临床检验已停止使用。

UDP－葡糖醛酸基转移酶是诱导酶，可被许多药物（如苯巴比妥等）诱导，从而加强胆红素的代谢。因此，临床上可应用苯巴比妥消除新生儿生理性黄疸。

（三）肝细胞对胆红素的排泄

结合胆红素水溶性强，被肝细胞分泌进入胆管系统，随胆汁排入小肠。此被认为是肝脏代谢胆红素的限速步骤，亦是肝脏处理胆红素的薄弱环节。肝细胞向胆小管分泌结合胆红素是一个逆浓度梯度的主动转运过程，定位于肝细胞膜胆小管域的多耐药相关蛋白－2（multidrug resistance－associated protein 2，MRP－2）是肝细胞向胆小管分泌结合胆红素的转运蛋白。胆红素排泄一旦发生障碍，结合胆红素就可返流入血。对 UDP－葡糖醛酸基转移酶具有诱导作用的苯巴比妥等药物对结合胆红素从肝细胞到胆汁的分泌也同样具有诱导作用，可见胆红素的结合转化与分泌构成相互协调的功能体系。血浆中的胆红素通过肝细胞膜的自由扩散、肝细胞浆内配体蛋白的运转、内质网的葡糖醛酸基转移酶的催化和肝细胞膜的主动分泌等联合作用，不断地被肝细胞摄取、结合转化与排泄，从而不断地得以清除。

四、胆红素在肠道内转化为胆素原和胆素

(一)胆素原是肠道菌作用的产物

经肝细胞转化生成的葡糖醛酸胆红素随胆汁进入肠道，在回肠下段和结肠的细菌作用下，脱去葡糖醛酸基，被还原生成 d－尿胆素原(d－urobilinogen)和中胆素原(mesobilirubinogen，i－urobilinogen)。后者可进一步还原生成粪胆素原(stercobilinogen，l－urobilinogen)，这些物质统称为胆素原。大部分胆素原随粪便排出体外，在肠道下段，这些无色的胆素原接触空气后分别被氧化为相应的 d－尿胆素(d－urobilin)、i－尿胆素(i－urobilin)和粪胆素(stercobilin，l－urobilin)，三者合称胆素。胆素呈黄褐色，成为粪便的主要颜色。正常人每日排出总量为 40～280 mg。胆道完全梗阻时，胆红素不能排入肠道形成胆素原进而形成胆素，因此粪便呈现灰白色或白陶土色。新生儿的肠道细菌稀少，粪便中未被细菌作用的胆红素使粪便呈现橘黄色。

(二)少量胆素原可被肠黏膜重吸收，进入胆素原的肠肝循环

肠道中生成的胆素原有 10%～20% 可被肠黏膜细胞重吸收，经门静脉入肝脏，其中大部分再次随胆汁排入肠腔，形成胆素原的肠肝循环(bilinogen enterohepatic circulation)。只有小部分胆素原进入体循环并入肾脏随尿液排出，称为尿胆素原。正常人每日随尿液排出的尿胆素原为 0.5～4.0 mg。尿胆素原被空气氧化后生成尿胆素，成为尿的主要色素。临床上将尿胆素原、尿胆素及尿胆红素合称尿三胆，是黄疸类型鉴别诊断的常用指标。正常人尿中检测不到尿胆红素。

五、高胆红素血症及黄疸

(一)正常人胆红素的生成与排泄维持动态平衡

正常人血清胆红素总量为 3.4～17.1 μmol/L(0.2～1 mg/dL)，其中约 80% 是未结合胆红素，其余为结合胆红素。未结合胆红素是有毒的脂溶性物质，易透过细胞膜进入细胞，尤其对富含脂类的神经细胞造成不可逆的损伤。因此，肝脏对胆红素的解毒作用具有十分重要的意义。肝脏对血浆胆红素具有强大的处理能力，这不仅表现在肝脏具有强大的摄取及肝细胞内代谢转化与排泄能力，而且还在于肝脏通过生物转化作用将胆红

素与葡糖醛酸结合，转变成水溶性的易于排泄的物质。虽然正常人每天从单核－吞噬细胞系统产生200～300 mg胆红素，但正常人的肝脏每天可清除3 000 mg以上的胆红素，远远大于机体产生胆红素的能力，使得胆红素的生成与排泄处于动态平衡，因此，正常人血清中胆红素的含量甚微。

（二）黄疸的类型

体内胆红素生成过多，或肝细胞对胆红素的摄取、转化及排泄能力下降等因素均可引起血浆胆红素含量增多，称为高胆红素血症（hyperbilirubinemia）。胆红素为橙黄色物质，过量的胆红素可扩散进入组织造成组织黄染，这一体征称为黄疸（jaundice）。由于皮肤、巩膜等含有较多的弹性蛋白，后者对胆红素有较强的亲和力，这些组织极易黄染。黄疸的程度与血清胆红素的浓度密切相关。当血浆胆红素浓度超过34. 2 μmol/L（2 mg/dL）时，肉眼可见皮肤、黏膜及巩膜等组织黄染，临床上称为显性黄疸。若血浆胆红素升高不明显，在1～2 mg/dL之间时，肉眼观察不到皮肤与巩膜等黄染现象，称为隐性黄疸（jaundice occult）。

临床上常根据黄疸发病的原因不同，简单地将黄疸分为3类。

1. 溶血性黄疸

溶血性黄疸（hemolytic jaundice），又称为肝前性黄疸（prehepatic jaundice），属于高未结合型胆红素血症。此类黄疸是由于红细胞的大量破坏，在单核－吞噬细胞系统产生胆红素过多，超过了肝细胞摄取、转化和排泄胆红素的能力，造成血液中未结合胆红素浓度显著增高所致。此时，血浆总胆红素、未结合胆红素含量增高，结合胆红素的浓度改变不大，重氮试剂反应间接阳性，尿胆红素阴性。肝脏对胆红素的摄取、转化和排泄增多，过多的胆红素进入胆道系统，肠肝循环增多，使得尿中尿胆原和尿胆素含量增多，粪胆原与粪胆素亦增加。某些药物、恶性疟疾、过敏、输血不当、镰刀型红细胞贫血、葡萄糖－6－磷酸脱氢酶缺乏（蚕豆病）等多种原因均有可能引起大量红细胞破坏，导致溶血性黄疸。

知识链接

新生儿出生后第2天至第5天可出现不同程度的高未结合型胆红素血症。出生后2周内血清胆红素可恢复正常。原因如下：①红细胞被破坏过多，新生儿红细胞的半衰期是70～90天。胎儿期氧气通过胎盘从母体血中获得，体内呈低氧环境，则刺激红细胞生成素的产生，进而制造过多的红细胞。另外，胎儿娩出时，易造成某种损伤致红细胞被破坏；②新生儿肝细胞内的二磷酸尿嘧啶核苷葡萄糖脱氢酶和葡糖醛酸转移酶不足；③新生儿肝细胞内含 Y 蛋白极微，使肝细胞摄入胆红素能力不足，引起胆红素排泄障碍；④新生儿肠肝循环增加，加重胆红素的重吸收和肝脏清除胆红素的负担。基于以上原因，新生儿在出生 24 小时后至 1 周内血清总胆红素小于 205.2 μmol/L(12 mg/dL)，直接胆红素小于 25.65 μmol/L(1.5 mg/dL)。

2.肝细胞性黄疸

肝细胞性黄疸(hepatocellular jaundice)，又称为肝源性黄疸(hepatic jaundice)。由于肝细胞功能受损，造成其摄取、转化和排泄胆红素的能力降低所致的黄疸。肝细胞性黄疸，不仅由于肝细胞摄取胆红素障碍，造成血中未结合胆红素浓度升高，临床检验结果与肝前性黄疸的临床检验结果相似，还由于肝细胞肿胀，压迫毛细胆管，造成肝内毛细胆管阻塞。而后者与肝血窦直接相通，使部分结合胆红素返流入血，造成血清结合胆红素浓度亦增高，临床检验出现与肝后性黄疸相似的结果。因此，肝细胞性黄疸时，血清重氮试剂反应呈双向阳性。由于结合胆红素能通过肾小球滤过，故尿胆红素呈现阳性。由于肝功能障碍，结合胆红素在肝脏内生成减少，粪便颜色可变浅。肝细胞性黄疸常见于肝实质性疾病，如各种肝炎、肝肿瘤、肝硬化等。

3.阻塞性黄疸

阻塞性黄疸(obstructive jaundice)又称为肝后性黄疸(posthepatic jaundice)，此类黄疸是由于各种原因引起的胆管系统阻塞、胆汁排泄障碍所致。胆汁排泄障碍可使胆小管和毛细胆管内压力增高而破裂，导致结合胆红素返流入血，使得血清结合胆红素明显升高。实验室检查可发现重氮试剂反应直接阳性，血清间接胆红素无明显变化。由于大量结合胆红素可以从肾小球滤出，所以，尿胆红素呈阳性反应，尿的颜色变深，可呈茶叶水色。由于胆管阻塞排入肠道的胆红素减少，生成的胆素原也减少。完全阻塞的患者的粪便因无胆色素而变成灰白色或白陶土色。阻塞性黄疸常见于胆管炎、肿瘤(尤其是胰腺癌)、胆结石或先天性胆管闭锁等疾病。

各种黄疸血、尿、粪胆色素的实验室检查变化如表 13－6 所示。

表 13－6　各种黄疸血、尿、粪胆色素的实验室检查变化

指标	正常	溶血性黄疸	肝细胞性黄疸	阻塞性黄疸
血清胆红素	<1 mg/dL	>1 mg/dL	>1 mg/dL	>1 mg/dL
结合胆红素	极少	基本正常	↑	↑↑
未结合胆红素	0～0.7 mg/dL	↑↑	↑	基本正常

续表

指标	正常	溶血性黄疸	肝细胞性黄疸	阻塞性黄疸
尿胆红素	—	—	++	++
尿胆素原	少量	↑	不一定	↓
尿胆素	少量	↑	不一定	↓
粪胆素原	4~280 mg/24 h	↑	↓或正常	↓或—
粪便颜色	正常	深	变浅或正常	完全阻塞时呈白陶土色

思政园地

当出现严重的肝脏疾病时，患者会出现多种物质代谢异常，如胆汁、糖等物质代谢异常，此时患者会出现黄疸、门静脉高压，较难治愈。

20世纪80年代，重型肝炎在我国肆虐。李兰娟一心救人，尝试无数方法，终于在1996年带领团队创建了“李氏人工肝支持系统”，使急性、亚急性重型肝炎治愈率从11.9%上升到78.9%，开辟了重型肝炎治疗的新途径，李兰娟成为我国人工肝技术的开拓者。人工肝治疗重型肝炎取得成功后，她毫无保留地向全国同行传授这项技术，使众多的重型肝炎患者重新升起了生命之帆。

作为一名医务工作者，李兰娟院士为了人民的健康，刻苦钻研专业知识和技能，为创建美好生活而奋斗。“严谨求实，开拓创新，勇攀高峰，造福人类”是她对学生们的期望，也是她不断探索的目标。希望医学工作者，可以利用自身所学，以严谨求实的态度，开拓创新，最终造福更多的患者。

本章小结

肝脏不仅是多种物质代谢的中枢，而且还具有生物转化、分泌和排泄等功能。

肝脏通过肝糖原合成与分解、糖异生维持血糖的相对稳定。肝脏在脂类代谢中占据中心地位。肝脏将胆固醇转化为胆汁酸，协助脂类的消化与吸收。肝脏是体内合成甘油三酯、磷脂与胆固醇的重要器官。肝脏能合成VLDL及HDL，参与甘油三酯与胆固醇的转运。LCAT是肝合成的血浆功能性酶，参与血浆胆固醇的酯化。肝脏是氧化脂肪酸并产生酮体的器官。肝脏的蛋白质合成与分解代谢均非常活跃。除γ-球蛋白外，几乎所有的血浆蛋白质均来自肝脏。肝脏是除支链氨基酸外所有氨基酸分解代谢的重要器官，也是处理氨基酸分解代谢产物的重要场所。氨主要在肝脏内经鸟氨酸循环合成尿素而解毒。肝脏在维生素的吸收、储存、运输和代谢转化方面起重要作用,也是许多激素灭活的场所。

肝脏通过生物转化对内源性和外源性非营养物质进行化学改造,提高其水溶性和极性,利于从尿液或胆汁排出。肝生物转化分两相反应,第一相反应包括氧化、还原和水解;第二相反应是结合反应,主要是与葡糖醛酸、硫酸和乙酰基等结合。肝生物转化受年龄、性别、营养、疾病、遗传及异源物诱导等因素影响,并具有转化反应的连续性、反应类型的多样性和解毒与致毒的双重性特点。

胆汁是肝细胞分泌的兼具消化液和排泄液的液体。作为胆汁主要成分的胆汁酸是胆固醇的代谢产物,是肝脏清除体内胆固醇的主要形式。胆固醇7α-羟化酶是胆汁酸合成的限速酶,与胆固醇合成的限速酶HMG-CoA还原酶一同受胆汁酸和胆固醇的调节。胆汁酸有初级胆汁酸与次级胆汁酸之分。初级胆汁酸合成于肝脏,包括胆酸与鹅脱氧胆酸。初级胆汁酸经肠道菌作用生成次级胆汁酸,包括脱氧胆酸与石胆酸。胆汁酸还有游离型胆汁酸与结合型胆汁酸之分。结合型胆汁酸是游离胆汁酸与甘氨酸或牛磺酸在肝脏内结合的产物。胆汁酸的肠肝循环使有限的胆汁酸库存反复利用,以满足脂类消化、吸收的需要。

胆色素是铁卟啉类化合物的主要分解代谢产物。胆红素主要源于衰老红细胞内血红素的降解。胆红素为脂溶性,在血液中与清蛋白结合(游离胆红素)而运输。在肝细胞胆红素与葡糖醛酸结合生成水溶性的胆红素(结合胆红素),后者由肝脏主动分泌,经胆管排入小肠。在肠道菌的作用下,胆红素被还原成胆素原。胆素原的大部分在肠道下段接触空气被氧化为黄褐色的胆素。10%~20%的胆素原被肠黏膜重吸收入肝脏,其中的大部分又以原形重新排入肠道,构成胆素原的肠肝循环,另一小部分则经肾脏排入尿中。正常人血清胆红素含量甚微。任何原因引起胆红素生成过多和(或)肝脏摄取、转化、排泄胆红素过程发生障碍均可致高胆红素血症。大量的胆红素可扩散进入组织造成黄染,称黄疸。根据黄疸发生的原因可将黄疸分为溶血性黄疸、肝细胞性黄疸和阻塞性黄疸。各种黄疸均有其独特的血、尿、粪胆色素实验室检查改变。

思考题

一、选择题

1. 下列胆汁酸中,属于次级胆汁酸的是(　　)

A. 胆酸　　　　B. 甘氨胆酸

C. 牛磺胆酸　　　　D. 脱氧胆酸

E. 鹅脱氧胆酸

2. 肝脏在糖代谢中的重要作用包括(　　)

A. 糖酵解

B. 糖异生

C. 糖原合成

D. 酮体的分解

E. 糖原分解

3. 属于肝生物转化反应第二相反应的是(　　)

A. 氧化反应

B. 水解反应

C. 还原反应

D. 与葡糖醛酸结合反应

E. 在脱氧酶等作用下乙醇转变成乙酸

4. 结合胆红素是指(　　)

A. 胆红素 - 白蛋白

B. 胆红素 - Y 蛋白

C. 胆红素 - Z 蛋白

D. 胆红素 - 葡糖醛酸

E. 胆红素

5. 胆红素在肝脏转变为结合胆红素的主要方式是结合(　　)

A. 1 分子葡萄糖

B. 2 分子葡萄糖

C. 1 分子葡糖醛酸

D. 2 分子葡糖醛酸

E. 2 分子甘氨酸

6. 下列有关胆汁的描述,说法正确的是(　　)

A. 消化期只有胆囊胆汁排入小肠

B. 胆盐可促进蛋白质的消化和吸收

C. 胆汁中与消化有关的成分是胆盐

D. 非消化期无胆汁分泌

E. 肠道的胆汁随粪便排出

7. 下列由肠内细菌作用而产生的胆汁酸是(　　)

A. 鹅脱氧胆酸

B. 牛磺胆酸

C. 鹅脱氧牛磺胆酸

D. 石胆酸

E. 甘氨胆酸

8. 胆固醇在肝脏内的代谢终产物是(　　)

A. 胆汁酸

B. 维生素 D_3

C. 胆色素

D. 7α - 羟胆固醇

E. 类固醇激素

二、名词解释题

1. 生物转化

2. 黄疸

3. 结合胆红素

三、简答题

1. 简述胆汁酸的种类。

2. 叙述肝脏在机体代谢中的作用。

在线测试题

选择题

判断题

实验指导

实验一　粗脂肪的提取和定量测定——索氏提取法

一、目的和要求

(1)学习和掌握粗脂肪的定量测定法——索氏提取法。

(2)学习和掌握利用重量分析法对粗脂肪进行定量测定。

(3)比较不同材料中所含粗脂肪的含量。

二、实验原理

脂肪是丙三醇(甘油)和脂肪酸结合成的脂类化合物,能溶于脂溶性有机溶剂。本实验用重量法,利用脂肪能溶于脂溶性溶剂这一特性,用脂溶性溶剂将脂肪提取出来,借蒸发除去溶剂后称量。整个提取过程均在索氏提取器中进行。通常使用的脂溶性溶剂为乙醚或沸点为30~60 ℃的石油醚。用此法提取的脂溶性物质除脂肪外,还含有游离脂肪酸、磷酸、固醇、芳香油及某些色素等,故称为“粗脂肪”。

三、实验准备

1. 试剂

无水乙醚。

2. 器材

脱脂棉,镊子,分析天平,电热恒温水浴锅,恒温烘箱,索氏脂肪提取器,索氏脂肪提取仪，滤纸，干燥器。

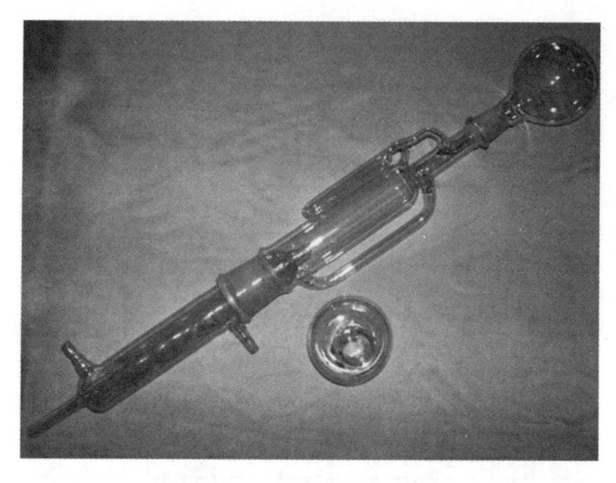

实验图1　索氏脂肪提取器

四、实验内容及方法

（1）抽提瓶在105 ℃ ±2 ℃烘箱中烘至恒重，材料干燥至恒重。

（2）称取干燥后的材料1～2 g，放入研钵中研磨，将研磨好的材料用脱脂滤纸包住，用少许脱脂棉擦拭研钵壁上附着的材料及油脂，也一并放入滤纸包。用棉线拴住滤纸包，将滤纸包放入抽提管，在抽提瓶中加入2/3体积的无水乙醚，在70～75 ℃的水浴上加热，使乙醚回流，控制乙醚回流次数为每小时约10次，共回流约50次，或检查抽提管流出的乙醚挥发后不留下油迹为抽提终点。

（3）取出试样，仍用原提取器回收乙醚直至抽提瓶全部吸完，擦净瓶外壁，将抽提瓶放入105 ℃ ±2 ℃烘箱中烘干至恒重。

五、注意事项

（1）向滤纸筒内填装样品及回流提取过程中都不应外漏，否则重做。

（2）应用无水乙醚，并在通风柜中进行蒸干，实验室内禁止明火与吸烟。

（3）提取瓶中加入的乙醚不能少于1/2，也不能多于2/3。

六、实验作业

利用下列公式，计算粗脂肪的提取率。

$$粗脂肪\% = \frac{W_1 - W_0}{W} \times 100\%$$

式中，W 为样品重(g)，W_0 为提取瓶重(g)，W_1 为提取瓶和脂肪重(g)。

实验二　蛋白质的含量测定——凯氏定氮法

目前，有4种常用的古老的经典方法：凯氏定氮法、双缩脲法(Biuret法)、Folin-酚试剂法(Lowry法)和紫外吸收法。另外，还有一种近十年才普遍使用起来的新测定方法——考马斯亮蓝法(Bradford法)。其中Bradford法和Lowry法灵敏度高，比紫外吸收法灵敏度高10~20倍，比Biuret法灵敏度高100倍以上。凯氏定氮法比较复杂，但较准确，往往以凯氏定氮法测定的蛋白质作为其他方法的标准蛋白质。

一、目的和要求

(1)掌握利用凯氏定氮法测定生物材料中氮的含量和蛋白质的含量的方法。

(2)比较不同的材料中蛋白质的含量。

二、实验原理

样品与浓硫酸共热，含氮有机物即分解产生氨，氨又与硫酸作用变成硫氨，经强碱碱化使之分解放出氨，借蒸汽将氨蒸至酸液中，根据此酸液被中和的程度可算得样品氮的含量。

三、实验准备

1.试剂

HCl标准溶液(0.01 mol/L)，H_3BO_3 溶液(2%)，H_2SO_4(浓)，NaOH溶液(30%)，K_2SO_4(固体)，$CuSO_4 \cdot 5H_2O$(固体)，甲基红-溴甲酚绿混合指示剂。

2.器材

凯氏烧瓶(100 mL)1个，50 mL容量瓶，凯氏定氮装置，烘箱，移液管(10 mL)1支，酸式滴定管(10 mL)1支，分析天平，电炉。

四、实验内容及方法

(一)消化液的制取

准确称取干燥样品 0.5 g,置于凯氏烧瓶内,加入 0.2 g K_2SO_4 及 $CuSO_4 \cdot 5H_2O$ 混合物和 15 mL 浓 H_2SO_4,加数粒玻璃珠,缓慢加热,当硫酸分解开始放出二氧化硫白烟后,即加大火力至溶液澄清,再继续加热约 1 小时,冷却至室温。沿瓶壁加入 50 mL 纯水,溶解盐类,冷却,转入 100 mL 容量瓶中,以纯水冲洗烧瓶数次,洗液并入容量瓶中,加水至刻度线,摇匀。

(二)NH_3 的固定

(1)按实验图 2 装好凯氏定氮装置。向蒸汽发生器中的水中加数滴甲基红指示剂、几滴 H_2SO_4 及数粒沸石,在整个蒸馏过程中需保持此液为橙红色,否则补加 H_2SO_4。接收液为 20 mL 2% 的 H_3BO_4 溶液,其中加 2 滴混合指示剂。接收时,使装置的冷凝管下口浸入吸收液的液面之下,先用蒸汽洗涤整个装置,约 15 分钟,用含指示剂的硼酸溶液检测装置是否洗干净,如不变色才说明洗净了。

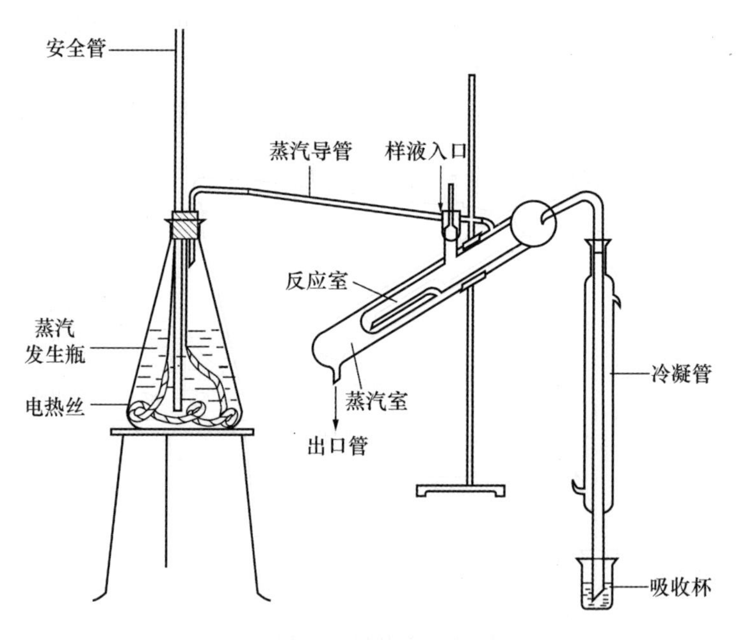

实验图 2　凯氏定氮装置

(2)蒸馏:移取 10.0 mL 样品消化液,经进样口注入反应室内,用少量水冲洗进样口,然后加入 10 mL 30% NaOH 溶液于反应室内,塞好玻璃塞,防止氨的逸出。从开始回流计时,自变色起再蒸馏 4 分钟,移动冷凝管下口使其离开接收液面。再蒸馏,用纯水洗冷凝管下口,洗液流入吸收液内。

(三)NH_3 的标定

用0.01 mol/L HCl 标准溶液滴定至暗红色为终点。

五、实验作业

利用下列公式,计算样品中总含氮量和总蛋白含量。

$$样品总氮含量(g\%) = \frac{(A-B) \times 0.0100 \times 14}{C \times 1000}$$

若测定的样品含氮量部分只是蛋白性(如血清),则:

$$样品的总蛋白含量(g\%) = \frac{(A-B) \times 0.0100 \times 14 \times 6.25}{C \times 1000} \times 100$$

式中:A 为滴定样品用去的盐酸平均毫升数;B 为滴定空白管用去的盐酸平均毫升数;C 为称量样品的克数;0.010 0 为盐酸的当量浓度(实际上,此项应按实验中使用盐酸的实际浓度填写);14 为氮的原子量;6.25 为常数(1 mL 0.1 mol/L 盐酸相当于0.14 mg 氮)。

若样品中除有蛋白质外,尚有其他含氮物质,那么样品蛋白质含量的测定要更复杂一些。首先需向样品中加入三氯乙酸,使其最终浓度为5%,然后测定未加三氯乙酸的样品及加入三氯乙酸后的样品的上清液中的含氮量,从而计算出蛋白氮,再进一步算出蛋白质的含量。

$$蛋白氮 = 总氮 - 非蛋白氮$$

$$蛋白质含量(g/\%) = 蛋白氮 \times 6.25$$

实验三　蛋白质的两性反应和等电点的测定

一、目的和要求

(1)了解蛋白质的两性解离性质。

(2)初步学会测定蛋白质等电点的方法。

二、实验原理

蛋白质由许多氨基酸组成,虽然绝大多数的氨基与羧基形成肽键,但是总有一定数量自由的氨基与羧基以及酚基等酸碱基团,因此,蛋白质和氨基酸一样为两性电解质。调节溶液的酸碱度达到一定的氢离子浓度时,蛋白质分子所带的正电荷和负电荷相等,以兼性离子状态存在,在电场内该蛋白质分子既不向阴极移动,也不向阳极移动,这时溶液的 pH 称为该蛋白质的等电点(pI)。当溶液 pH 低于蛋白质等电点时,即在氢离子较多的条件下,蛋白质分子带正电荷成为阳离子;当溶液 pH 高于蛋白质等电点时,即在氢氧根离子较多的条件下,蛋白质分子带负电荷成为阴离子。在等电点时蛋白质溶解度最小,容易沉淀析出。

三、实验准备

1. 试剂

0.5% 酪蛋白溶液,酪蛋白醋酸钠溶液,0.04% 溴甲酚绿指示剂,0.02 mol/L 盐酸,0.1 mol/L 醋酸溶液,0.01 mol/L 醋酸溶液,1 mol/L 醋酸溶液,0.02 mol/L 氢氧化钠溶液。

2. 器材

试管及试管架,滴管,吸量管(1.5 mL)。

四、实验内容及方法

1. 蛋白质的两性反应

(1)取 1 支试管,加 0.5% 酪蛋白溶液 20 滴和 0.04% 溴甲酚绿指示剂 5 ~ 7 滴,混匀。观察溶液呈现的颜色,并说明原因。

(2)用细滴管缓慢加入 0.02 mol/L 盐酸溶液,边滴边摇,直至有明显的大量沉淀发生,此时溶液的 pH 接近酪蛋白的等电点。观察溶液颜色的变化。

(3)继续滴入 0.02 mol/L 盐酸溶液,观察沉淀和溶液颜色的变化,并说明原因。

(4)再滴入 0.02 mol/L 氢氧化钠溶液进行中和,观察是否出现沉淀,解释其原因。继续滴入 0.02 mol/L 氢氧化钠溶液,为什么沉淀又会转为溶液?溶液的颜色如何变化?说明了什么问题?

2. 酪蛋白等电点的测定

(1)取 9 支粗细相近的干燥试管,编号后按下表的顺序准确地加入各种试剂。加入每种试剂后应混合均匀。

试管编号		1	2	3	4	5	6	7	8	9
加入的试剂（mL）	蒸馏水	2.4	3.2	—	2.0	3.0	3.5	1.5	2.75	3.38
	1 mol/L 醋酸溶液	1.6	0.8	—	—	—	—	—	—	—
	0.1 mol/L 醋酸溶液	—	—	4.0	2.0	1.0	0.5	—	—	—
	0.01 mol/L 醋酸溶液	—	—	—	—	—	—	2.5	1.25	0.62
	酪蛋白醋酸钠	1.0	1.0	1.0	1.0	1.0	1.0	1.0	1.0	1.0
	溶液最终 pH	3.5	3.8	4.1	4.4	4.7	5.0	5.3	5.6	5.9
	沉淀出现情况									

（2）静置约 20 分钟，观察每支试管内溶液的混浊度，以“ -，+，+ +，+ + +，+ + + +”符号表示沉淀的多少。根据观察结果，指出哪一个 pH 是酪蛋白的等电点。

（3）该实验要求各种试剂的浓度和加入量必须相当准确。

五、实验作业

（1）在等电点时蛋白质的溶解度为什么最低？请结合你的实验结果和蛋白质的胶体性质加以说明。

（2）在本实验中，酪蛋白处于等电点时则从溶液中沉淀析出，所以说凡是蛋白质在等电点时必然沉淀出来。上面这种结论对吗？为什么？请举例说明。

实验四　血糖的测定——葡萄糖氧化酶法

一、目的和要求

（1）了解葡萄糖氧化酶法测定血糖的原理，能进行血糖测定的操作。

（2）掌握血糖测定的临床意义。

二、实验原理

葡萄糖氧化酶（GOD）能将葡萄糖氧化为葡萄糖酸和过氧化氢。后者在过氧化物酶（POD）作用下，分解为水和氧的同时，将无色的 4 - 氨基安替比林与酚氧化缩合生成红色的醌类化合物，其颜色的深浅在一定范围内与葡萄糖浓度成正比，在 500 nm 波长处测定吸光度，与标准管比较可计算出血糖的浓度。反应式如下：

$$葡萄糖 + O_2 + 2H_2O \xrightarrow{GOD} 葡萄糖酸 + 2H_2O_2$$

$$2H_2O_2 + 4-氨基安替比林 + 酚 \xrightarrow{POD} 红色醌类化合物$$

三、实验准备

1. 试剂

(1)0.1 mol/L 磷酸盐缓冲液(pH 7.0):称取无水磷酸氢二钠 8.67 g 及无水磷酸二氢钾 5.3 g 溶于 800 mL 蒸馏水中,用 1 mol/L 氢氧化钠(或 1 mol/L 盐酸)调节 pH 至 7.0,然后用蒸馏水稀释至 1 L。

(2)酶试剂:称取过氧化物酶 1200 U,葡萄糖氧化酶 1200 U,4-氨基安替比林 10 mg,叠氮钠 100 mg,溶于上述磷酸盐缓冲液 80 mL 中,用 1 mol/L NaOH 调 pH 至 7.0,加磷酸缓冲液至 100 mL。置冰箱保存,4 ℃可稳定 3 个月。

(3)酚溶液:称取重蒸馏酚 100 mg 溶于 100 mL 蒸馏水中(酚在空气中易氧化成红色,可先配成 500 g/L 的溶液,贮存于棕色瓶中,用时稀释),用棕色瓶贮存。

(4)酶酚混合试剂:取上述酶试剂与酚溶液等量混合,4 ℃可以存放一个月。

(5)12 mmol/L 苯甲酸溶液:溶解苯甲酸 1.4 g 于蒸馏水约 800 mL 中,加温助溶,冷却后加蒸馏水至 1 L。

(6)葡萄糖标准贮存液(100 mmol/L):称取已干燥恒重的无水葡萄糖 1.802 g,溶于 12 mmol/L 苯甲酸溶液约 70 mL 中,并移入 100 mL 容量瓶内,再以 12 mmol/L 苯甲酸溶液加至 100 mL。

(7)葡萄糖标准应用液(5 mmol/L):吸取葡萄糖标准贮存液 5.0 mL 于 100 mL 容量瓶中,加 12 mmol/L 苯甲酸溶液至刻度线。

2. 器材

试管,吸管,试管架,恒温水浴箱,分光光度计。

四、实验内容及方法

取 3 支试管,编号,按下表操作。

加入物(mL)	空白管	标准管	测定管
血清	—	—	0.2
葡萄糖标准液	—	0.2	—
蒸馏水	0.2	—	—
酶酚混合液	2.0	2.0	2.0

将试管中的溶液混匀，置37 ℃水浴中保温15分钟，在波长505 nm处比色，以空白管调零，读取标准管及测定管吸光度。

五、实验作业

计算公式如下：

血清葡萄糖(mmol/L)=(测定管吸光度/标准管吸光度)×5.55

正常参考范围：3.89～6.11 mmol/L。

临床意义如下。

1. 生理性高血糖

生理性高血糖可见于摄入高糖饮食或注射葡萄糖后，或精神紧张、交感神经兴奋，肾上腺分泌增加时。

2. 病理性高血糖

(1)糖尿病：病理性高血糖常见于胰岛素绝对或相对不足的糖尿病患者。

(2)对抗胰岛素的激素分泌过多：如甲状腺功能亢进、肾上腺皮质功能及髓质功能亢进、腺垂体功能亢进、胰岛α-细胞瘤等。

(3)颅内压增高：颅内压增高(如颅外伤、颅内出血、脑膜炎等)刺激血糖中枢，出现高血糖。

(4)脱水引起的高血糖：呕吐、腹泻和高热等也可使血糖轻度增高。

3. 生理性低血糖

饥饿或剧烈运动、注射胰岛素或口服降血糖药过量。

4. 病理性低血糖

(1)胰岛素分泌过多：由胰岛β细胞增生或胰岛β细胞瘤等引起。

(2)对抗胰岛素的激素分泌不足：如腺垂体功能减退、肾上腺皮质功能减退和甲状腺功能减退等。

(3)严重肝病患者：肝脏贮存糖原及糖异生功能低下，不能有效调节血糖。

实验五 酶学性质系列实验

一、目的和要求

了解酶的活性影响酶促反应，pH、温度、抑制剂和活化剂对酶活性的重要影响。

二、实验原理

影响酶活性的因素比较多,如温度、pH、活化剂、抑制剂等,本实验就这些因素对酶活性的影响进行测试。

酶活性对 pH 极为敏感,每种酶通常只能在一定 pH 范围内表现出活性,并且有一个酶表现最高活性的最适 pH,偏离最适 pH 越远,酶的活性越低,甚至消失。不同酶有不同的最适 pH,如胃蛋白酶的最适 pH 为 1.9,而胰蛋白酶的最适 pH 为 8.1。人的唾液淀粉酶在 pH 3.8~9.4 之间表现其活性,最适 pH 约为 6.8。不过,酶的最适 pH 受底物性质和缓冲液性质的影响。例如,在磷酸缓冲液中,其最适 pH 为 6.4~6.6,在醋酸缓冲液中则为 5.6。

酶的活性受温度的影响也很大。一般说来,在一定温度范围内,酶活性随温度升高,活性增大,并且有一个使活性达到最大值的最适温度,偏离最适温度越远,酶的活性越小,甚至丧失(一种酶的最适温度,并非完全固定,它可受作用时间的长短、pH 的变化等因素影响,一般作用时间长则最适温度低,而作用时间短则最适温度高。但一般来说,偏离值不会很大)。人的唾液淀粉酶活性随着温度的升高而升高,直到 37 ℃左右,温度更高时酶的活性则下降。

有些酶促反应需要加入某种物质,反应速度才加快,如唾液淀粉酶遇 Cl^- 时,活性增高,这种增高酶活性的物质,称为活化剂,其他的阴离子,如 Br^-、NO_3^- 和 I^- 对该酶也有激活作用,但较微弱;相反,在酶促反应中,有些物质能足以阻抑酶促反应速度,这种物质称为抑制剂,如 Cu^{2+} 就是唾液淀粉酶的抑制剂。激活剂和抑制剂影响酶活性的剂量是很少的,并且常具有特异性。所以,酶的活性有时还受其他一些物质的影响。

在本实验中,以稀释的唾液作为淀粉酶液。唾液内的淀粉酶可将淀粉逐步水解成各种不同大小的糊精分子,最终产物为麦芽糖和少量的葡萄糖。它们遇碘呈不同的颜色。直链淀粉(即可溶性淀粉)遇碘呈蓝色;糊精按分子从大到小的顺序,遇碘可呈蓝色、紫色、暗褐色和红色或橙黄色,分子最小的糊精和麦芽糖遇碘不显颜色:

淀粉 ⟶ 紫色糊精 ⟶ 红色糊精 ⟶麦芽糖及少量葡萄糖
遇I_2呈蓝色　遇I_2呈紫色　遇I_2呈红色　遇I_2不显色

由于在不同温度、不同 pH,或者在有激活剂或抑制剂存在的条件下,唾液淀粉酶的活性高低不同,则淀粉被水解的程度不同,所以,可由酶反应混合物遇碘所呈现的颜色来了解上述诸因素对酶活性的影响。但需注意,在碱性条件下,碘会发生歧化反应,部分碘形成无色的碘酸盐、次碘酸盐，此时应增加碘液加入量。

上述四种因素是影响酶活性的几种主要因素，因而也是影响酶反应速度的主要因素，酶活性高，与之作用的一定量的底物反应时间就越短，反之则长。故可用时间来表示影响酶活性的强弱。

三、实验准备

1. 实验材料——唾液淀粉酶的制备

（1）提取：实验者先用水漱口，以清洁口腔，然后含一小口（约 5 mL）蒸馏水于口中轻漱一两分钟。

（2）稀释：将酶提取液用水定容至 100 mL，作为唾液淀粉酶的样品液。由于不同人或同一人不同时间收集到的唾液淀粉酶的活性并不相同，稀释倍数可以是 50 ~ 300 倍，甚至超过此范围。

2. 试剂

（1）冰水。

（2）0.1% $CuSO_4$ 溶液。

（3）0.3% NaCl 的 1% 淀粉溶液：先用蒸馏水配制好 0.3% NaCl 溶液，然后称取 1 g 可溶性淀粉与少量的 0.3% NaCl 溶液混合，之后倾入 0.3% NaCl 溶液直至稀释到100 mL，需新鲜配制。

（4）磷酸缓冲液。

pH	0.2 mol/L Na_2HPO_4（mL）	0.2 mol/L NaH_2PO_4（mL）
5.8	8.0	92.0
6.2	18.5	81.5
7.0	61.0	39.0
7.6	87.0	13.0
8.0	94.5	5.5

（5）碘化钾 - 碘溶液：称取 2 g 碘和 6 g 碘化钾溶于 100 mL 蒸馏水中。

（6）1% Na_2SO_4。

（7）1% NaCl。

3. 器材

试管及试管架，吸管，白瓷板，烧杯，水浴锅，量筒，漏斗与滤纸，滴管。

四、实验内容及方法

1. pH 对酶活性的影响

（1）取试管 1 支（设为第 6 号试管）加入 pH 7.0 的缓冲液 3 mL、0.3% NaCl 的 1% 淀粉溶液 1 mL 及稀释唾液 2 mL，振荡，将试管置于 37 ℃水浴锅内保温，并立即计时，每隔 1 ~2 分钟用滴管从试管中吸取 1 滴样品于白瓷板上与碘液作用，当颜色出现橙黄色时，从水浴中取出试管，记录保温时间。

（2）取试管 5 支，编号（分别为第 1、2、3、4、5 号试管），依次加入 pH 5、pH 6.2、pH 7.0、pH 7.6、pH 8.0 的磷酸盐缓冲液 3 mL 及含 0.3% NaCl 的 1% 淀粉液 1 mL，然后各试管加入稀释唾液 2 mL，摇匀，立即置水浴锅中 37 ℃保温。

（3）当各试管保温时间与第 6 号试管相等时，依次从水浴锅中拿出试管，并立即加入碘液一滴，观察并记录各试管颜色，然后确定唾液淀粉酶的最适 pH。

2. 温度对酶活性的影响

（1）取试管 3 支，编号（分别为第 1、2、3 号试管），各试管均加入稀释唾液 2 mL，然后将第 3 号试管唾液在酒精灯上煮沸。

（2）将第 1、3 号试管置 37 ℃恒温水浴锅中保温约 5 分钟，第 2 号试管置冰水中冷却约 5 分钟。

（3）分别在各试管中加入 0.3% NaCl 的 1% 淀粉液 1 mL，振荡试管后，各试管仍在原温度下作用约 20 分钟（3 个试管时间要一致）。

（4）将第 2 个试管倒出一半液体于另一试管（设为第 4 号试管）中，第 4 号试管再置于 37 ℃恒温水浴约 20 分钟。

（5）在第 1、2、3 号试管中各加入一滴碘液，观察颜色并记录结果。

（6）第 4 号试管温浴 20 分钟后取出，滴入一滴碘液，观察颜色变化，并比较第 2 号试管颜色。

（7）比较各试管颜色，解释结果。

3. 抑制剂和活化剂对酶活性的影响

（1）取试管 4 支，编号（分别为第 1、2、3、4 号试管），各加入稀释唾液 2 mL，然后于第 1 号试管中加入 1 mL 1% NaCl，第 2 号试管加入 1 mL 0.1% $CuSO_4$，第 3 号试管加入 1 mL 1% Na_2SO_4，第 4 号试管加入 1 mL 蒸馏水。

（2）各试管中再加入 1 mL 含 0.3% NaCl 的 1% 淀粉液，振荡，然后置于 37 ℃水浴锅内保温,约 5 分钟后,每隔 1 分钟从第 1 号试管中取出试液 1 小滴于白瓷板上与碘液反应,直至与碘反应呈橙黄色时,将四支试管从水浴中取出。

(3)每支试管取 1 滴试液于白瓷板上与碘液反应,比较各管颜色,若加入 1% Na_2SO_4 的第 3 号试管颜色仍为浅蓝色或蓝色时,则将第 2、3、4 号试管再放入 37 ℃恒温水浴,直到第 3 号试管与碘液反应为橙黄色时,将 3 支试管同时从水浴锅中取出。

(4)每支试管滴入 1 滴碘液,振荡,比较各管颜色。

五、注意事项

(1)反应试管应清洗干净,不同酶液、试剂及其滴管不能交叉混用。

(2)使用混合唾液或通过预试选出合适的唾液稀释度,效果更为显著。

(3)氯化钠溶液为唾液淀粉酶的激活剂。激活剂和抑制剂不是绝对的,有些物质在低浓度时为激活剂,而在高浓度时则为该酶的抑制剂。例如,氯化钠到 1/3 饱和度时就抑制唾液淀粉酶的活性。

六、实验作业

(1)试根据淀粉的结构和性质,说明碘液可作为检查唾液淀粉酶活性的指示剂的原理。

(2)什么是酶促反应的最适 pH? 为什么 pH 也能影响酶促反应速度?

(3)在"抑制剂对酶活性的影响"实验中,在第 3 号试管中加入 Na_2SO_4 有什么意义?

实验六　氨基酸的分离鉴定——纸层析法

一、目的和要求

(1)学习氨基酸纸层析法的基本原理。

(2)掌握氨基酸纸层析法的操作技术。

二、实验原理

纸层析法(paper chromatography)是生物化学上分离、鉴定氨基酸混合物的常用技术,可用于蛋白质氨基酸成分的定性鉴定和定量测定，也是定性或定量测定多肽、核酸碱基、糖、有机酸、维生素、抗生素等物质的一种分离分析工具。纸层析法是用滤纸作为惰性支持物的分配层析法，其中滤纸纤维素上吸附的水是固定相，展层用的有机溶剂是流动相。在层析时，将样品点在距滤纸一端约 2 ~ 3 cm 的某一处，该点称为原点，然后，在密闭容器中，层析溶剂沿滤纸的一个方向进行展层，这样混合氨基酸在两相中不断分配，由于分配系数(K_d)不同，因而它们分布在滤纸的不同位置上。物质被分离后，在纸层析图谱上的位置可用比移值(rate of flow，R_f)来表示。所谓比移值，是指在纸层析中，从原点至氨基酸停留点(又称为层析点)中心的距离(X)与原点至溶剂前沿的距离(Y)的比值：

$$R_f=\frac{\text{原点至层析点中心的距离}}{\text{原点至溶剂前沿的距离}}=\frac{X}{Y}$$

在一定条件下，某种物质的 R_f 值是常数。R_f 值的大小与物质的结构、性质，溶剂系统，温度，湿度，以及层析滤纸的型号和质量等因素有关。

三、实验准备

1. 试剂

(1)扩展剂(水饱和的正丁醇和乙酸混合液)：将正丁醇和乙酸以体积比 4∶1在分液漏斗中进行混合，所得混合液再按体积比 5∶3与蒸馏水混合；充分振荡，静置后分层，放出下层水层，漏斗内即为扩展剂。

(2)氨基酸溶液：0. 5% 赖氨酸、脯氨酸、亮氨酸以及它们的混合液(各组分均为 0.5%)。

(3)显色剂：0. 1% 水合茚三酮正丁醇溶液。

2. 器材

层析缸，点样毛细管，小烧杯，培养皿，量筒，喷雾器，吹风机(或烘箱)，层析滤纸(新华一号)，直尺及铅笔。

四、实验内容及方法

1. 准备滤纸

取层析滤纸(长 22 cm、宽 14 cm)一张，在纸的一端距边缘 2 ~ 3 cm 处用铅笔划一条直线，在此直线上每间隔 3 cm 做一记号，如实验图 3 所示。

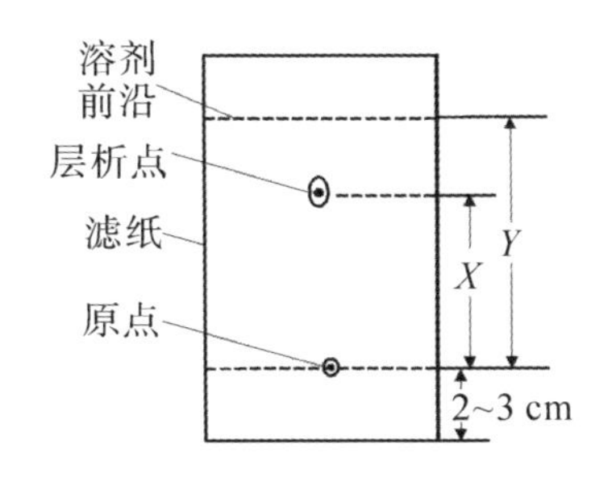

实验图3 层析滤纸

2. 点样

用毛细管将各氨基酸样品分别点在这4个位置上，干后重复点样2或3次。每点在纸上扩散的直径最大不超过3 mm。

3. 扩展

用线将滤纸缝成筒状，纸的两边不能接触。将盛有约20 mL扩展剂的培养皿迅速置于密闭的层析缸中，并将滤纸直立于培养皿中（点样的一端在下，扩展剂的液面需低于点样线1 cm）。待溶剂上升15～20 cm时即取出滤纸，用铅笔描出溶剂前沿界线，自然干燥或用吹风机热风吹干。

4. 显色

用喷雾器均匀喷上0.1%茚三酮正丁醇溶液，然后用吹风机吹干或者置烘箱中（100 ℃）烘烤5分钟，即可显出各层析斑点。

五、注意事项

（1）取滤纸前，要将手洗净，这是因为手上的汗渍会污染滤纸，并尽可能少接触滤纸；如条件许可，也可戴上一次性手套拿滤纸。要将滤纸平放在洁净的纸上，不可放在实验台上，以防止污染。

（2）点样点的直径不能大于0.5 cm，否则分离效果不好，并且样品用量过大会造成“拖尾巴”现象。

（3）在滤纸的一端用点样器点上样品，点样点要高于培养皿中扩展剂液面约1 cm。由于各氨基酸在流动相（有机溶剂）和固定相（滤纸吸附的水）的分配系数不同，当扩展剂从滤纸一端向另一端展开时，对样品中各组分进行了连续抽提，从而使混合物中的各组分分离。

六、实验作业

计算各种氨基酸的 R_f 值。

七、思考题

(1)纸层析法的原理是什么?

(2)何谓 R_f 值? 影响 R_f 值的主要因素是什么?

实验七 酮体的生成和利用

一、目的和要求

了解酮体的生成部位及掌握测定酮体生成与利用的方法。

二、实验原理

在肝脏线粒体中,脂肪酸经 β-氧化生成的过量乙酰辅酶 A 缩合成酮体。酮体包括乙酰乙酸、β-羟丁酸和丙酮三种化合物。肝脏不能利用酮体,只有在肝外组织,尤其是心脏和骨骼肌中,酮体才可以转变为乙酰辅酶 A 而被氧化利用。

本实验以丁酸为基质,与肝匀浆一起保温,然后测定肝匀浆液中酮体的生成量。另外,在肝脏和肌肉组织共存的情况下,再测定酮体的生成量。在这两种不同条件下,由酮体含量的差别,我们可以理解上述理论。本实验主要测定的是丙酮的含量。

酮体测定的原理:在碱性溶液中,碘可将丙酮氧化成为碘仿。以硫代硫酸钠滴定剩余的碘,可以计算所消耗的碘,由此也就可以计算出酮体(以丙酮为代表)的含量。反应式如下:

$$CH_3COCH_3 + 3I_2 + 4NaOH \rightarrow CHI_3 + CH_3COONa + 3NaI + 3H_2O$$

$$I_2 + 2Na_2S_2O_3 \rightarrow Na_2S_4O_6 + 2NaI$$

三、实验准备

1. 试剂

(1)0.1% 淀粉液。

(2)0.9% NaCl 溶液。

(3)15% 三氯乙酸。

(4)10% NaOH 溶液。

(5)10% HCl 溶液。

(6)0.5 mol/L 丁酸溶液:取 5 mL 丁酸溶于 100 mL 0.5 mol/L NaOH 中。

(7)0.1 mol/L 碘液:取 I_2 12.5 g 和 KI 25 g 加水溶解,稀释至刻度 1 L,用 0.1 mol/L $Na_2S_2O_3$ 标定。

(8)0.02 mol/L $Na_2S_2O_3$:将 24.82 g $Na_2S_2O_3 \cdot 5H_2O$ 和 400 mg 无水 Na_2CO_3 溶于 1 L 刚煮沸的水中,配成 0.1 mol/L 溶液,用 0.1 mol/L KIO_3 标定。临用时将标定 $Na_2S_2O_3$ 溶液稀释成 0.02 mol/L。

2. 器材

试管,移液管,锥形瓶,滴定管及管架。

四、实验内容及方法

1. 标本的制备

将兔处死,取出肝脏,用 0.9% NaCl 洗去污血,放滤纸上,吸去表面的水分,称取肝组织 5 g 置研钵中,加少许 0.9% NaCl 至总体积为 10 mL,制成肝组织匀浆。另外再取后腿肌肉 5 g,按上述方法和比例,制成肌组织匀浆。

2. 保温和沉淀蛋白质

取试管 3 只,编号,按下表操作:

试剂	管号		
	A	B	C
肝组织匀浆	—	2.0 mL	2.0 mL
预先煮沸的肝组织匀浆	2.0 mL	—	—
pH 7.6 的磷酸盐缓冲液	4.0 mL	4.0 mL	4.0 mL
正丁酸	2.0 mL	2.0 mL	2.0 mL

试剂	管号		
	A	B	C
43 ℃水浴保温 60 分钟			
肌组织匀浆	—	4.0 mL	—
预先煮沸的肌组织匀浆	4.0 mL	—	4.0 mL
43 ℃水浴保温 60 分钟			
15% 三氯醋酸	3.0 mL	3.0 mL	3.0 mL

摇匀后，用滤纸过滤，将滤液分别收集在 3 支试管中，为无蛋白滤液。

3. 酮体的测定

取锥形瓶 3 只，按下述编号顺序操作：

试剂	编号		
	1	2	3
无蛋白滤液	5.0 mL	5.0 mL	5.0 mL
0.1 mol/L I_2 – KI	3.0 mL	3.0 mL	3.0 mL
10% NaOH	3.0 mL	3.0 mL	3.0 mL

摇匀，静置 10 分钟，向各管中加入 10% HCl 3 mL，加 1% 淀粉液 1 滴呈蓝色，分别用 0.02 mol/L $Na_2S_2O_3$ 滴定至溶液呈亮绿色为止。

五、实验作业

利用下列公式，计算肝脏生成及肌肉利用的酮体量。

肝脏生成的酮体量（mmol/g）=（C – A）× $Na_2S_2O_3$ 的摩尔数 ×1/6

肌肉利用的酮体量（mmol/g）=（C – B）× $Na_2S_2O_3$ 的摩尔数 ×1/6

其中，A 为滴定样品 1 消耗的 $Na_2S_2O_3$ 毫升数，B 为滴定样品 2 消耗的 $Na_2S_2O_3$ 毫升数，C 为滴定样品 3 消耗的 $Na_2S_2O_3$ 毫升数。

六、思考题

为什么只有在肝外组织，酮体才可以被氧化利用？

参考文献

1. 陈辉,张雅娟. 生物化学基础[M]. 北京:高等教育出版社,2010.

2. 吴伟平. 生物化学[M]. 南昌:江西科学技术出版社,2007.

3. 李宏高,江建军. 生物化学[M]. 北京:科学出版社,2004.

4. 潘文干. 生物化学[M]. 5 版. 北京:人民卫生出版社,2003.

5. 赵玉娥. 生物化学[M]. 2 版. 北京:化学工业出版社,2010.

6. 查锡良. 生物化学[M]. 北京:北京大学医学出版社,2013.

7. 赵宝昌. 生物化学[M]. 北京:科学出版社,2009.

8. 王镜岩. 生物化学[M]. 3 版. 北京:高等教育出版社,2002.